龚志刚 编著

建筑防火设计

理论与实践

华中科技大学出版社
http://press.hust.edu.cn
中国·武汉

内 容 提 要

建筑火灾对人员与财产威胁巨大，加上新的社会需求（如日益增加的老年人需求），促使建筑的防火技术与设计方法不断发展、提高与完善，督促建筑设计者必须持续地提高自身防火意识与设计能力。本书主要讲述了建筑火灾与消防对策，建筑外消防设施，安全疏散设计，建筑内消防设施，建筑用材的耐火性能、防火构造与配套设施，具体建筑或场所的防火设计，作业与案例分析等内容。重点为：①重新编排 "防火篇"的框架；②梳理教学内容；③直接列出规范条例出处；④及时调整最新教学内容；⑤最终目的是让学生掌握解决问题的学习与思维方式。

图书在版编目（CIP）数据

建筑防火设计理论与实践 / 龚志刚编著 . — 武汉 ：华中科技大学出版社，2024.4
ISBN 978-7-5772-0403-1

Ⅰ . ①建… Ⅱ . ①龚… Ⅲ . ①建筑设计—防火—研究 Ⅳ . ① TU892

中国国家版本馆 CIP 数据核字 (2024) 第 060684 号

建筑防火设计理论与实践　　　　　　　　　　　　　　　　　龚志刚　编著
Jianzhu Fanghuo Sheji Lilun yu Shijian

策划编辑：易彩萍
责任编辑：易文凯
封面设计：金　金
责任校对：李　弋
责任监印：朱　玢
出版发行：华中科技大学出版社（中国·武汉）　　　　电　　话：（027）81321913
　　　　　武汉市东湖新技术开发区华工科技园　　　　邮　　编：430223
录　　排：华中科技大学惠友文印中心
印　　刷：湖北金港彩印有限公司
开　　本：889mm×1194mm　1/16
印　　张：15.5
字　　数：508 千字
版　　次：2024 年 4 月第 1 版第 1 次印刷
定　　价：79.80 元

前　言

火是促进人类社会发展与进步的动力，但也带来了无穷灾难，如何防御与控制它成为一个恒久的课题。

21 世纪以来，在我国城市化进程中，城市为人与财富的集中地，城市的发展促使建筑变得更加复杂而紧密。人们享受城市的发展带来生活便利的同时，隐患也伴随而至，如 2017 年英国住宅火灾事故。按马斯洛需要层次论（见图 0-1），安全需求成为我国向更高层次社会需求发展的基础。

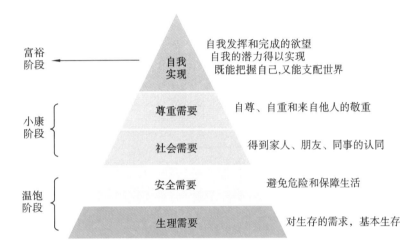

图 0-1　马斯洛需要层次论

在所有的建筑突发性灾难中，火灾对人员与财产威胁最大，加上新的社会需求（如日益增加的老年人的需求）等因素的影响，促使建筑防火技术与设计方法不断发展、提高与完善，督促建筑设计者必须持续地提高自身防火意识与设计能力。

1. 写作动力

（1）学生经常错误地把安全防火设计作为建筑设计最终成果的后续调整，没有把其作为建筑设计中的核心内容之一，缺乏对防火设计的完整认知。

（2）梳理教学内容。

作者在教学过程中，感受到旧的教学内容与规范条例碎片化，主线不清晰，逻辑性不强，影响设计者的学习与记忆、分析与掌握，更无法较好地与建筑设计课程相互贯通与运用。

（3）规范与防火设计要求紧跟时代的发展。

规范都具有时效性。材料创新、消防设备研发、社会需求的调整，促进了防火设计经验的不断总结与更新。因此新规范提出后，应该及时调整教学内容。

2. 写作特点

（1）规范条例直接列出出处。

①学会溯源。我国发展日新月异，规范更新较快，不同的版本，其条例与数据变化较大。本书力争查询所有最新相关规范，以期跟上时代的变化。

在写作中，所有内容以最新规范条例为依据，同时直接列出出处。如此编著是希望帮助学生溯源，即养成查询相关规范的良好习惯。如《建筑设计防火规范》GB 50016—2014（2018年版）中的防排烟设计，其出处是《建筑防烟排烟系统技术标准》GB 51251—2017。

②及时调整。作者因教学要求，一直在寻求一本能随时根据最新规范内容，及时修改、调整最新教学内容的图书。因此在写作过程中，把规范条例直接列出出处，能及时而方便地调整相应教学内容，紧跟时代发展。如《建筑与市政工程无障碍通用规范》GB 55019—2021，对比《无障碍设计规范》GB 50763—2012有所变化和进步。

本书以《建筑防火通用规范》GB 55037—2022与《消防设施通用规范》GB 55036—2022等最新规范为写作基础进行编写。其他相关规范条例都已经列出出处。如书中有所疏漏，敬请指正！

（2）着重培养思维方式。

双重心，即理论与案例分析并重。相比其他同类书籍，本书通过专业思考题与案例分析，帮助学生掌握解决问题的思维方式，列出规范，找出依据，解决问题，弥补学生上了课却不会运用的缺陷，从而完善短板，用理论联系实际。专业思考题着重复习重点、综合运用、拓展与补充一些相关知识；案例分析着重培养解决问题的思维方式。

同时，学校教学以民用建筑为主，因此本书防火理论与案例也局限于民用建筑（包含相关常用功能，如车库、设备房等）。在掌握相关学习与思维方式后，再延伸到其他类型建筑。

（3）利用表格、图例与网络等信息。

在学习与工作中，作者认为有些知识点的规范条例不便于查询与学习，特通过大量的表格进行归纳、对比与总结。

因为规范的时效性，所以配套图例也应具有时效性，即新的图例与规范应更适应社会发展的需求。如国家建筑标准设计图集《〈建筑设计防火规范〉图示》18J811—1是以《建筑设计防火规范》GB 50016—2014（2018年版）的要求制定。但本书成书时，以最新规范为依据的图例未出，作者不敢随意绘出图例（旧的图例可能带来问题），在此深表遗憾。于是本书只能列出旧的图例与网络信息作为参考，请读者仔细辨别。

如有欠妥之处，敬请指正！

导　言

【学前问题】安全（防火）设计课程与一般建筑设计课程有何区别？有什么用？

安全是一切功能空间正常使用的根本前提，是设计者放飞创造力的自我约束。在费效比最大化时，以教学楼为例，教学空间可做多大，走道可以做多长多宽？楼梯的布局与可用形式（如剪刀梯）是怎样的？特殊房间（如设备房）能放于建筑中的哪些部位？这些问题隐含于建筑防火设计中，学生一般不会太注意。但一旦通过建筑防火规范去评价，就会发现设计成果中的问题很多，甚至整个设计被推翻。

【举例】一个新商业综合体，沿街立面长度有 200 m，建筑设计时，立面造型要注意什么？

【规范】根据《建筑设计防火规范》GB 50016—2014（2018 年版），7.1.1，街区内的道路应考虑消防车的通行，道路中心线间的距离不宜大于 160 m；当建筑物沿街道部分的长度大于 150 m 或总长度大于 220 m 时，应设置穿过建筑物的消防车道。确有困难时，应设置环形消防车道。

【解析与答案】此时，设计者应有意识地在平面设计时，在合适部位，先设计穿过建筑物的消防车道。当综合体有规模较大的内院场所时，进入院内的消防车道的出口不应少于 2 个，且院内双车道宽度不应小于 7 m。

注意了上述规范，设计者在平面设计和立面设计时，就会知道立面上要预留首层进入通道，且建筑首层层高要能确保消防车通过。

从这个简单的例子，学生就能够发现，建筑沿街立面设计牵扯到建筑防火设计。所以从学生今后的职业发展来看，学习这门课程具有迫切性与必要性。在学校学习过程中，学生应养成良好的习惯，理解防火理论，并在建筑设计中，自觉地遵守防火设计要求。

同样对于环境艺术设计专业的学生来说，既要熟练掌握装修选材要求与防火构造，又要知道规范中的条款，才能成为一个合格设计师。

【举例】某高层办公楼有配套 4 层裙房，且办公楼内全部设置室内消火栓系统、自动灭火系统和火灾自动报警系统进行保护。在裙房的第四层有一间建筑面积为 400 m² 的仅供内部员工使用的健身房，采用耐火极限为 2.00 h 的防火隔墙与其他部位分隔，墙上开设的门、窗均为甲级防火门、窗，则该办公楼裙房内健身房墙面的装修材料的燃烧性能等级最低可以采用几级？

【解析】根据《建筑内部装修设计防火规范》GB 50222—2017，表 5.2.1，办公场所的二类高层建筑，其墙面装修材料燃烧性能等级不应低于 B₁ 级；5.2.2，除本规范第 4 章规定的场所和本规范表 5.2.1 中序号为 10～12 规定的部位外，高层民用建筑的裙房内面积小于 500 m² 的房间，当设有自动灭火系统，并且采用耐火极限不低于 2.00 h 的防火隔墙和甲级防火门、窗与其他部位分隔时，顶棚、墙面、地面装修材料的燃烧性能等级可在本规范表 5.2.1 规定的基础上降低一级；5.2.3，除本规范第 4 章规定的场所和本规范表 5.2.1 中序号为 10～12 规定的部位，以及大于 400 m² 的观众厅、会议厅和 100 m 以上的高层民用建筑外，当设有火灾自动报警装置和自动灭火系统时，除顶棚外，其内部装修材料的燃烧性能等级可在本规范表 5.2.1 规定的基础上降低一级。

【答案】本题中的裙房内的员工健身房符合降一级的条件。故可降低至 B₂ 级。

我国社会正加速老龄化。一些旧建筑正不断更新，以适应老年人的需求。如果不能正确掌握建筑防火设计知识，在改造装修中就可能出现致命的错误。

学生在建筑设计时还存在其他问题，如楼梯间、电梯随便布置在大厅中，不靠外墙；楼梯与电梯的配套关系不明确；不知道中庭能做多大；不知道内院与中庭的根本区别等。

希望本书读者能带着这些问题，在下面的学习中找到答案，最终能运用、知出处。

目录

建筑火灾与消防对策

了解各类燃烧（爆）物在建筑内外各种场所造成的潜在威胁，分析建筑内外烟火蔓延特点与影响火灾严重性的因素，确立现代建筑提高消防能力的对策。

1.1 建筑火灾案例分析与重点防护民用建筑

火是一种自然力，用火在人类生存和发展过程中具有划时代的意义。火具有两重性，特别是当建筑火灾失去控制，火灾将会成为一种具有极大破坏力的多发性灾难。

建筑是人类为抵御外部危险而建立的堡垒，为了营造更加舒适的内部环境，人类向内添加了大量的生活、工作、娱乐设施，导致现代建筑内用火、用电、用气设备和化学物品日益增多，使建筑火灾的危险性和突发性大大增加，也使这个坚固的堡垒能被火灾轻易地从内部攻破。

1.1.1 建筑火灾案例分析

建筑火灾在所有城市灾害中是最常见的，占建筑灾害7成以上。[1]

2001年美国"9·11"事件：钢结构材料崩溃。

2009年央视新楼火灾事件：无视消防安全，违规燃放烟花爆竹。

2010年上海"11·15"特大火灾事件：保温材料选择与施工管理失误。

2015年"8·12"天津滨海新区爆炸事件：危险品地点设置与初期消防应对失误。

2017年英国住宅火灾：防火设计、消防设施配置、材料选择与管理失误。

2017年四川绵竹灵官楼火灾：防火间距设计、消防设施配置、材料选择与施工管理失误。

2019年法国巴黎圣母院火灾事件：施工管理与老旧建筑材料选择失误。

这一系列的火灾无不提醒着设计工作者，要重视建筑的防火设计，为人类争取一个安全的场所。何为"安全"？安全指在灾害发生时，人类有能力控制或避免灾害。其相对概念称为天灾，即不可控的灾难，成因有以下几点。

（1）即使有充足的资金与资源，人类依然暂时无法从建筑材料、消防技术与设备层面解决，包括无法预计与抵御的自然灾害，如陨石、太阳风、印度洋海啸、火山等。

（2）非主观意愿造成的灾难，如科学实验（如马斯克的SpaceX火箭回收技术）的不可控。

（3）人祸，如"9·11"事件、日本核电站泄露、核爆战争。人祸可以通过提高投资成本、增加建筑防御等级、建造人防工程或军事建筑来解决。

一般情况下的建筑火灾，主要是指通过防火设计可控制或避免的建筑灾难，即能通过建筑材料选择、安全疏散设计、消防设备配置等防火设计方式解决与控制。火灾成因可分客观型、主观型，客观型火灾成因有如下几点。

（1）历史传承建筑（如木结构建筑或老城区的建筑）防火等级较低，无法满足现代防火设计要求，如香格里拉古城火灾事故。

（2）建筑投资成本有限，不可能使所有建筑都达到最高防灾级别，如地震中的建筑。因此只能是对不同的建筑，配置相应的建筑防火等级。

1　推荐网络视频：《走近科学》20190430古建筑防火新科技；《走近科学》20171108防范高层建筑火灾。

（3）意外型火灾。指非有意为之，不可避免，但通过主动防火设计，可降低损失的火灾。如做饭时的油脂类失火；因施工建造者管理失误产生的火灾；因管理者没有发现设备与电气线路的自然损耗，材料超过时效性而导致的火灾。意外型火灾成因主要是失误，通过消防年检与监管能解决一定程度的隐患，但没有办法从防火设计角度彻底根除。

主观型火灾不可避免，其成因有如下几点。

（1）主观故意，如纵火。

（2）设计时主动（恶意）造成的失误。可通过相关部门严格审核来控制。

1.1.2　重点防护民用建筑

重点防护民用建筑是指发生火灾时，可能造成重大人员伤亡、财产损失和严重社会影响的民用建筑。其不仅有防火能力要求，也有防风、防震、防爆等要求。重点防护民用建筑不一定是危险等级较大的建筑，如地市级及以上的党政机关办公楼。

民用建筑物保护类别划分详见《汽车加油加气加氢站技术标准》GB 50156—2021 中的"附录 B　民用建筑物保护类别划分"。

1.2　建筑火灾的相关概念

1.2.1　燃烧（爆）物的火灾危险性分类

依据《建筑设计防火规范》GB 50016—2014（2018 年版）中"表 3.1.1 生产的火灾危险性分类""表 3.1.3 储存物品的火灾危险性分类"，燃烧（爆）物包含生产或储存两种状况，可分为甲、乙、丙、丁、戊五类，其中甲类最危险。对危险品进行等级划分，有助于了解场所内火灾特点与类型，从而在建筑设计时，有针对性地进行不同的防火设计，使建筑物既有利于节约资源，又有利于保障安全。燃烧（爆）物按形态特征分类有如下几点。

1. 按固体特性分类

甲类固体物质，其在常温下能自行分解；或遇空气、水、水蒸气、酸、有机物、无机物、强氧化剂时易燃易爆；或受热、撞击、摩擦时易燃易爆。乙类固体物质易缓慢氧化以及积热自燃；丙类固体物质包括纸张、橡胶、竹木等可燃固体；丁类固体物质包括酚醛塑料、水泥刨花板等难燃固体；戊类固体物质包括钢材、玻璃、陶瓷等不燃固体。

2. 按液体特性分类

根据闪点划分。甲类为闪点小于 28℃ 的液体，如汽油、苯、甲苯、甲醇、乙醚等；乙类为闪点不小于 28℃，且小于 60℃ 的液体，如煤油、松节油、丁烯醇、溶剂油等；丙类为闪点不小于 60℃ 的液体，如柴油、机油、重油、动物油、植物油等。

3. 按气体特性分类

根据气体的爆炸下限分类。甲类为爆炸下限小于 10％ 的气体；乙类为爆炸下限不小于 10％ 的气体；戊类为氦、氖、氩、氮等不燃气体。

生产与储存物品的火灾危险性分类举例详见《〈建筑设计防火规范〉图示》18J811—1 中的表 3.1.1、表 3.1.3。

1.2.2 发生燃烧（爆炸）的必备条件

燃烧（爆炸）发生的必备条件：由可燃物、助燃物、燃烧（爆炸）发生临界点三大要素互相作用而形成。即引火源达到一定能量或达到自燃条件的临界点、有足够数量的可燃物、有足够数量的助燃物（如氧气或强氧化物）。燃烧的链式反应理论认为维持燃烧所需的自由基也是燃烧条件的要素之一，共同构成着火四面体。

燃烧（爆炸）发生临界点：燃点，指固体点燃的临界点，如木材；闪点，指液体闪燃的临界点，如汽油；爆炸上限与爆炸下限，指固体、液体挥发或扩散后的混合物的爆炸临界点，如面粉粉尘爆炸、煤气泄露爆炸等。

阴燃现象指可燃物没有火焰的缓慢燃烧现象，开始时通常产生烟且温度上升，无明火，如粮食自燃，在一定条件下阴燃可以转换成有焰燃烧，这是火灾的潜伏期。可燃物质受热发生自燃的最低温度叫自燃点。

1.2.3 火灾类型

依据《火灾分类》GB/T 4968—2008，可通过火场的主要燃烧（爆）物特性与燃烧方式确定火灾类型，可分为如下六类。

A 类：固体可燃物（如棉、毛、纸张、木材等）造成的火灾。

B 类：甲、乙、丙类液体或可熔化的固体物质（如煤油、汽油、固体酒精等）造成的火灾。

C 类：可燃气体（如煤气、天然气、乙炔等）造成的火灾。

D 类：可燃金属（如钾、钠、镁、铝镁合金等）造成的火灾。

E 类：物体带电燃烧造成的火灾，如电线高温自燃。

F 类：烹饪器具内或厨房的排烟管道，因动植物油脂积累造成的蔓延性火灾。

分析火灾类型后有以下结论：①要有针对性地对建筑构件材料进行选材与防火构造，建筑材料一般选择难燃或不燃固体，即丁、戊类固体，不用液体或气体。但特殊建筑或特殊构件除外，如充气薄膜建筑，或保温层的材料可用可燃材料 B_2，装修材料可用易燃材料 B_3。②要配套相应消防设施，提供相应的灭火剂与消防设备，如火灾类型是复合型，则应提供多种或复合型灭火剂。

1.2.4 火灾荷载与火灾荷载密度

建筑或场所内所容纳的可燃物数量即火灾荷载，火灾荷载是衡量建筑重要性与危险程度的重要指标，对火灾发生、发展与控制起决定性作用，直接影响火灾持续时间与温度的变化。

建筑室内火灾荷载分为两类：①固定可燃物指建筑构件材料与装修材料，所采用的可燃物数量固定不变；②容载可燃物所带来的可燃物数量不固定，如家具衣物等。

火灾荷载密度是研究建筑内重点防火区域的重要条件，如图书馆的密集书库。

1.2.5 场所危险等级

根据场所内用途、室内空间条件、人员密集程度、用电用火情况、燃烧（爆）物的类型、荷载与密度、场所内可能发生的火灾特点（如发烟量、蔓延速度）、扑救难易程度等因素，经过综合评定，可以确定场所的危险等级。场所危险等级可分为轻危险级、中危险级（Ⅰ级、Ⅱ级）、严重危险级（Ⅰ级、Ⅱ级）和仓库危险级（Ⅰ级、Ⅱ级、Ⅲ级）。尤其注意一个综合建筑内可设有多个不同的场所危险等级，如教学楼的化学实验室的危险等级比一般教室高。

场所危险等级的确定能有效帮助投资方与建筑防火设计者明确地进行建筑内外不同场所的布局，如建筑外的防火间距；场所内下风向场所；建筑内的上下左右场所之间的安全布局或人员安全疏散方式；与不同部位相匹配的建筑构件、消防设施等，从而达到防与救的最大效费比。

具体场所的危险等级分类举例：详见《自动喷水灭火系统设计规范》GB 50084—2017中的3.0.1～3.0.3，"附录A　设置场所火灾危险等级分类"；《建筑灭火器配置设计规范》GB 50140—2005中的"附录C　工业建筑灭火器配置场所的危险等级举例""附录D　民用建筑灭火器配置场所的危险等级举例"。

专业思考

1.【判断题】闪燃发生在火灾轰燃阶段。（　　　）

【答案】错。

2.【多选题】燃烧产生的主要燃烧产物是（　　　）。

A.氰化氢　　　　B.一氧化碳　　　　C.水蒸气　　　　D.二氧化硫　　　　E.二氧化碳

【答案】BE

【解析】二氧化碳和一氧化碳是燃烧产生的两种主要燃烧产物。

3.【多选题】燃烧产物通常是指燃烧生成的（　　　）等。

A.气体　　　　B.热量　　　　C.可见烟　　　　D.氧气　　　　E.液体

【答案】ABC

【解析】由燃烧或热解作用产生的全部物质，称为燃烧产物。通常指燃烧生成的气体、热量、可见烟等。

4.【单选题】可燃固体在空气不流通、加热温度较低、分解出的可燃挥发成分较少的条件下，发生的只冒烟而无火焰的燃烧现象称为（　　　）。

A.无焰燃烧　　　　B.表面燃烧　　　　C.有焰燃烧　　　　D.阴燃

【答案】D

【解析】阴燃是指可燃固体在空气不流通、加热温度较低、分解出的可燃挥发成分较少或逸散较快、含水分较多等条件下，发生的只冒烟而无火焰燃烧的现象；D选项正确。无焰燃烧，也称暗火。无焰燃烧指虽然发生了燃烧的氧化反应，但是不产生火光，不过会有烟雾及刺激性气体的产生，如香火等；A选项错误。可燃固体（如木炭、焦炭、铁、铜等）的燃烧反应是在其表面由氧和物质直接作用而发生的，称为表面燃烧。这是一种无火焰的燃烧，又称异相燃烧；B选项错误。有焰燃烧，也称明火。有焰燃烧是常见的燃烧，这种燃烧火光明亮，有烟雾产生，并且也会产生刺激性气体，即燃烧时可产生火焰，是燃烧的基本形式。如家用燃气灶烧饭、火柴点火等；C选项错误。

5.【单选题】露天堆垛火灾极易发生阴燃，下列不是阴燃的条件是（　　　）。

A.空气不流通　　　B.加热温度较低　　　C.可燃物含水分较多　　　D.与氧化剂接触

【答案】D

6.【单选题】干粉灭火系统不适用（　　）引发的火灾。

A.油罐　　　　　　　B.变压器油箱　　　　C.金属钠　　　　　　D.煤气站

【答案】C

7.【单选题】某总建筑面积为 5600 m² 的百货商场，其营业厅的室内净高为 5.8 m，所设置的自动喷水灭火系统的设计参数应按火灾危险等级不低于（　　）确定。

A.中危险Ⅱ级　　　　B.严重危险Ⅱ级　　　C.严重危险Ⅰ级　　　D.中危险Ⅰ级

【答案】A

【解析】根据《自动喷水灭火系统设计规范》GB 50084—2017 附录 A，该建筑应按火灾危险等级不低于中危险Ⅱ级确定。本题答案为 A。

注：对于商场，建筑面积不同，其火灾危险性等级也不同，在进行辨析时应注意以下几点：总建筑面积小于 5000 m² 的商场和总建筑面积小于 1000 m² 的地下商场的火灾危险性等级应为中危险Ⅰ级；总建筑面积 5000 m² 及以上的商场、总建筑面积 1000 m² 及以上的地下商场和净空高度不超过 8 m、物品高度不超过 3.5 m 的超级市场的火灾危险性等级应为中危险Ⅱ级；净空高度不超过 8 m、物品高度超过 3.5 m 的超级市场的火灾危险性等级应为严重危险Ⅰ级。

8.【单选题】自动喷水灭火系统设置场所的危险等级应根据建筑规模、高度以及火灾危险性、火灾荷载和保护对象的特点等确定。下列建筑中，自动喷水灭火系统设置场所的火灾危险等级为中危险级Ⅰ级的是（　　）。

A.高度为 50 m 的办公楼　　　　　　B.高度为 22 m 的旅馆

C.2000 个座位剧场的舞台　　　　　　D.总建筑面积 5600 m² 的商场

【答案】A

【解析】根据《自动喷水灭火系统设计规范》GB 50084—2017 附录 A，A 选项属于中危险级Ⅰ级，B 选项属于轻危险级，C、D 选项属于中危险级Ⅱ级。

注：一般情况下，单、多层办公楼和旅馆的火灾危险性等级为轻危险级，高层办公楼和旅馆的火灾危险性等级为中危险级Ⅰ级；影剧院、音乐厅和礼堂（舞台除外）及其他娱乐场所的火灾危险性等级为中危险级Ⅰ级，舞台（葡萄架除外）的火灾危险性等级为中危险级Ⅱ级。

9.【单选题】若火灾危险性较大的生产部分占本层或本防火分区面积的比例小于（　　），其火灾危险性可按火灾危险性较小的部分确定。

A.5 %　　　　　　　　B.10 %　　　　　　　C.20 %　　　　　　　D.30 %

【答案】A

1.3　建筑火灾特点以及防控原理

建筑火灾在不同阶段有不同特点，只有弄清火灾各个阶段的规律，才能更好地指导建筑防火设计，达到最大限度减少火灾损失的目的。

1.3.1　建筑火灾燃烧过程

1. 初期火灾（包含潜伏期的阴燃现象）

着火点附近形成局部燃烧之后，由于受起火点位置，可燃物的性能、分布、通风与散热条件等影响，燃烧发展一般比较缓慢，并出现下列情况。

（1）着火物与其他可燃物隔离放置时，燃烧物燃尽而未蔓延；在耐火结构建筑内，如门窗密闭使通风不足，燃烧可能自行熄灭；受通风量或燃烧物特点的限制，火灾以缓慢速度燃烧。

（2）当温度与通风条件允许时，火灾持续一段时间后出现轰燃现象，蔓延至整个分区。

经过火灾与实验分析，民用建筑内从着火到火灾出现轰燃现象的这段时间大多在 5 ～ 8 min 内，表现为温度不高且烟不大，对人伤害不大。此时只有火而未成灾，是最有利于迅速扑救的阶段。自动报警系统应在这个阶段触发，促使人员安全疏散。

2. 轰燃现象

经初期火灾一段时间的烟火加持，着火空间内积蓄了一定的热烟气层，产生对地面的辐射热。加之火的蔓延，共同促使着火空间各个角落的火灾荷载超过燃烧临界点，使分区内的所有可燃物表面都出现有焰燃烧。

轰燃是建筑内火灾发展过程中的特有现象，指场所内的局部燃烧向全室性火灾过渡的现象，会对场所内未逃离人员的生命产生威胁。

3. 旺盛期

火灾造成建筑物破坏、人员和财产损失主要发生在火灾全面发展阶段，即火灾旺盛期。现象如下。

（1）室内蓄积的热量不断增加，直接影响室内火灾温度的变化，促使旺盛期火灾的燃烧速度增大，并产生两种燃烧状况。①燃料控制型火灾，在充足的助燃物的帮助下（一般室内的开口足够大），室内燃烧速度与助燃物数量无关，而是由室内可燃物的表面积和燃烧特性决定的。②通风控制型火灾，室内可燃物的燃烧速度由流入室内的空气流速控制。此时，场所开启的窗洞处产生内外压力差与空气流速差现象，即窗口处某高度存在室内外压力差与空气流速差为零的中性层，沿窗口高度的压力分布呈直线关系或沿窗口高度空气流速呈曲线关系（见图1-1）。在该压力作用下，新鲜空气从窗洞下部流入房间，而房间内的火焰与高温烟气从窗口的上部流出。因此发生火灾时，人在窗前自救时，其口鼻呼吸站位应处于窗下部或窗台上。

（2）火灾持续时间是指火灾区间从火灾形成到火灾衰减所持续的总时间。但从建筑物耐火性能的角度来看，是指火灾区间轰燃后经历的时间。实验研究证实，火灾持续时间与火灾荷载成正比。

火灾温度用国际标准 ISO834 的标准火灾升温曲线公式测算。

4. 熄灭阶段

在火灾旺盛期的后期阶段，随着室内火灾荷载不断减少或燃尽，火焰燃烧速度递减，温度逐渐下降。当室内平均温度降到此次火灾温度最高值的 80% 时，则认为火灾进入熄灭阶段。注意火焰复燃不算在此次建筑火灾燃烧过程中。

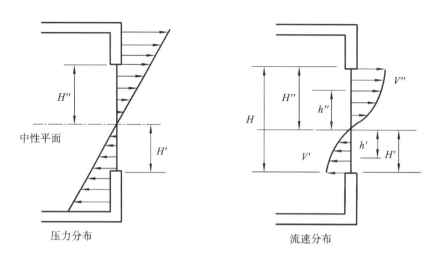

图 1-1 火灾房间开口部位压力、流速分布

（图片来源：《建筑防火设计（第二版）》）

1.3.2 建筑火灾蔓延特点

火灾的蔓延方式有热传导、热对流与热辐射。在火灾发生后，建筑构件未失去耐火能力前，建筑内火灾蔓延路径可分为以下三种。

（1）建筑内火灾可沿顶棚、墙面、地面的可燃装修材料，从房间门窗洞蔓延到走廊与周边。

（2）从房间或走廊蔓延到敞开的楼梯间、电梯井、管道井等，并向上层蔓延。

（3）火势也可从外墙窗洞向上层或左右的窗洞蔓延，使火灾扩大。

火灾引起的门窗玻璃破碎对地上建筑有非常不利的一面，即室内的火灾荷载有了大量的新鲜空气供给，促进了火灾的快速发展，同时造成火灾通过窗口向外蔓延；但也有有利的一面，即窗口有利于自然通风与防排烟。

按照维度，建筑内火灾蔓延路径可分为以下两种。

（1）水平空间或水平孔洞的蔓延。主要发生在地面，如可燃的木地板、地毯或家具等；墙体上的门、窗与洞口等；吊顶内部空间；通风或空调系统等管道（见图 1-2）。

（2）室内外竖向空间或竖向孔洞蔓延。主要发生在中庭；楼梯间、坡道、自动扶梯；各类竖井与竖向管道，如电梯井；竖向材料与广告装饰等，如墙体内外用可燃保温材料做装修；外墙窗洞（见图 1-3）等。

图 1-2 厨房管道 F 形火灾

图 1-3 火灾通过外墙窗洞向上层或左右蔓延

1.3.3 建筑内烟气流动特点

1. 烟的特点

火灾中，烟的扩散速度比火更快，且易在建筑内淤积。烟的成分、浓度、发烟量与发烟速度、能见度都会对建筑内人员产生影响。特别是现代广泛运用的高分子材料，不仅燃烧迅速，蔓延快，发烟速度快，而且有毒物质多，危害远超一般材料。

烟与热极易导致疏散人员缺氧窒息、辨别能力与逃生能力下降。研究表明人在浓烟中 1 ～ 2 min 就会晕倒，4 ～ 5 min 就有死亡的危险。浓烟还会增加救援人员施救的危险，极大影响消防救援成效。因此需在建筑内设置通风与防排烟系统。

2. 烟气流动的基本规律

烟气通过风压与热压从高处向低处流动。如果房间为负压，则烟气会通过各种洞口进入其中。建筑内部，烟气流动扩散路径一般有三条：①从着火房间，通过走廊、楼梯间、上部各楼层，达到室外；②从着火房间，经相邻上层房间，达到室外；③从着火房间到达室外。

3. 影响建筑内烟气流动的因素

影响建筑内烟气流动的因素包含室内外风压、通风与防排烟系统、电梯的活塞效应、烟囱效应（包含沟槽效应）、燃烧气体的浮力和膨胀力等。

（1）产生烟囱效应的条件。指建筑内部可产生烟囱效应的建筑空间条件，即场所的空间高度与平面尺寸的比值较大且相对封闭，当其上部和下部都有开口时，在风压与热压下，容易产生烟囱效应。通常发生在建筑的楼梯间、中庭与竖井等处。但当多层楼梯间不高，且每层都有窗洞开启，或多层内院与大厅空间开敞、有楼层穿堂风时，将不会产生烟囱效应。

建筑室内的温度比室外温度高时，室内空气的密度比外界小，竖井内产生了使室内气体向上运动的浮力。通常将内部气流上升的现象称为正烟囱效应，利用正烟囱效应进行建筑内部降温是绿色建筑设计的常用手法。

如果建筑物的外部温度比建筑内部高（如盛夏季节，建筑有中央空调系统且外表皮相对封闭），则建筑内的烟气流是向下运动的，通常将这种现象称为逆烟囱效应。但这种情况不可能持久，内部持续燃烧将使室内温度升高且内部气流上升，最终转变为正烟囱效应（见图 1-4）。[1]

沟槽效应由康达效应和烟囱效应的叠加产生。康达效应指当水流或气流流过凸起的表面时，其会沿着凸起表面流动，而不沿切线流出。沟槽效应主要产生条件之一，为形体或地形有倾斜角度。即使表面平整，也会产生沟槽效应，不过蔓延速度不太明显；而凹型的沟槽效应所造成的火势最大，回型木的沟槽效应所造成的火势的蔓延速度最快。

沟槽效应在建筑火灾时，常见于室内楼梯或地铁的出入口的自动扶梯处，装修的窗帘（凹型表面）；除了城市火灾，因凹型地形在山区无处不在，沟槽效应为山火的一大特征。因此景观设计时，应考虑其影响。[2]

（2）电梯活塞效应。指电梯轿厢在电梯井内高速上下运行，会带动电梯井内的空气高速流动，最终传递到建筑内部，使空气在各个楼层高速流动。当发生火灾时，空气高速流动，将成为火焰的助燃剂，同时加速火、烟、热的扩散速度，极大地减少了人员安全疏散时间。

---

1 推荐网络视频：《232 烟囱效应》（哔哩哔哩）；《烟囱效应是什么？没有安装空调的建筑，可以实现自动降温》（腾讯视频）。
2 推荐网络视频："沟槽效应"是什么？可让火焰加速燃烧，国王十字站大火的真正"元凶"（哔哩哔哩）。

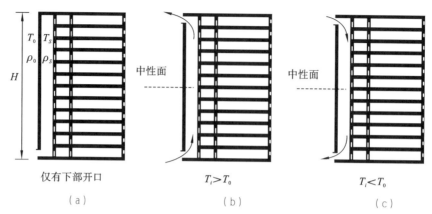

仅有下部开口　　　　　　　　$T_i>T_0$　　　　　　　$T_i<T_0$

（a）　　　　　　　　　　（b）　　　　　　　　（c）

图1-4　正烟囱效应和逆烟囱效应引起的烟气流动

（图片来源：《建筑防火设计（第二版）》）

1.3.4　防、控、灭火、烟、热的原理与方法

1. 影响建筑火灾严重性的因素

建筑火灾严重性是指在建筑或场所内发生火灾的大小及危害程度，与建筑或场所内的火灾荷载的燃烧性能和数量、建筑材料的类型和防火构造、窗口设置与防火构造等有直接联系（见表1-1），对建筑与场所的防火设计有直接影响。

表1-1　影响建筑或场所火灾严重性的因素与措施

	影响因素		特点	具体控制方式	备注
建筑或场所火灾严重性	燃烧（爆）物	性能	临界点	采用高临界点材料（如C4）	
			燃烧速度	降低燃烧速度；使用防火工法（如减少暴露面积）	
			可达到的最高温度		
		荷载	数量（燃烧期限）	尽可能少	
			密度与分布	荷载布置应均匀分隔（如停车场）	
	助燃物（空气供给）	房间	大小	减小尺寸；降低高度	周边温压或风压，如室内外风压、通风与防排烟系统、电梯的活塞效应、烟囱效应、燃烧气体的浮力和膨胀力等
			空间形状（如活塞、烟囱效应）	控制形状与防火分隔	
		门窗洞	大小	减小面积	
	热损失	房间	大小	增大尺寸；增加高度	控制环境的温度或温压、湿度、风速或风压，尽可能增加热损失
			热性能（如铁皮房、木头房）	减少墙体材料的厚度；采用导热性高的材料	
			空间形状（如活塞、烟囱效应）	控制形状或（水平）防火分隔	
		门窗洞	大小	增大面积；增加高度（高楼风压）	
			形式	减少异形（如长条状）	
			位置（如跨防火分区）	设在正确的位置（如排烟口的立面高度）	

2. 防控火灾的基本原理

任何可燃物产生或持续燃烧都必须满足燃烧的充分必要条件，而扑灭火灾的方式就是破坏燃烧条件或消减其中任意一个条件。一切防火措施都是为了防止燃烧条件同时存在、互相结合、互相作用。

人们掌握了燃烧条件，就可以掌握防火与控火的基本原理和灭火的基本方法，进而有效地进行灭火，即如何防止燃烧条件的产生、如何避免其持续发展，以及如何阻止火势蔓延。具体防控方式可从表1-1得出。

3. 灭火基本方法

有效的灭火方法，指快速破坏或消除已经形成的燃烧条件，中止燃烧的链式反应，最终使火熄灭或阻止物质继续燃烧的措施。灭火基本方法归纳为隔离法（如墙体的防火分隔）、窒息法、冷却法和抑制法四种。

在火灾现场具体采用哪种灭火方法，应根据燃烧物质的性质、燃烧特点和火场的具体情况以及消防器材装备的性能进行选择。有些火场，往往需要同时使用几种灭火方法，当采用干粉灭火时，还要采用必要的冷却降温措施，以防复燃。

4. 防排烟、排热基本方法

在建筑防火分区内部划分防烟分区，人为控制烟、热蔓延。再在防烟分区内进行防排烟、排热设计。动力可分为自然式或机械式；场所可分为防烟场所与排烟场所。

专业思考

1.【简答题】多层住宅楼梯间能否产生烟囱效应？

2.【判断题】农村的自建住宅没有设置防排烟与通风系统。（   ）

【答案】错。有，都是自然通风与防排烟。

3.【单选题】（   ）是火灾中人员致死的主要燃烧产物之一，几乎所有的有机高分子材料燃烧时都会产生。

A.CO_2 B.CO   C.SO_2 D.HCl

【答案】B

【解析】CO是火灾中人员致死的主要燃烧产物之一，几乎所有的有机高分子材料燃烧时都会产生。

1.4 建筑火灾对策

随着我国城市化进程的推进与城市用地范围的限制，城市建筑越来越高大且功能复杂，从而使火灾的危害问题变得更加突出。因此设计师应从重要程度、使用性质、功能、规模、投资等不同因素综合预判来进行防火设计，以求最大限度降低危害。

对于建筑内的具体场所，应具体分析并进行防火设计。如城市独立公厕功能单一、面积小，耐火等级最多达到二级，防火设备采用灭火器即可，甚至不用配置；但在耐火等级为一级的超高层建筑中，厕所应按规范要求加报警器，加自动喷淋。又如住宅，因高度不一样，其危险等级也就不一样，采用材料不一样，疏散设计要求不一样，室内外消防设施不一样。

1.4.1　确立法规

消防，一指火灾预防，二指火灾扑救。根据《中华人民共和国消防法》的规定，我国将"预防为主，防消结合"作为防灾减灾的法律方针。为达到上述目标，要求建筑必须进行防火设计，从而避免或减少人员与财产损失。具体措施如下。

①建立法规：完善的法规与防火规范，是社会成熟的标志，是防火设计的执行依据。

②正确选择：要求规划逃生和扑救流线，制定正确的疏散预案；选择合适的装修材料（航空站家具的选择）、消防设施等。

③加强监管：保证施工与后期管理到位，加强对消防人员的培训。

④预防检查：坚持年检、月检、周检、日检、时检。

⑤避免失误：确保设计师、施工者、管理者的专业素养，提高普通人的日常消防意识。

⑥科学探索，紧跟时代：新建筑的规模化与复杂化，材料与消防技术的发展，防火经验的不断积累，将促进消防规范不断改进与完善。

1.4.2　防火设计指导原则

本小节内容详见《建筑防火通用规范》GB 55037—2022 的 2.1.2，2.1.3。

建筑防火设计目标：①保障人身和财产安全及人身健康。②保障重要使用功能，保障生产、经营或重要设施运行的连续性。③保护公共利益。④保护环境、节约资源。

通过对建筑火灾情况的预先评估分析，建筑设计师必须主动进行防火设计，做到"一个基础，一个要素，一个消防"。一个基础指建筑用材的耐火能力与防火构造是消防的前提基础；在此基础条件上，以人的生命权为第一要素，优先保证人员安全疏散与避难；在疏散流线上配备相应辅助逃生设施，在建筑内外设置灭火与救援设施。因此建筑防火设计可分为三个方面（见图1-5）。

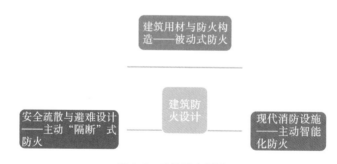

图1-5　建筑防火设计

1. 建筑用材与防火构造

优先确定建筑整体的耐火等级，即在一段时间内，建筑应能抵御旺盛期火灾。耐火等级是衡量建筑物耐火程度的分级标准，由构成建筑物的构件与配件的耐火极限和防火构造的共同耐火能力来确定。耐火能力是建筑内外部发生火灾时，建筑的稳定性（承载能力）、完整性或隔热性的保证，是人员安全疏散、建筑扑救的物质基础。同时，防火设计时关注具体场所的具体防火要求，如建筑内的设备房。匹配场所相应防火要求的装修（包含内、外部保暖与装饰）材料与防火构造。

最原始而有效的材料能被动式防火，因此需特别注意材料选择。

2. 安全疏散与避难设计 [1]

针对三种火灾蔓延路径，为确保人员在疏散时间内安全疏散，或满足一定时间内的避难需要，疏散设计要求如下。

（1）在建筑内外（或防火分区内）规划人员安全疏散流线，同时为救援人员留出室内外救援路线。

（2）控制建筑内防火区域规模，控制建筑内的疏散时间、疏散距离、疏散宽度等。同时在各个功能空间进行烟、火、热分隔设计，把建筑内部"隔断"为一个个不同耐火极限要求的区域，如船体的水密舱室一般。当无法在允许疏散时间内安全疏散时，应设置避难区。

总结逃生智慧，应特别注意疏散设计上的缺陷。

3. 现代消防设施 [2]

为确保有足够的疏散、扑救的应急反应时间以及避难能力，建筑应配置现代消防设施（非标配，如农村住宅）。即建筑室内以火灾自动报警与联动控制作为监控核心，能立即预警，且配套相应的疏散辅助设施、扑救设施；建筑室外，在城市消防规划下，通过消防通信，能把外部城市灭火物资与消防设备迅速运抵救援现场，保证持续扑救。

随着科技与经济发展，主动智能化的预警与扑救将成为现代建筑防火的必然选择。因此应特别注意消防设施的配套选择、设计与布置。

简而言之，耐火材料与防火构造的被动"隔断"，人为主动设计"隔断"，灭火设施的主动"隔断"，将有利于人员安全疏散，确保建筑"小灾基本无损，中灾能修，大灾结构不能倒塌"，这也是防火设计的最终目标。

1.4.3 建筑防火设计内容

1. 设计对象与重点场所

参考规范：《建筑设计防火规范》GB 50016—2014（2018年版），1.0.2～1.0.7。

除火药（炸药）类制品厂房（仓库）外，我国城市建筑中的民用建筑，工业建筑，可燃固体、液体与气体的厂房与仓库等，都需进行防火设计，同时都需要主管部门进行防火设计审核验收。区域或建筑内防火设计应重点关注如下几点。

（1）小：老城区的建筑之间防火间距小，消防车道小，场所疏散宽度小。

（2）大：建筑规模体量大、跨度大，应进行场所或防火分区的划分。

（3）高：建筑高度高。如高层楼梯间；高空救援。

（4）多：人多，疏散困难，如娱乐场所等。

（5）杂：建筑功能复杂。如华中科技大学的国家级光电实验大楼，集教、学、研、对外宣传、地下设备房、停车与人防等于一体，功能非常复杂，各场所防火要求不同，组织布局不同。

1　推荐网络视频：科普视频/高层建筑发生火灾该如何逃生？
2　推荐网络视频：《走近科学》20171109 智慧消防。

（6）无：地下空间与无窗场所，既要防火更要防排烟；城市地铁系统救援是个新课题，如郑州 2021 年水患。

（7）特：特殊要求，如武汉火神山医院（全都是负压病房）；特殊人群，如照顾老弱病残等特殊人群的建筑。

2. 建筑防火设计图内容

建筑防火设计图一般应包含如下内容。

（1）总平面设计。

（2）建筑物的耐火等级。

（3）防火分隔和建筑构造。

（4）安全疏散设计。

（5）消防电梯设计。

（6）室外室内消防给水。

（7）室内消防给水。

（8）自动喷水灭火系统设计。

（9）卤代烷或其他气体灭火系统设计。

（10）通风与空调系统设计。

（11）防烟与排烟设计。

（12）室内装修防火设计。

（13）火灾自动报警装置。

在经过防火设计后，建筑消防最理想情况是把火灾控制在火灾初期；最差情况是控制在火灾延续时间内，即建筑构件与消防设施的共同抵御时间内，否则建筑防火构件材料将可能逐渐损毁。

专业思考

1.【判断题】防火设计适用于所有建筑。（   ）

【答案】错。

2.【判断题】电梯井可能发生烟囱效应。（   ）

【答案】对。烟囱效应产生条件：一般电梯井在疏散时，断电不能使用，这时不会产生活塞效应，如果某时某层电梯门未关或破损，在火灾时，理论上就可能产生烟囱效应。

3. 简述建筑内部防火设计涉及的内容以及彼此的关系。

4. 简述建筑物进行防火设计的意义。

5. 按照建筑设计流程，建筑防火设计在哪个阶段开始？

【答案】建筑设计流程：方案，扩初，施工。防火设计一般在建筑方案初始阶段就已经开始，如教学楼之间的防火间距、楼梯数量、与两个楼梯间的距离、疏散口的位置等，必须在方案初始阶段就有所考虑，否则方案是无效设计。

6.防火设计标准是以哪一火灾阶段为主？

【答案】从时间上看，防火设计是为了保证人员在火灾前期能逃能防，防止火灾扩散与变强。防火设计的标准以建筑内可能发生旺盛期火灾的危害程度为依据，即建筑耐火等级能抗住旺盛期火灾多长时间；任何建筑都不可能无限期抵御火灾。

7.建筑外部防火设计有哪些要点？与内部防火设计有何关系？

第 2 章

建筑外消防设施

在城市消防规划指导下，分析不同建筑周边消防的影响因子，确保建筑之间有足够的防灾与救援空间，能把外部扑救物资与匹配的消防设备迅速运抵扑救现场，按相应扑救流线(如高空救援窗口)，展开持续性的灭火与救援。

消防设施是在建筑物内外部安装与使用，用于火灾预警、扑救、疏散与疏散辅助的设施总称。其按照功能可分为以下几类。

（1）建筑内外火灾自动预警系统或火灾自动报警与联动控制系统。

包含远距离市政消防通讯设施、监控、火灾探测器、消防控制室以及配套消防供配电设施。

（2）扑救设施。

可分为以下2类。

①灭火设施，包含灭火器、消防给水系统、消火栓系统、自动灭火系统（包含自动喷淋）、气体灭火设施、泡沫与干粉灭火设施等。

②救援设施，包含室内应急插座，消防电梯与消防专用通道，高空救援窗口，以及消防站、消防车、消防车道、登高操作场地等。

特殊情况下的扑救辅助设施还包含火灾预警、疏散与疏散辅助的设施，如监控、应急照明、屋顶直升机停机坪等。

（3）安全疏散辅助设施。

包含火灾应急照明、应急广播、疏散指示标识系统、防排烟与通风设施（如自动防火与防烟阀、手动防火与防烟阀、自动排烟口与排烟阀、手动排烟口与排烟阀、防烟垂壁锁）。

特殊情况下的安全疏散辅助设施还包含呼吸器具、逃生软梯、逃生绳、逃生袋、逃生缓降器、室外升降机、消防登高车等。其他设施有灭火系统、火灾探测、声光报警、事故广播等。

（4）安全疏散与防火分隔设施。

安全疏散设施是指建筑物中与安全疏散相关的建筑防火构造（包含防火分隔设施）、安全设施。主要包括安全出口或疏散出口、疏散走道、疏散楼梯、疏散电梯以及避难层（间）、屋顶直升机停机坪、大型地下建筑中设置的避难走道等。

防火分隔设施指与安全疏散直接相关的设施。水平分隔设施有楼板、防火挑檐等；竖向分隔设施有防火墙与防火隔墙、防火门窗与防火门自动释放器、防火水幕、防火卷帘与防火卷帘控制器等。

2.1 城市消防规划

在发生建筑火灾时，建筑内设置的消防供水设施，如消防水池与消防水箱，按规范要求能提供10 min的灭火用水量，这只能进行短暂灭火。10 min以后，主要依靠建筑外部消防设施扑救。因此必须在城市内进行消防规划，以保证室外消防设施的顺利到来与运作，这是建筑火灾被持续扑救的关键。

2.1.1 制定消防规划

参考规范：《城市消防规划规范》GB 51080—2015，1.0.1～1.0.7；《民用建筑通用规范》GB 55031—2022，2.2.1。

城市化易造成灾难的集中化与扩大化，因此城市必须设置城市防灾设施以应对灾难。而在所有的城市突发性灾难中，火灾的比例与造成损失最大。因此要优先制定消防规划，建立消防部门，以应对城市火灾。

城市消防规划是城市规划的一个重要组成部分，其目的是通过城市火灾风险评估，统筹制定未来一定时期内城市消防发展目标，城市消防安全布局，公共消防设施和消防装备的综合部署、具体安排和实施措施。同时以消防规划作为依据，建立相应管理部门和具体执行部门，配套市政设施等，从而增强城市建筑应急救援能力。

城市消防规划管理是市政建设和市政管理的重要组成部分。城市消防规划管理应以城市规划法为依据，根据《中华人民共和国消防法》的有关规定以及《城市消防规划建设管理规定》依法实施管理。

城市消防规划应由城市公安消防监督机构会同城市规划主管部门及其他有关部门共同编制、实施。对与消防安全有关的城市建设工程项目，从设计审查到竣工验收工作，必须有公安消防监督机构参加。我国城市公安消防机构，也会根据当地情况，结合市政建设，参与城市的人防规划建设等，防御其他各类型灾难，如水患、地震、空袭、风雪、雷击等，成为防御所有灾难的执行机构。

2.1.2 消防安全布局

参考规范：《城市消防规划规范》GB 51080—2015，3.0.1 ~ 3.0.8；《建筑设计防火规范》GB 50016—2014（2018 年版），5.1.2，5.2.1。

城市消防规划应满足城市消防安全和综合防灾的主要要求。

2.1.2.1 城市建筑耐火等级

参考规范：《城市消防规划规范》GB 51080—2015，3.0.1 ~ 3.0.8；《建筑设计防火规范》GB 50016—2014（2018 年版），表 5.2.2 民用建筑之间的防火间距。

城市建筑耐火等级分为四级，最低耐火等级为四级，不到四级者按四级确定。

经火灾统计分析，火灾持续时间为 1 h 内的占火灾总数量 80 % 以上，残留建筑主要为一、二级耐火等级的建筑物，且基本保持完整。因此城市建筑应以一、二级耐火等级的建筑为主，控制三级，严格限制四级。民用建筑耐火等级分类如表 2-1 所示，地铁工程各部位的耐火等级分类如表 2-2 所示。

表 2-1 民用建筑耐火等级分类

耐火等级	建筑类型	备注
应为一级	一类高层民用建筑（含裙房）；二层和二层半式、多层式民用机场航站楼；A 类广播电影电视建筑；四级生物安全实验室；地下、半地下建筑（室）的耐火等级应为一级	《建筑防火通用规范》GB 55037—2022，5.1.2，5.1.7，5.3.1
不应低于二级	二类高层民用建筑（含裙房）；一层和一层半式民用机场航站楼；总建筑面积大于 1500 m² 的单、多层人员密集场所；B 类广播电影电视建筑；一级普通消防站、二级普通消防站、特勤消防站、战勤保障消防站；设置洁净手术部的建筑，三级生物安全实验室；用于灾时避难的建筑；电动汽车充电站建筑、Ⅱ类汽车库、Ⅱ类修车库、变电站等	《建筑防火通用规范》GB 55037—2022，5.1.6，5.1.7，5.3.2
不应低于三级	城市和镇中心区内的民用建筑；老年人照料设施、教学建筑、医疗建筑等	《建筑防火通用规范》GB 55037—2022，5.3.3

续表

耐火等级	建筑类型	备注
四级	木结构民用建筑，包含以木柱承重且墙体采用不燃材料的建筑，其耐火等级应按四级确定	《建筑设计防火规范》GB 50016—2014（2018年版），5.1.2，11

表2-2　地铁工程各部位的耐火等级分类

耐火等级	建筑类型	备注
不应低于一级	地铁工程地下出入口通道、地上控制中心建筑、地上主变电站的耐火等级不应低于一级。交通隧道承重结构体的耐火性能应与其车流量、隧道封闭段长度、通行车辆类型和隧道的修复难度等情况相适应；城市交通隧道的消防救援出入口的耐火等级不应低于一级	《建筑防火通用规范》GB 55037—2022，5.4.1～5.4.3
不应低于二级	城市交通隧道的地面重要设备用房、运营管理中心及其他地面附属用房的耐火等级不应低于二级	
不应低于三级	地铁的地上车站建筑的耐火等级不应低于三级	

1. 影响因素

参考规范：《建筑防火通用规范》GB 55037—2022，1，2.1.1，5.1.1。

建筑区位（如天安门前）、重要程度、使用性质、功能、类别、结构形式、规模（此处包含面积、高度、层数、埋深）、危险等级、火灾荷载、安全布局、火灾扑救难度与消防设施、投资等因素，将对建筑耐火等级的确定与防火设计产生影响。

2. 分级目的

耐火等级的分级目的：彰显重要性、场所危险等级、建筑规模与高度；确保安全疏散时间足够；为扑救创造有利条件；为灾后修复提供有利条件；为建筑防火设计提供依据。

建筑物耐火等级不是越高越好，因耐火等级越高，其造价也越高，防火构造也越复杂，易造成资源浪费，所以不可能对所有建筑物都采用最高耐火等级。应按照最佳防火性价比，确定相应耐火等级。这样既有利于安全，又节约投资。

2.1.2.2　城市空间与场地防灾

1. 城市空间防灾设计

参考规范：《建筑防火通用规范》GB 55037—2022，2.1.4。

（1）城市空间应设置防火隔离带，如道路、广场、水域等。防灾避难场地应设置于开敞空间，如道路、广场、运动场、绿地、公园、居住区公共场地等；城镇耐火等级低的既有建筑密集区，应采取防火分隔措施，设置消防车通道，完善消防水源和市政消防给水与市政消火栓系统；城市防灾通道应包含城市消防车通道网络，消防车通道网络应布置市政消防管网与消防栓系统。

同时应评估城市外围风险，如与森林、草原相邻的区域，确定城市外安全距离。

（2）大、中型易燃易爆危险品场所或设施设置要求，即安全防护距离，包含防火间距。应设置于城市边缘或场地边缘的独立安全地区；不得设置于城市常年主导风向的上风向或主要水源的下游，宜设于全年最小频率风向的下风侧。同时应配置防灾缓冲地带和可靠的安全设施。

危险设施（如汽车加油站、加气站和加油加气合建站）的规模和布局应合理；城市燃气、输油管道不得穿越重点建筑、重点设施；与建筑和设施间的安全距离应符合规范。

（3）对于历史城区及历史文化街区，因地制宜地配置小型、适用的消防设施，如水池、水缸、沙池等；外围宜配置环形消防车通道；区域内不得设置汽车加油站、加气站等。

（4）城市地下空间应控制规模，避免大面积相互贯通。

（5）在赛事、博览、避险、救灾及灾区生活过渡期间建设的临时建筑或设施，其规划、设计、施工和使用应符合消防安全要求。灾区过渡安置房集中布置区域应按照不同功能区域分别单独划分防火分隔区域。每个防火分隔区域的占地面积不应大于 2500 m²，且周围应设置可供消防车通行的道路。[1]

2. 场地防灾设计

参考规范：《建筑防火通用规范》GB 55037—2022，4.3.1，11.0.1。

在布局中，应合理分析建筑的定位，优先满足场地防火设计要求。

（1）重点建筑设置于上风向，爆炸危险品场所或设施不得设置于上风向；不宜将民用建筑布置在甲、乙类厂（库）房，甲、乙、丙类液体储罐，可燃气体储罐和可燃材料堆场的附近。

除为满足民用建筑使用功能所设置的附属库房外，民用建筑内不应设置生产车间和其他库房，不应与工业建筑组合建造；不应设置经营、存放和使用甲、乙类火灾危险性物品的商店、作坊和储藏间。

（2）交通流线优先满足消防车道与消防水源的要求；严格控制建筑之间的防火间距，高压线与建筑防火的距离，建筑与绿化、景观的消防距离。

场地内防火设计，是场地设计的一个重要优先子项，是建筑安全使用的前提。如一类高层住宅建筑，在进行场地设计时首先要满足建筑安全防火间距，再满足日照间距或噪声间距等要求。只不过，在一般场地设计中，城市建筑日照间距或噪声间距比防火间距更大。但加油站的安全防火距离大于建筑日照间距。

2.1.2.3　建筑之间防火间距

参考规范：《建筑防火通用规范》GB 55037—2022，3.1.2；《民用建筑设计统一标准》GB 50352—2019，5.1.2。

城市建设随着人类城市化不断更新变化而发展。土地价值提升促使城市容积率不断提高，使建筑间的距离不断拉近。因此在复杂的建筑群中，不仅要考虑一个建筑红线内的场地防火设计，还要考虑建筑彼此之间的安全防火距离，如民用建筑与危险品仓库之间的防火距离。

工业建筑与民用建筑之间必须根据建筑的使用性质、建筑高度、耐火等级及火灾危险性等合理确定防火间距。建筑之间的防火间距应保证任意一侧建筑外墙受到的相邻建筑火灾辐射热强度均低于其临界引燃辐射热强度，保证消防设施（如消防车）能从建筑之间穿过，并且建筑之间有足够距离建立登高操作场地。

一般建筑之间如有足够的防火间距，不需要特别提高建筑外表皮构件（主要包含外墙、门窗与屋顶）的耐火能力。但当防火间距不足时，提高建筑外表皮的耐火极限是克服外部威胁的重要措施之一。

1　推荐网络视频：2025 大阪世博会展馆抢先看，哪个最惊艳？（抖音视频）；100 个展览馆 -004/2025 大阪世博会（哔哩哔哩）。

1. 影响因素

（1）风向、风速；热传导、热对流、热辐射。

（2）周边地形关系；植物环境布置；建筑自身或周边障碍物与危险品；地下各种管网与高压走廊等市政构筑物。

（3）建筑物外墙门窗洞口的面积；与相邻建筑孔洞的对应关系。

（4）建筑物的性质、耐火等级、功能、高度、建筑装修材料、室内可燃物种类和数量、构件防火构造等。

（5）建筑物内外消防设施水平；人员疏散口与疏散广场、车流与消防车道（部分市政道路兼作消防车道）、登高操作场地、停车场。

2. 规范要求

参考规范：《建筑防火通用规范》GB 55037—2022，3.3.1，3.3.2。

参考图例：《〈建筑设计防火规范〉图示》18J811—1，5.2.2。

城市建筑耐火等级以一、二级为主。高层建筑之间的防火间距不小于13 m，高层与多层建筑之间的防火间距不小于9 m；多层建筑之间的防火间距不小于6 m；相邻建筑通过连廊、天桥或底部的建筑物等连通时，其防火间距应按照两座独立建筑确定。

城市建筑与三、四级耐火等级的建筑之间，因耐火性能较差，防火间距应增大。如高层建筑与三级耐火等级单、多层民用建筑的防火间距不应小于11 m；高层建筑与四级耐火等级单、多层民用建筑和木结构民用建筑的防火间距不应小于14 m。

建筑之间的防火间距以相邻建筑间最近的外立面表皮开始计算。

民用建筑防火间距计算起止点：详见附录A。

3. 减少防火间距的措施

1）降低场所危险等级与建筑群规模。

参考规范：《建筑设计防火规范》GB50016—2014（2018年版），5.2.4。

参考图例：《〈建筑设计防火规范〉图示》18J811—1，5.2.4。

（1）改变建筑物的生产或使用性质。如工业厂房改造为民用建筑；调整生产厂房的部分工艺流程；尽量降低建筑物（相邻部位）的火灾危险等级，如只储存戊类物品的库房。

（2）控制建筑群的规模。主要针对功能单一、占地面积不大、可成组布局的多层民用建筑群，如住宅小区、办公区、教学区等，其目的是减小建筑之间的防火间距，最终节约用地。要求如下。

数座建筑耐火等级为一、二级且总占地面积不大于2500 m²的建筑，可以视为一个建筑组团。组团内数座建筑之间的防火间距不小于4 m，既能满足最低的消防车通行要求，又能防止火灾蔓延。居住区的组团可按规范如此规划，组团之间的防火间距按照规范条例执行。

注意组团内数座建筑之间的防火间距不小于4 m，在实际设计工作中多针对建筑的山墙。多层建筑的正、背立面（如南北朝向）除满足防火间距要求，还要满足日照间距要求，一般远大于4 m。

2）提高相关部位的材料或构件的耐火性能。

参考图例：《〈建筑设计防火规范〉图示》18J811—1，5.2.2。

提高相关部位的材料或构件的耐火性能，即对两个相邻建筑或对一个新建建筑的相关部位进行耐火性能提升。如提高建筑相邻外部构件的耐火性能；将普通外墙改成防火墙，门窗改成防火门窗、防火卷帘；提高楼板或屋檐材料耐火性能。具体措施如下。

（1）两座建筑相邻较高一面外墙为防火墙，或高出相邻较低一座一、二级耐火等级建筑的屋面15 m 及以下范围内的外墙为防火墙时，其防火间距不限。

（2）相邻两座高度相同的一、二级耐火等级建筑中相邻任一侧外墙为防火墙，屋顶的耐火极限不低于1.00 h时，其防火间距不限。城市与农村自建房，大多运用此条。

（3）相邻两座建筑中较低一座建筑的耐火等级不低于二级，相邻较低一面外墙为防火墙且屋顶无天窗，屋顶的耐火极限不低于1.00 h时，其防火间距不应小于3.5 m；对于高层建筑，不应小于4 m。

（4）相邻两座建筑中较低一座建筑的耐火等级不低于二级且屋顶无天窗，相邻较高一面外墙高出较低一座建筑的屋面15 m 及以下范围内的开口部位设置甲级防火门、窗，或设置符合规定的防火分隔水幕或防火卷帘时，其防火间距不应小于3.5 m；对于高层建筑，不应小于4 m。

注意上述情况，最小防火间距应能通过一辆消防车，即3.5 m；对于相邻建筑中存在高层建筑的情况，则要增加到 4 m。

3）增加独立的防火屏障。

（1）用不燃材料在建筑外设置独立的室外防火墙等，如加油站围墙。

（2）加装灭火设施隔绝火灾，如加装水幕等。

4）具体设计方式。

参考图例：《〈建筑设计防火规范〉图示》18J811—1，5.2.2。

进行建筑设计时，相邻建造的两座单层或多层建筑，其相邻外墙为不燃性墙体，且无外露的可燃性屋檐；每面相对外墙上开有无防火保护的门窗或洞口，但其不正对开设，且门窗洞口的面积之和不大于其外墙面积的5%，相对建造的两座建筑之间的防火间距按规范规定减少25%。这种情况在农村或老城区较多。[1]

当上述具体措施都无法做到有效防火，旧有建筑物仍然能影响新建建筑物安全时，建议拆除旧有建筑物或改造其与新建建筑间的相邻部分。

注：上述减少防火间距的措施，在《建筑设计防火规范》 GB 50016—2014（2018 年版）5.2.2条例中虽然已被废除，但本书成书时，并未有新的规范对此进行约束，故沿用部分原规范。

2.1.3 城市公共消防设施

参考规范：《建筑防火通用规范》GB 55037—2022，2.1.1。

建筑室外扑救设施包含消防站、消防车通道、消防供水、消防通信、消防装备等，应与城市消防规划的发展目标相匹配，与建筑的高度（埋深）、进深、规模等相适应，满足消防救援的要求。

---

1 推荐网络视频：广州最大城中村（哔哩哔哩）。

消防通信：详见《建筑防火通用规范》GB 55037—2022，2.2.14～2.2.16；《消防通信指挥系统设计规范》GB 50313—2013。

2.1.3.1　城市消防站

参考规范：《城市消防规划规范》GB 51080—2015，4.1.1～4.1.10；《建筑防火通用规范》GB 55037—2022，1.0.7。

城市消防站分为水、陆、空三种。陆上消防站分为普通（一级、二级普通消防站）、特勤和战勤保障消防站。

城市建设用地范围内应设置一级普通消防站；特殊困难的区域，经论证可设二级普通消防站；消防站应独立设置，特殊情况下，设在综合性建筑物中的消防站应有独立的功能分区，并应与其他使用功能完全隔离，其交通组织应便于消防车应急出入。

地级及以上城市、经济较发达的县级城市应设置特勤消防站和战勤保障消防站；经济发达且有特勤任务需要的城镇可设置特勤消防站。根据主要服务对象，特勤消防站应设在靠近其辖区中心且交通便捷的位置。其辖区面积宜与普通消防站相同。

陆上消防站的选址应在主、次干路的临街地段；主出入口与医院、学校、幼儿园、托儿所、影剧院、商场、体育场馆、展览馆等人员密集场所的主要疏散出口的距离不应小于 50 m；城市消防站应位于易燃易爆危险品场所或设施全年最小频率风向的下风侧，其用地边界距离加油站、加气站、加油加气合建站不应小于 50 m，距离甲、乙类厂房和易燃易爆危险品储存场所不应小于 200 m。

城市消防站设计：详见《城市消防站建设标准》建标 152—2017、《城市消防站设计规范》GB 51054—2014。

陆上消防站的建设用地面积：详见《城市消防规划规范》GB 51080—2015，4.1.4。

水上消防站：详见《城市消防规划规范》GB 51080—2015，4.1.6～4.1.7。

航空消防站：详见《城市消防规划规范》GB 51080—2015，4.1.8～4.1.9。

消防直升机起降点，应设在长短边长度不小于 22 m 的空地；周边范围内 20 m 不得设置架空线路，不得栽种高大树木。

消防训练培训基地和后勤保障基地：详见《城市消防规划规范》GB 51080—2015，4.1.10。

2.1.3.2　消防站辖区面积

消防站辖区面积应以消防队接到出动指令后 5 min 内，可到达其辖区边缘为原则确定。普通消防站辖区面积不宜大于 7 km²。

经过城市或区域火灾风险评估，设在城市建设用地边缘地区、新区且道路系统较为畅通的普通消防站，其辖区面积不应大于 15 km²。当受地域特点、地形条件和火灾风险等因素影响，应适当缩小消防站辖区面积，如被高速公路、城市快速路、铁路干线和较大的河流分隔，年平均风力在 3 级以上或相对湿度在 50% 以下。

专业思考

1. 城市建筑为何需要设置室外消防设施？有哪些必要措施？

2. 建筑外场地设计为何一定要优先进行防火设计？

3. 简述防火间距与安全防护距离的区别。

【答案】防火间距（略）；安全防护距离（包含防火间距，安全间距）。

【解析】安全防护距离属于安全评价中的一个专业术语，但其在环境影响评价中越来越得到重视。随着与《危险化学品安全管理条例》相配套的"危险化学品生产企业安全防护距离标准"（草案）的制定和实施，安全防护距离所涵盖的范畴已由《建筑设计防火规范》GB 50016—2014、《石油化工企业设计防火标准》GB 50160—2008等规定的狭义上的防火防爆安全距离的概念，拓展为基于危险化学品风险事故后果分析、考虑企业安全防护措施、以确保周边人员安全为目标等多因素影响下的广义上的危险化学品安全防护距离。安全防护距离属于安全评价范畴，是以防范和减少危险化学品事故情况下大规模人员死亡（包括本企业、周围企业、居住区等人员）为目标，由安全生产监督管理部门承担监管职责；而卫生防护距离（或环境防护距离）则属于大气环境影响评价范畴，是以减少正常排放条件下无组织排放大气污染物对居住区人群健康的影响为目标，由卫生部门、环保部门等分别在职业卫生评价、环境影响评价以及日常监管中承担监管职责。

4.【单选题】乙炔站严禁布置在（　　　　）的地方。

A. 地势较高　　　　B. 多面环山　　　　C. 附近无建筑物　　　　D. 被水淹没

【答案】D

【解析】乙炔站等遇水产生可燃气体、容易发生火灾爆炸的企业，严禁布置在可能被水淹没的地方。

2.2 消防设施与建筑高度

2.2.1 不同概念的建筑高度

《民用建筑通用规范》GB 55031—2022与《民用建筑设计统一标准》GB 50352—2019中所涉及的建筑高度，其控制高度应符合所在地城市规划行政主管部门和有关专业部门的规定，如机场、广播电视、电信、微波通信、气象台、卫星地面站、军事要塞等设施的技术作业控制区内及机场航线控制范围内的建筑，其建筑高度应按建筑物室外设计地坪至建（构）筑物最高点计算。

建筑高度不应危害公共空间安全和公共卫生，且不宜影响景观，如西安西大街，为了形成相宜尺度的城市开放空间，需要控制其街道两边的建筑围合空间的高宽比值。[1]

上述建筑高度的概念与《建筑设计防火规范》GB 50016—2014(2018年版)中的建筑高度不同，在防火设计中，建筑高度指建筑配套消防扑救高度。

2.2.2 室外扑救能力与建筑高度

参考规范：《消防给水及消火栓系统技术规范》GB 50974—2014，7.4.13；《建筑设计防火规范》GB 50016—2014（2018年版），1.0.6，5.3.1A，5.5.27，5.5.32，7.3.1；《建筑防烟排烟系统技术标准》GB 51251—2017，3.1.3，4.4.2；《建筑防火通用规范》GB 55037—2022，7.1.14。

1）高度24 m（或27 m）线。

参考图例：《〈建筑设计防火规范〉图示》18J811—1，2.1.1，2.1.2。

1　推荐网络视频：西安城里的街道——西大街（抖音）。

我国建国初期，消防车的最大地面喷水高度与距离，能满足建筑 24 m 消防高度要求。当时建筑以不大于 24 m 的多层建筑为主，住宅、教学楼等民用建筑内都未配置灭火设施，小火以生活用水自救为主；大火以消防车扑救为主。

21 世纪，随着社会、经济与消防技术的发展，多层及高层住宅与重点公建都已加装室内消防给水系统。如高度不大于 27 m 的住宅，大多已经添加干式消防竖管。

现今 24 m 成为我国高层公建的分界线；高层住宅分界线适当放宽至 27 m。

2）有效救援高度 32 m 线。

32 m 成为是否设置消防电梯的分界线；建筑高度大于 33 m 的住宅建筑应采用防烟楼梯间；高层住宅不大于 33 m 时，为小高层住宅。

3）云梯有效救援高度 52 m 线。

52 m 是通过消防车云梯或地面水炮喷射，一车一管供水的最大高度；同时也是救援人员通过消防云梯的最大攀爬高度。救援人员能从室外通过救援窗口进入室内。一般适用于不大于 18 层的住宅，其窗口高度不超过 52 m（（楼层 2.8 m）×（层数 17）+（窗台 0.9 m））。

50 m 成为一类与二类高层公建的分界线；54 m 成为一类与二类高层住宅的分界线；高层公建规定从消防车登高操作场地地面到第一个避难层的地面之间的高度不应大于 50 m；超过 54 m 住宅宜考虑建设临时避难间；50 m 同时是高层公建室内自然排烟与机械排烟方式的分界线。

4）高度 100 m 线。

1995 年前，《高层民用建筑设计防火规范》规定高层建筑适用上限为 100 m；1995 年后的高层建筑高度不再有上限，规定大于 100 m 的建筑消防设施要设置自动喷淋系统与消防栓系统。

现代室外消防车云梯加水炮喷射高度，最高能满足 100 m 高层建筑的室外灭火要求；100 m 以上的建筑只能靠建筑内部消防自救。

5）高度 150 m 线。

高度 150 m 以上建筑，消防设施与我的消防电源、排烟设施配置相关。

6）高度 250 m 线。

250 m 以上建筑要求更加严格的防火措施与特殊审批。

2.2.3　建筑高度和建筑层数的计算方法

参考规范：《建筑设计防火规范》GB 50016—2014（2018 年版），附录 A。

1）建筑高度的计算方法。

参考图例：《〈建筑设计防火规范〉图示》18J811—1，附录 A.0.1。

平屋面的建筑高度应为建筑室外设计地面至屋面面层的高度；坡屋面的建筑高度应为建筑室外设计地面至檐口与屋脊之间 1/2 处的高度；多种形式的屋面，分别计算后，选取最大值；建筑室外各个方向地坪高度不同，以最低处建筑室外设计地面到建筑最高屋面计算。

特殊情况下，当同一建筑的各个区域位于不同高程地坪上，但建筑内部被防火墙分隔成不同防火分区，每个防火分区各自有安全出口，同时沿建筑的两个长边设置贯通式（或尽端式）消防车道时，可按建筑分区分段计算各自的建筑高度。如重庆桃源居社区活动中心（见图2-1）。

图2-1　重庆桃源居社区活动中心

2）不计入建筑高度的设施。

建筑突出屋顶的部分辅助用房，如水箱间、设备间（如排风、通风道、排烟、烟囱、空调冷却塔、天线通信设施、电梯机房等）、楼梯出口小间、花架、装饰构件等（见图2-2），不超过建筑屋面面积1/4的，此用房不计入建筑高度。主要原因是使用辅助用房者为检修人员且使用次数较少。

图2-2　南京仁恒江湾世纪

3）层数计算。

参考图例：《〈建筑设计防火规范〉图示》18J811—1，附录 A.0.2。

建筑下部商铺是几层就计入几层层数；建筑内部有跃层，跃层空间有几层就计入几层层数。

下列空间，可不计入建筑层数。

（1）屋顶上不计入建筑高度的辅助用房或楼梯间等。

（2）住宅底部、楼层高度≤2.2 m 的空间，可设为自行车库、储藏室、敞开空间。

（3）建筑底部顶板面高于室外设计地面，且≤1.5 m 的地下或半地下室。

术语：

半地下室：房间地面低于室外设计地面的平均高度大于该房间平均净高 1/3，且不大于 1/2 者。

地下室：房间地面低于室外设计地面的平均高度大于该房间平均净高 1/2 者。

参考图例：《〈建筑设计防火规范〉图示》18J811—1，2.1.6，2.1.7。

2.2.4 民用建筑分类

参考规范：《建筑防火通用规范》GB 55037—2022，5.1.7；《建筑设计防火规范》GB 50016—2014（2018 年版），5.1.1。

参考图例：《〈建筑设计防火规范〉图示》18J811—1，5.1.1。

根据我国室外消防技术与消防装备的现状条件，民用建筑可划分为以下不同的类型（见表 2-3）。

表 2-3 民用建筑分类

名称	高度	高层民用建筑		单、多层建筑		备注
		一类（耐火等级为一级）	二类（耐火等级不低于二级）			
公共建筑	≤24 m			建筑不大于 24 m 的其他公共建筑；包含裙房	建筑高度大于 24 m 的单层公共建筑；如体育馆、剧院、会堂、工业厂房等	裙房：在高层建筑主体投影范围外，与建筑主体相连且建筑高度不大于 24 m 的附属建筑；裙房的耐火等级不应低于高层建筑主体的耐火等级
	>24 m 且≤50 m	①建筑高度 24 m 以上部分任一楼层建筑面积大于 1000 m² 的商店、展览、电信、邮政、财贸金融建筑和其他多种功能组合的建筑；②医疗建筑、重要公共建筑、独立建造的老年人照料设施；③省级及以上的广播电视和防灾指挥调度建筑、网局级和省级电力调度建筑；④藏书超过 100 万册的图书馆、书库	除一类高层公共建筑外的其他高层公共建筑			
	>50 m 且≤100 m	建筑高度大于 50 m 的公共建筑				
	>100 m					

续表

名称	高度	高层民用建筑		单、多层建筑	备注	
		一类（耐火等级为一级）	二类（耐火等级不低于二级）			
住宅建筑	≤ 27 m			建筑高度不大于27 m的住宅	可设置底层商业服务网点的居住建筑	详见第6章，6.1.1节
	> 27 m且≤ 54 m		建筑高度大于27 m且不大于54 m的住宅			
	> 54 m	建筑高度大于54 m的住宅				
	> 100 m					

专业思考

1.【判断题】平屋面建筑高度指建筑室外设计地面至屋面面层的高度。（　　）

【答案】错。在《建筑设计防火规范》GB 50016—2014（2018年版）中是对的，防火注重的是消防救援高度；在城市规划或城市设计中，平屋顶建筑高度应按建筑物主入口场地室外设计地面至建筑女儿墙顶点的高度计算，无女儿墙的建筑物应计算至其屋面檐口。详见《民用建筑设计统一标准》GB 50352—2019，4.5.1 ~ 4.5.2。

两者不是一个概念。勿混淆！

2.【判断题】小高层住宅顶部有跃层，此时跃层不计算楼层。（　　）

【答案】错。

3.【判断题】民用建筑不同高度，必须匹配相应的外部消防设施。（　　）

【答案】对。

4.【判断题】公共厕所不论设于何处，其防火要求相同。（　　）

【答案】错。

5.把民用建筑划分为不同高度与类型有何意义？

【答案】把民用建筑划分为不同高度与类型，可以彰显不同建筑的重要性。不同高度与类型的建筑有着不同的耐火等级和消防设施要求。

【解析】不同高度与类型建筑内部，配置的疏散设施不同，如疏散楼梯间；防火分区划分大小不同；建筑材料与装修等级不同；内部扑救设施不同。建筑外部的消防救援设施建筑高度不同。

6.【单选题】属于一类高层民用建筑的是（　　）。

A.建筑高度大于54 m的住宅建筑　　　　　　　B.建筑高度大于40 m的公共建筑

C.建筑高度大于27 m但不大于54 m的住宅建筑　　　D.藏书超过50万册的图书馆

【答案】A

2.3　消防车道与登高操作场地

2.3.1　设置原则

根据城市消防规划要求，建筑周边合适部位应设置消防车道与登高操作场地；建筑外，只要能承载消防车辆通行与运作的道路或开敞空间（如草地），都可作为消防车道或登高救援场地使用。消防车道系统包括城市各级道路、企事业单位与居住区内部道路、建筑物内外消防车通道、消防车取水通道等。

消防车道应保证外部消防设施到来通畅，避免室外障碍物对消防道路的影响。建立的登高操作场地应适应（大型）消防设备（如云梯）的使用，在建筑立面上匹配相应的救援窗口与建筑入口进入火场，因此要求登高操作场地与被救建筑之间没有室外障碍物。

2.3.2　影响因素

2.3.2.1　场地地形

（1）建筑高度满足消防要求指建筑周边都满足消防要求，但如果建筑用地周边受水体、斜坡、陡坎等影响，应在建筑设计方案阶段就考虑消防车道与消防设备的临近问题。

（2）市政道路如果距离建筑较远，应在建筑用地红线内规划一条消防车道，如高铁站的站前广场与主入口之间应增设消防车道，一般此车道还兼用于建筑用地红线内的区域交通联系。

2.3.2.2　障碍物

（1）建筑自身突出部分或造型需求的悬挂物、构筑物，如歌舞厅立面灯饰、牌匾与国徽等，虽然必须设置但对扑救无益甚至有害，妨碍了救火设备的喷射与救火人员的接近与攀爬。建筑设计时应尽量减少建筑突出物与悬挂物。

（2）植物、水池、石头与坑洞等是室外消防车道或消防作业的障碍物。尤其是高大乔木或爬墙紫藤可达15 m以上，会促使火焰通过植物在外窗处向内蔓延，同时又是室外消防的障碍物。因此接近建筑处应设置无遮挡平整草坪；减少市政设施中地上的灯柱、电线杆等架空管线（电力与电讯塔）、高压走廊、广告牌等对消防的影响。

（3）建筑周边地下市政管网（如电水气管网）的埋设，会影响消防车道与登高操作场地的设置。必须设置时，其管网路面应该有承载消防车辆的能力。

2.3.3　消防车道的设置与布置

参考规范：《建筑防火通用规范》GB 55037—2022，3.4；《城市消防规划规范》GB 51080—2015，4.4.1～4.4.3；《建筑设计防火规范》GB 50016—2014（2018年版），7.1.1，7.1.4～7.1.7，7.1.9，7.1.10；《住宅建筑规范》GB 50368—2005，4.3.2；《城市居住区规划设计标准》GB 50180—2018，6.0.4～6.0.5；《民用建筑设计统一标准》GB 50352—2019，5.2。

参考图例：《〈建筑设计防火规范〉图示》18J811—1，7.1.7～7.1.8。

1. 消防车道的设置

消防车道设置要求如下。

（1）消防车道或兼作消防车道的道路可利用城乡、厂区道路等，但该道路应满足消防车通行、转弯和停靠的要求。消防车道的路面、登高操作场地、消防车道和登高操作场地下面的建筑结构、管道和暗沟等，应满足承受消防车满载时压力的要求。

（2）坡度应满足消防车满载时正常通行的要求，且不应大于10%；兼作消防救援场地的消防车道，横（纵）坡度应满足消防车停靠和消防救援作业的要求，一般不宜大于3%。

（3）单向消防车道的净宽与净空均不小于4 m；住宅区双车道道路的路面宽度不应小于6 m；宅前路的路面宽度不应小于2.5 m；其他车道宽度不宜小于7 m。

（4）消防车道与建筑外墙的水平距离应满足消防车安全通行的要求，与建筑外墙的距离不宜小于5 m；位于建筑消防扑救面一侧兼作消防救援场地的消防车道，应满足消防救援作业的要求。消防车道与建筑消防扑救面之间不应有妨碍消防车操作的障碍物，不应有影响消防车安全作业的架空高压电线。

（5）供消防车取水的天然水源和消防水池应设置消防车道，天然水源和消防水池的最低水位应满足消防车可靠取水的要求。消防车通道边缘距离取水点不宜大于2 m，消防车距吸水水面高度不应超过6 m。

其他设置要求：详见本书附录D机动车与机动车道设计要求。

2. 消防车道的布置

参考图例：《〈建筑设计防火规范〉图示》18J811—1，7.1.1～7.1.2，7.1.4，7.1.5，7.1.9，7.1.10。

消防车道布置方式如下。

（1）以城市消防规划为依据，消防车通道之间的中心线间距应不大于160 m，此时路网间的建筑物就能处于2个室外消防栓的消防覆盖范围150 m内（见图2-3）。

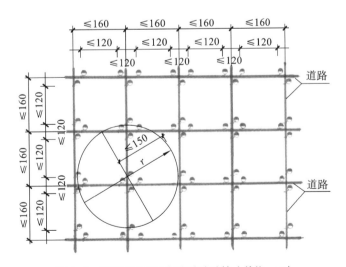

图2-3 消防车道间距与室外消防栓（单位：m）

工业与民用建筑周围、工厂厂区内、仓库库区内、城市轨道交通的车辆基地内、其他地下工程的地面出入口附近，均应设置可通行消防车并与外部公路或街道连通的道路；工业园、居住区、大学或景区等除主出入口外，还必须根据其内的道路系统，设置不少于 1 个应急防灾通道出口，连接市政道路，即场地内消防车通道至少应有 2 处与周边交通主干道连通，以便应对灾难时主要车辆出入口不能使用的情况，如 2021 年郑州水灾。注意此处出入口指能出入消防车的车行出入口，非人行通道出入口。

（2）建筑周边宜设置环形消防车通道，尽量少设尽端式道路，且应能通达建筑物的安全出口；尽端式消防车通道长度大于 40 m 时应设置满足消防车回车要求的场地或道路。小区内设置不小于 12 m×12 m 的回车场地；高层建筑边设置不宜小于 15 m×15 m 回车场地；供重型消防车使用时设置不宜小于 18 m×18 m 回车场地。

设置环形消防车道确有困难时，如高层建筑与别的建筑紧密相邻，除受环境地理条件限制只能设置 1 条消防车道的公共建筑外，其他高层公共建筑和占地面积大于 3000 m² 的单、多层公共建筑，应至少沿建筑的 2 条长边设置消防车道，且长边所在立面应为消防车登高操作面。

住宅建筑应至少沿建筑的 1 条长边设置消防车道。当建筑仅设置 1 条消防车道时，该消防车道应位于建筑的消防车登高操作场地一侧。

（3）当建筑物沿街道部分呈 U 形或 L 形，长度大于 150 m 或总长度大于 220 m 时，应设置穿过建筑物的消防车道（高 × 宽 ≥ 4 m×4 m）。确有困难时，应设置环形消防车道。

（4）有封闭内院或天井的建筑物，当内院或天井的短边长度大于 24 m 时，宜设置进入内院或天井的消防车道；当该建筑物沿街时，应设置连通街道和内院的人行通道（可利用楼梯间），其间距不宜大于 80 m。在穿过建筑物或进入建筑物内院的消防车道两侧，不应设置影响消防车通行或人员安全疏散的设施。

（5）消防车道不宜与铁路正线平交，确需平交时，应设置备用车道。两消防车道的间距不应小于一列火车的长度（见图 2-4）。

图 2-4　消防车道与铁路正线平交时

2.3.4　消防车登高操作场地与安全出口

参考规范：《建筑防火通用规范》GB 55037—2022，2.2.2，3.4；《建筑设计防火规范》GB 50016—2014（2018 年版），7.2.2；《民用建筑设计统一标准》GB 50352—2019，5.2.1。

参考图例：《〈建筑设计防火规范〉图示》18J811—1，7.2.1，7.2.2。

（1）登高操作场地应连通消防车道，场地与建筑之间不应有进深大于 4 m 的裙房及其他妨碍消防车操作的障碍物或影响消防车作业的架空高压电线。

（2）登高操作场地对应被保护建筑物的范围，应包含直通室外的楼梯或直通楼梯间的安全出口。高层建筑应至少沿其 1 条长边设置消防车登高操作场地。未连续布置的消防车登高操作场地，应保证消防车的救援作业范围能覆盖该建筑的全部消防扑救面。

（3）登高操作场地靠近被救援建筑一侧的边缘与最近外墙的距离，宜不小于 5 m 且应不大于 10 m（见图2-5）；场地的坡度应满足消防车安全停靠和消防救援作业的要求。场地的坡度不宜大于 3%；场地及其下面的建筑结构、管道、管沟等应满足承受消防车满载时压力的要求。

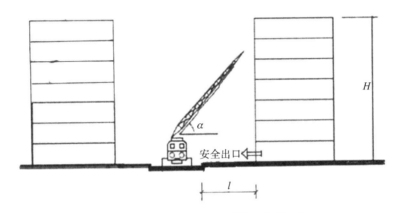

图2-5　消防车登高场地与建筑之间的距离

2.3.5　室外扑救流线与高空救援窗口

参考规范：《建筑防火通用规范》GB 55037—2022，2.2.3；《建筑设计防火规范》 GB 50016—2014（2018年版），7.2.4～7.2.5。

参考图例：《〈建筑设计防火规范〉图示》18J811—1，7.2.5。

当室外消防设施位于被救援建筑的登高操作场地一侧时，应通过建筑室外扑救流线，即通过首层门窗、高空救援门窗或突出建筑屋顶的楼梯间，迅速进入建筑内部，接近楼层着火点。

但对于某些建筑，如仓库、厂房、商业综合体，其部分墙体为实墙、玻璃幕墙或金属幕墙等，立面无可开启外窗或开窗较少。从室外消防角度看，缺少楼层外窗口，将缺失一个让消防人员从窗口进入室内，直接面对火源的快速消防途径。因此，除有特殊要求的建筑和甲类厂房外，其他建筑的外墙上都应设置便于消防救援人员出入的消防救援窗口。设置要求如下。

无外窗的建筑应每层设置消防救援窗口；有外窗的建筑应自第三层起每层设置消防救援窗口。沿外墙的每个防火分区在对应消防救援操作面范围内设置的消防救援窗口不应少于 2 个且间距宜不大于 20 m。设置场所可为房间、楼层走道、避难间等。

消防救援窗口的净高度和净宽度均不应小于 1.0 m 且下沿距室内地面宜不大于 1.2 m，当利用门作为消防救援口时，净宽度应不小于 0.8 m；消防救援口应易于从室内和室外打开或破拆，采用玻璃窗作为消防救援口时，应选用安全玻璃；应设置可在室内外识别的永久性明显标志。

专业思考

1.建筑的消防扑救设施有哪些？建筑的扑救流线有哪些？

【答案】消防扑救设施：详见前文2.2节。发生火灾时，根据消防扑救设施，可细分为三条扑救流线。

第一条扑救流线：建筑室外，从陆上消防站或水上消防站，经过消防车道到达建筑首层门窗；建筑室内，从疏散楼梯间或消防电梯，到达着火楼层，再经楼层疏散走廊或场所，到达着火点。

第二条扑救流线：建筑室外，从陆上消防站，经过消防车道到达消防车登高操作场地，通过登高消防车，直达着火楼层的高空救援窗口，进入建筑内部到达着火点。

第三条扑救流线：建筑室外，从陆上消防站，经过消防车道到达消防车登高操作场地，通过登高消防车到达建筑楼顶；或从航空消防站，通过消防直升机，到达建筑楼顶；建筑室内，从疏散楼梯间或消防电梯，下达着火楼层，再经楼层疏散走廊或场所，到达着火点。

2.简述市政消防栓消防长度对消防车通道之间的中心线间距的影响。

3.住宅只有一边设有道路，其余边是中心花园，是否满足室外防火设计要求？若不满足则应该怎样设置消防车道以满足室外扑救要求？

4.简述武汉世界城光谷步行街，其周边消防道路设计要求。

5.居住区设计中，小区道路必须设计到每栋住宅的门洞入口处吗？

【答案】我国住宅小区内的居住建筑平面形式主要是单元式住宅，一梯或两梯几户。楼梯是主要的安全疏散通道，通过首层安全出口直接联系室外。

参考规范：《建筑设计防火规范》 GB 50016—2014（2018年版），7.2.3，建筑物与消防车登高操作场地相对应的范围内，应设置直通室外的楼梯或直通楼梯间的入口；《民用建筑设计统一标准》GB 50352—2019，5.2.1，基地道路与城市道路连接处的车行路面应设限速设施，道路应能通达建筑物的安全出口。

6.【单选题】某建筑高度32 m的服装加工厂房，南北侧长度100 m，东西侧宽度80 m，下列关于该厂房消防车道及救援设施的设计方案，错误的是（　　）。

A.消防登高操作场地沿建筑南侧与东侧间隔布置，间隔长度为25 m

B.沿建筑周边设置环形消防车道，并与周边交通主干道有一处连通

C.消防车道的最小宽度和高度均为6 m

D.厂房设置的取水点，距消防车道的最近边缘距离为1.5 m

【答案】B

【解析】A选项，间隔长度为不宜大于30 m，详见《建筑设计防火规范》 GB 50016—2014（2018年版），7.2.1；B选项，与周边交通主干道有两处连通，详见《城市消防规划规范》GB 51080—2015，4.4.2和《建筑设计防火规范》 GB 50016—2014（2018年版），7.1.9；C选项，均不应小于4 m，详见《建筑设计防火规范》 GB 50016—2014（2018年版），7.1.8；D选项，距离不应大于2 m，详见《城市消防规划规范》GB 51080—2015，4.4.3。

2.4 城市消防供水设施

城市消防规划为市政设施或建筑周边提供消防水源，且通过消防设施把市政消防给水引入室内，最终满足建筑室内外消防的持续供水。

室外消防给水设施的到来与运作是持续扑救建筑火灾的关键因素。

2.4.1 城市消防用水要求

参考规范：《城市消防规划规范》GB 51080—2015，4.3.1～4.3.7，4.4.3。

城市消防用水量应按同一时间内的火灾起数和一次灭火用水量确定；城市给水系统为分片区供水且管网系统未可靠联网时，城市消防用水量应分片区核定。

消防用水以城市消防给水系统（主要消防供水方式）、消防水池、符合要求的天然水体为主（吸水水面高度小于6m），包含井水等地下水源；还可采用符合要求的人工水体（如水景和室内游泳池可作为备用消防水源）、再生水（雨水清水池、中水清水池作为备用消防水源）等。

市政消防给水设施主要由市政给水管网与市政消火栓系统直接供水。南方宜采用地上式消火栓；寒冷地区采用设有明显标志的地下式消火栓或消防水鹤（服务半径不大于1000m）；对于古建筑群、城市边缘、城市老旧区域等城市区域，如果其没有配置市政消火栓或消防水鹤，无消防车通道，消防供水不足，应在区域内设置城市消防水池；城市避难场所应设置独立的城市消防水池，容量不宜小于200 m³。

每个消防站辖区至少设1个供消防车取水的应急水源，如消防水池、天然水源或人工水体。

室外消防水池供消防车吸水时，消防车每个取水口可按1个室外消火栓计算，其保护半径不大于150 m。

2.4.2 市政消防给水管网

参考规范：《消防给水及消火栓系统技术规范》 GB 50974—2014，4.2.1～4.2.2；6.1.1～6.1.13；7.3.7～7.3.9；8.1.1～8.1.4。

市政消防给水管网，由市政给水厂供水，应至少有2条输水干管，应为环状管网；只有当人口数量少于2.5万时，城镇可为枝状管网供水。

区域消防用水系统由至少2条市政给水管网的引入管连续直接供水。如工业园区、商务区和居住区宜采用2路消防供水。

建筑室内外消防给水管网供水的输水干管应至少有2条；如其中1条发生故障时，其余的输水干管应仍能满足消防给水设计流量要求。

按消防需求不同，消防给水系统可分为低压、高压或临时高压消防给水系统。一般建筑物室外宜采用低压消防给水系统；工矿企业（保护半径小于1200 m，且占地不大于200 hm²）、居住小区（建筑面积不大于500000 m²）、公共建筑（宜为同一产权或物业管理单位）、超高层建筑物、工艺装置区、储罐区、堆场等应采用高压或临时高压消防给水系统。

（1）低压消火栓系统：经消防车加压喷水，保护半径150 m，布置间距不超过120 m。

（2）高压消火栓系统：水枪可直接连接使用，保护半径100 m，布置间距不超过60 m。

2.4.3　室外消防栓

参考规范：《消防给水及消火栓系统技术规范》 GB 50974—2014，7.1.1；《建筑防火通用规范》GB 55037—2022，8.1.4，8.1.5。

除城市轨道交通工程的地上区间、一二级耐火等级的戊类厂房（且建筑体积不大于 3000 m^3）、居住区（不大于 500 人，且建筑层数不大于 2 层）外，其他建筑或场所应设置室外消火栓系统，包含城镇（包括居住区、商业区、开发区、工业区等），建筑占地面积大于 300 m^2 的厂房、仓库和民用建筑，用于消防救援和消防车停靠的建筑屋面或高架桥，地铁车站及其附属建筑、车辆基地等。

相对于干式消火栓系统（其管道内部无水，用时提供），市政消火栓或建筑室外消火栓应采用湿式消火栓系统。布置方式如下。

参考规范：《建筑设计防火规范》 GB 50016—2014（2018 年版），8.1.1 ～ 8.1.2；《消防给水及消火栓系统技术规范》 GB 50974—2014，6.1.5，7.3.1 ～ 7.3.6。

（1）市政消火栓系统的布置。

应沿可通行消防车的城镇街道设置，宜布置于道路一侧，且宜接近十字路口；当市政道路宽度大于 60 m 时，应在道路两侧交叉错落设置；市政公用设施（如市政桥桥头和城市交通隧道出入口等）处应设置。

（2）建筑室外消火栓系统的布置。

围绕民用建筑、厂房、仓库、储罐（区）和堆场等周边均匀布置，包含用于消防救援或消防车停靠的屋面。

室外消火栓应均匀布置于建筑周边且不宜集中于一侧；消防扑救面一侧的室外消火栓数量不宜少于 2 个。

室外消火栓应符合市政消火栓的规定。同时注意距离建筑外缘 5 ～ 150 m 的市政消火栓都可认为是室外消火栓，计入建筑室外消火栓的数量；当为消防水泵接合器供水时，建筑外缘 5 ～ 40 m 的市政消火栓可计入建筑室外消火栓的数量。

（3）室外消火栓周边的设置要求。

在不妨碍交通，且易于消防车接近的人行道或绿地上，应采取防撞措施，具体要求如下。

①消火栓距路边不小于 0.5 m 且不大于 2.0 m；距外墙或外墙边缘不小于 5.0 m。

②人防工程、地下工程等的出入口附近，距离不小于 5 m，且不大于 40 m。

③沿停车场周边设置室外消火栓，且与最近一排汽车的距离不小于 7 m。

④距加油站或油库不小于 15 m。

（4）市政消火栓的样式、口径。

参考规范：《消防给水及消火栓系统技术规范》 GB 50974—2014，7.2 。

2.4.4　室内消防水源

参考规范：《消防给水及消火栓系统技术规范》GB 50974—2014，4.3，5.2.1，5.4.7，6.1.5，6.1.9。

室内消防可利用水源有市政（消防）给水管网（如生活、工作用水），消防水池、（高位）消防水箱、水塔、室外消防栓，天然水源（水井、景观水体）、泳池等。

一般（低位）消防水池或水箱可设置于建筑室内外的地面或地下；高位消防水池、水箱或消防水塔是高层民用建筑消防给水系统的常用形式，高位消防水箱（池）主要布置在建筑屋顶、设备层或避难层，其消防用水通过高度自重加速流动。

高位消防水箱主要设置于民用高层、公共建筑（总建筑面积大于 10000 m² 且总层数大于 2 层）等重要建筑内，消防水箱内贮存的消防用水量（见表 2-4），应满足建筑初期火灾 10 min 室内消防用水量要求。

表 2-4 高位消防水箱的有效容积

必须设置高位消防水箱的建筑类型		建筑高度	高位消防水箱的有效容积
公共建筑	多层公共建筑	< 24 m	≥ 18 m³
	二类高层公共建筑	≥ 24 m	≥ 18 m³
	一类高层公共建筑	≥ 50 m	≥ 36 m³
		≥ 100 m	≥ 50 m³
		≥ 150 m	≥ 100 m³
住宅	多层住宅	> 21 m	≥ 6 m³
	二类高层住宅	≥ 27 m	≥ 12 m³
	一类高层住宅	≥ 54 m	≥ 18 m³
		≥ 100 m	≥ 36 m³
工业建筑	室内消防给水设计流量不大于 25 L/s 时		≥ 12 m³
	室内消防给水设计流量大于 25 L/s 时		≥ 18 m³
商店建筑	总建筑面积不小于 10000 m²，且小于 30000 m²		≥ 36 m³
	总建筑面积不小于 30000 m²		≥ 50 m³

注：高位消防水箱间应通风良好，不应结冰，当必须设置在严寒、寒冷等冬季结冰地区的非采暖房间时，应采取防冻措施，环境温度或水温不应低于 5 ℃。

高位消防水箱的安装与设置：详见《消防给水及消火栓系统技术规范》 GB 50974—2014，5.2.4 ～ 5.2.6。

当设置高位消防水箱有困难时，可采用其他消防给水形式，但应加设稳压泵。如小高层住宅，其市政供水管网在满足生产与生活最大小时用水量后，仍能满足初期火灾所需的消防流量和压力时，市政直接供水可替代高位消防水箱。

专业思考

1. 城市配套消防给水设施有哪些要求？

2.【单选题】根据现行国家标准《消防给水及消火栓系统技术规范》GB 50974—2014，下列关于室外消火栓的设置说法中，正确的是（   ）。

A. 室外消火栓的保护半径不应超过 120 m

B. 人防工程应在出入口附近设置市外消火栓，距出入口的距离不宜小于 5 m，并不宜大于 40 m

C.停车场的室外消火栓宜沿停车场周边设置，且与最近一排汽车的距离不宜小于 14 m

D.室外消火栓宜集中布置在建筑消防扑救面一侧，且数量不宜少于 2 个

【答案】B

【解析】A 选项，150 m，详见《消防给水及消火栓系统技术规范》 GB 50974—2014，7.2.5；B 选项，详见《消防给水及消火栓系统技术规范》GB 50974—2014，7.3.4；C 选项，不宜小于 7 m，详见《消防给水及消火栓系统技术规范》GB 50974—2014，7.3.5；D 选项，室外消火栓宜沿建筑周围均匀布置，且不宜集中布置在建筑一侧，详见《消防给水及消火栓系统技术规范》GB 50974—2014，7.3.3。

3.【单选题】某石化厂工艺装置区的周边道路平面布局为矩形，2 条东西方向道路的长度均为 360 m，2 条南北方向道路的长度均为 120 m，根据现行国家标准《消防给水及消火栓系统技术规范》GB 50974—2014，该道路上至少应布置（　　）个室外消火栓。

A.8　　　　　　　B.16　　　　　　　C.12　　　　　　　D.20

【答案】B

【解析】根据《消防给水及消火栓系统技术规范》GB 50974—2014，7.3.3 和 7.3.7，室外消火栓宜沿建筑周围均匀布置，且不宜集中布置在建筑一侧；工艺装置区采用高压消防给水系统，室外高压消火栓布置间距不应大于 60.0 m。用网格法作图可知，建筑四边道路上至少应布置 16 个室外消火栓。

第 3 章

安全疏散设计

在火灾初期阶段，坚持"救人第一"的消防原则，把建筑内的防火区域控制在一定规模与区域，规划人员安全疏散流线，且能防控烟、火、热蔓延；同时为扑救人员留出室内扑救路线。

"救人第一"原则，包含自救与他救。其中自救为首要选项，即人员安全疏散。

3.1 安全疏散流线

安全疏散流线在任何建筑内都应优先设计，以保证使用者安全疏散。不过当建筑规模较小、高度较低、功能单一时，其重要性还不明显，如低层或多层住宅；但在大型建筑中，安全疏散流线将起决定性作用。

3.1.1 发生火灾时人的心理与行为规律

火灾初期，建筑物内人员需利用短暂的安全时间进行安全疏散，从而脱离危险状态。但在这段有限时间内，火灾的突发性、多变性、瞬时性、高温性、毒害性等特点，强烈刺激了处于该场景下人的求生欲望，使人处于应激状态，即认知能力与自我意识降低，判断力和社会适应能力下降，出现大量异常心理或行为，表现为行为紊乱、盲目无序、多向性，不理智、暴躁、排他性等。当然不同个体或群体存在差异，从而导致不同的心理反应和行为结果。

研究逃生人员在火灾危险状态下，在有限疏散时间内所表现出来的心理与行为规律（即人员自身的作用和人与人之间的交互作用），有助于进行有针对性的防火疏散设计（如设置应急照明与疏散标志的位置等）。同时通过宣传消防知识，制定相应的应急疏散方案并加强演练等，正确引导人们的疏散行为，确保人员安全疏散。

3.1.2 规划安全疏散流线

参考规范：《建筑设计防火规范》GB 50016—2014（2018 年版），5.5.1，5.5.3。

参考图例：《〈建筑设计防火规范〉图示》18J811—1，5.5.3。

合理的安全疏散流线是划分防火分区的关键条件之一，每个防火分区应规划各自的人员安全疏散流线。

根据建筑使用性质，不同的人群在火灾中的心理状态与行动特点，场所危险性，人数，建筑面积以及烟、火、热流动特性等因素，合理布局安全疏散流线（如不要在危险品仓库边设置安全出口），保证人员在有限的疏散时间内安全逃生。

同时，在安全疏散流线上配置安全疏散辅助设施，最大限度地保证安全疏散行为的持续进行，如设置防排烟系统。

3.1.2.1 指导原则

（1）原则上应使疏散流线与人们日常生活的活动路线相结合，使人们通过熟悉的路线疏散。

（2）疏散流线，原则上要求做到随时随地有 2 个或 2 个以上不同疏散方向，尽量避免出现袋形走道。即人员根据不同状况有选择的权利，如一方有火，可选择另一个方向逃生。2 个不同疏散方向不仅指水平疏散方向，还包含竖向疏散方向，即向上或向下疏散。

严格控制只有 1 个安全疏散方向的情况。

（3）明确疏散走道与疏散楼梯（或疏散电梯）之间的配套关系，根据水平安全疏散距离确定楼梯间的布局与数量。

（4）疏散走道要合理、简明、直接，无交叉。尽量避免弯曲，尤其不要往返转折；通道内路面应平坦，不应设置阶梯、门槛、门垛、管道；疏散方向上的疏散走道宽度不应变窄；在人体高度内不应有凸出的障碍物；保证水平与竖向安全疏散距离足够短，安全疏散走道足够宽，安全出口的数量、宽度、位置以及高空坠物防护设计合理。最终保证人员与重要物资疏散到安全处。

如因一些特殊因素依然无法在允许的安全疏散时间内逃生，则应在安全疏散流线上设置避难间或避难走道等安全处。

疏散走道的墙面、顶棚、地面应采用相应的装修材料；疏散走道内应配置安全疏散辅助设施。

（5）竖向疏散要求。疏散楼梯间在各楼层的位置基本保持不变，一般情况下不需要通过换道就可以撤离着火区域。疏散楼梯间一般宜通至屋面，下到底层，底层有直通楼外的安全出口，通向屋面的门或窗应向外开启。竖向疏散应注意疏散楼梯与疏散电梯的平面布局、位置（如端部）、形式、数量、宽度等；疏散电梯宜靠近疏散楼梯间设置或成组出现；疏散楼梯间宜靠近外墙设置（可设置外窗）；疏散楼梯间出口之间应保持 5 m 间距；宜设置多个室外疏散楼梯。

如果竖向疏散高度过大（如超高层建筑），则应在竖向疏散流线上设置避难层；一类高层住宅宜设置避难间。

疏散楼梯间的墙面、顶棚、地面应采用相应的装修材料；疏散楼梯间应配置安全疏散辅助设施。

3.1.2.2 安全分区与安全处

发生火灾时，人员疏散路线基本上与烟气的流动路线相同，即房间、走廊、（防烟）前室、楼梯间。为了保障人员疏散安全，应把疏散路线上各个序列空间的防烟、防火性能逐步提高，使楼梯间的安全性能达到最高。为此，设置走廊为第一安全分区，前室为第二安全分区，楼梯间为第三安全分区。

安全处，又称安全场所、安全地带、安全区域，一般指室外地面或建筑屋顶、避难处［避难层（间）、避难走道］等区域。

根据不同建筑的具体情况，因允许疏散时间的限制，安全处的设置各不相同，如医院病房、老年人照料设施的客房，可每层设避难间。具体如下。

（1）公共建筑高度不小于 24 m，住宅高度不小于 27 m 时，人可通过建筑内部楼梯间或室外疏散楼梯，逃生到建筑安全出口外地面上的避难场地，且为防止高空坠物，应距建筑一定距离。此时的安全处，一般指建筑周边消防车道；如果局部较高，也可逃生到较低楼层建筑屋面处。

（2）对于建筑高度 100 m 以下高层建筑，可通过防烟楼梯间或室外疏散楼梯到达高层屋顶或地面。防烟楼梯间为相对安全处，高层屋顶或地面为安全处。

一类高层住宅（建筑高度大于 54 m）建议设置住宅避难间。

（3）超高层建筑（建筑高度大于 100 m）的竖向疏散高度太大，逃生时间超过允许疏散时间，且疏散人员众多，需要持续性进出防烟楼梯间，无法杜绝烟雾的进入，因此需设置避难层进行避难。此时建筑安全处指避难层、屋顶或地面。

（4）特殊情况。对于特殊人群（如老弱病残类人群）建筑或地下建筑，因人员行动能力较差或水平疏散距离过长,人员可能需要在水平疏散流线上的一个区域临时停留一段时间,等待外部救援。此时安全处指避难间或避难走道。

3.1.3 影响安全疏散的因素

3.1.3.1 允许疏散时间

初期火灾时,人员从建筑内任一点安全疏散到安全处的时间称为允许疏散时间。受建筑性质或建筑规模、高度、场所危险等级、人员性质与密度等因素的影响,建筑耐火性能越差,允许疏散时间越短。

火灾分析与实验表明,民用建筑内从着火到火灾出现轰燃现象的时间大多在 5 ~ 8 min 内,于是确定了建筑或场所的允许疏散时间(见表 3-1)。

表 3-1 建筑或场所的允许疏散时间

建筑类型	设置建筑或场所特点	耐火等级	允许疏散时间 /min	备注
公共建筑	高层民用建筑	一、二级	≤ 5	
	一般民用建筑		≤ 6	
	人员密集的公共建筑	一、二级	≤ 5	
		三级	≤ 3	
	观众厅	一、二级	≤ 2	走出外门的时间控制在 5 min 内
		三级	≤ 1.5	走出外门的时间控制在 3 min 内
	民用地下建筑	一级	≤ 3	
	地铁车站	一级	≤ 6	《地铁安全疏散规范》GB/T 33668—2017,4.3
	体育馆	一、二级	≤ 3	
		三、四级	≤ 2	
工业厂房	甲类		≤ 0.5	根据火灾危险性不同而异
	乙类		≤ 1	
	丙类		≤ 2	
	丁、戊类		≤ 5	

3.1.3.2 疏散速度

疏散速度是安全疏散的一个重要指标。其与建筑物的功能、使用者的人员构成(如老弱病残幼人群)、安全疏散辅助设施(如内廊应急照明条件)等因素相关,因此差异较大。

(1)在非人员密集场所,普通人的疏散速度如下。

房间内的疏散时间，人数少时应在 0.25 min 内，人数多时应在 0.70 min 内；防火分区内，走道的疏散速度是 22 m/min；下楼梯的疏散速度为 15 m/min。建筑如采用封闭或防烟楼梯间，下楼梯的疏散时间可不计入允许疏散时间。

（2）人在安全疏散流线上逃生会受地形起伏的影响，如阶梯教室与平滑教室的疏散速度不同。经实验测试，平地的疏散速度是 22 m/min，每股疏散人流每分钟可通过 43 人；起伏地（如楼梯）的疏散速度是 15 m/min，每股疏散人流每分钟可通过 37 人。

影剧院等建筑安全出口的每股人流疏散能力，按池座（43 人/min）和楼座（37 人/min）的平均值计算，为 40 人/min。对于体育馆等建筑，因主要是阶梯式走道，安全出口的每股人流疏散能力按 37 人/min 计算。

地铁各部位的最大通过能力详见《地铁设计规范》GB 50157—2013，9.3.14 ~ 9.3.15；《地铁安全疏散规范》GB/T 33668—2017，5。

3.1.3.3 疏散长度

疏散长度即人员安全疏散流线的总长度。一般疏散长度可分 5 段：①防火分区内的任意楼层，房间内的疏散距离；②房间门外走道的疏散距离；③疏散楼梯的高度；④首层楼梯间到安全出口的距离；⑤安全出口到室外安全处。前两项合称为（水平）安全疏散距离。

沿安全疏散流线逃生，可分为水平安全疏散距离与竖向安全疏散高度。

在整个疏散长度中，建筑内如采用开敞楼梯间，竖向允许疏散时间相对较少；当建筑采用封闭或防烟楼梯间时，下楼梯的疏散时间可不计入允许疏散时间。不同建筑的允许疏散时间的长短，主要由建筑的水平安全疏散距离决定，即由不同建筑防火分区面积大小确定。以高层建筑为例，在允许疏散时间内，人员经防烟楼梯间达到安全处，起关键作用的是水平安全疏散距离。

3.1.4 安全疏散距离

参考规范：《建筑防火通用规范》GB 55037—2022，7.1.3。

参考图例：《〈建筑设计防火规范〉图示》18J811—1，5.4.7，5.5.17。

对于不同的建筑或场所，其最大允许安全疏散距离，应根据建筑的使用性质、耐火等级、火灾危险性、建筑高度、疏散楼梯（间）的形式和使用人员的特点等因素来确定，应能满足人员允许疏散时间的要求。

安全疏散距离指建筑物内最不利的疏散点到外部入口或楼梯间的最大允许距离，其包括两个部分：①房间内任一点（包含最远点）至房间疏散门或安全出口的疏散距离，其不应大于建筑中位于袋形走道两侧或尽端房间的疏散门至最近安全出口的最大允许疏散距离。②疏散门到疏散楼梯间或外部安全出口的距离，其包含两种情况：一种是疏散门位于两楼梯间之间，另一种是疏散门位于袋形走道两侧或尽端。建筑的安全疏散距离详见各类型建筑的具体规范要求。

位于两个安全出口之间的疏散门，疏散人员有选择权，因此安全疏散距离较长；位于走道尽端的疏散门，疏散人员无选择权，因此安全疏散距离较短。

参考规范：《建筑设计防火规范》GB 50016—2014（2018 年版），5.4.11，5.5.29。

当场所内安全疏散距离包含独立竖向楼梯的疏散距离，如跃层住宅或商铺内楼梯，可按其水平投影长度的 1.50 倍计算。

人民防空工程的安全疏散距离详见《人民防空工程设计防火规范》GB 50098—2009。

地铁车站的安全疏散距离详见《地铁设计规范》GB 50157—2013，9.5.6。

3.1.4.1 调整措施

参考规范:《建筑设计防火规范》GB 50016—2014（2018年版），5.5.27，8.5.3;《建筑防烟排烟系统技术标准》GB 51251—2017，4.4.12。

参考图例:《〈建筑设计防火规范〉图示》18J811—1，5.5.17。

安全疏散距离除受建筑的使用性质、高度等因素影响外，还受火灾时的烟雾影响。因人在烟雾中的观察距离通常不超过20 m，因此所布置的疏散标志之间不超过20 m；尽端式安全疏散距离一般不超过22 m。增加灭火与排烟设施后，其安全疏散距离将发生变化。变化内容如下。

（1）放宽条件。

敞开式外廊设计可采用自然通风排烟，疏散距离可增加5 m；场所设置自动喷水灭火系统时，其疏散距离可增加25%。

（2）缩减条件。

对于敞开式楼梯间，烟的进入将影响上面楼层的疏散。所以当房间位于两个敞开式楼梯间之间时，疏散距离减少5 m。当房间位于袋形走道两侧或尽端时，疏散距离减少2 m。[1]

3.1.4.2 首层楼梯间与安全出口的距离

楼梯间在首层应直通室外，如有困难，可扩大首层封闭楼梯间或防烟楼梯间前室。当建筑不大于4层，且未采用扩大的封闭楼梯间或防烟楼梯间前室时，可将楼梯间设于距安全出口疏散距离不大于15 m处。

3.1.5 疏散楼梯（间）

当发生火灾时，因供电中断，一般普通电梯会停止运行。此时，楼梯便成为最主要的垂直疏散设施。从防火疏散角度来看，所有能在火灾时用于疏散的楼梯都称为疏散楼梯。建筑内的楼梯（如中庭内的旋转楼梯，一般作为装饰使用，可上下楼层，但不用于疏散）或残疾人专用坡道，如不用于疏散或不满足疏散要求，就不能称为疏散用交通设施。

参考规范:《建筑设计防火规范》GB 50016—2014（2018年版），6.4.7。

参考图例:《〈建筑设计防火规范〉图示》18J811—1，6.4.7。

疏散用楼梯和疏散通道上的阶梯不宜采用螺旋楼梯和扇形踏步。但踏步上下两级所形成的平面角不超过10°，且每级离扶手25 cm处的踏步宽度超过22 cm时除外，主要设置于建筑的低层部分。不同建筑类型或不同的疏散人群对楼梯踏步的最小宽度和最大高度有不同的要求（见表3-2）。

---

1 上述安全疏散距离与调整措施，在《建筑设计防火规范》GB 50016—2014（2018年版）5.5.17条例中虽然已被废除，但本书成书时，并未有新的规范对此进行约束，故沿用部分原规范。

表 3-2　公共楼梯踏步的最小宽度和最大高度

楼梯类别	踏步的最小宽度 /m	踏步的最大高度 /m
以楼梯作为主要垂直交通的公共建筑、非住宅类居住建筑的楼梯	0.26	0.165
住宅建筑公共楼梯、以电梯作为主要垂直交通的多层公共建筑和高层建筑裙房的楼梯	0.26	0.175
以电梯作为主要垂直交通的高层和超高层建筑的楼梯	0.25	0.18

注：表中公共建筑及非住宅类居住建筑不包括托儿所、幼儿园、中小学及老年人照料设施。

作为竖向紧急疏散使用的楼梯间，其防烟、火、热的性能和疏散能力的大小，直接影响着人员的安全和消防队员的灭火及救灾工作。疏散楼梯间的一般规定如下。

参考规范：《建筑防火通用规范》GB 55037—2022，7.1.8；《建筑设计防火规范》GB 50016—2014（2018年版），5.5.3，6.4.1。

参考图例：《〈建筑设计防火规范〉图示》18J811—1，6.4.1。

（1）建筑的楼梯间宜通至屋面，通向屋面的门或窗应向外开启。

（2）楼梯间应能天然采光和自然通风，并宜靠外墙设置。靠外墙设置时，楼梯间、前室及合用前室外墙上的窗口与两侧门、窗、洞口最近边缘的水平距离不应小于 1.0 m；当距离不符合要求时，应采取防止火势通过相邻开口蔓延的措施。

（3）疏散楼梯间内不应设置烧水间、可燃材料储藏室、垃圾道及其他影响人员疏散的凸出物或障碍物；疏散楼梯间内不应设置或穿过甲、乙、丙类液体管道。

（4）在住宅建筑的疏散楼梯间内设置可燃气体管道和可燃气体计量表时，应采用敞开楼梯间，并应采取防止燃气泄漏的防护措施；其他建筑的疏散楼梯间及其前室内不应设置可燃或助燃气体管道。

（5）除疏散楼梯间及其前室的出入口、外窗和送风口，住宅建筑疏散楼梯间前室或合用前室内的管道井检查门外，疏散楼梯间及其前室或合用前室内的墙上不应设置其他门、窗等开口；疏散楼梯间及其前室与其他部位的防火分隔不应使用卷帘。

（6）自然通风条件不符合防烟要求的封闭楼梯间，应采取机械加压防烟措施或采用防烟楼梯间。

进行建筑安全疏散设计时，应根据建筑物的使用性质、使用人群、高度、层数等因素，正确选择符合要求的疏散楼梯间形式，特别是随着建筑高度的增加，疏散楼梯间的防火、防烟性能应逐步提高，为安全疏散创造有利条件。

3.1.5.1　敞开楼梯间（俗称普通楼梯间）

参考规范：《建筑防火通用规范》GB 55037—2022，7.1.10，7.4.5；《建筑设计防火规范》GB 50016—2014（2018年版），5.5.13A，5.5.27。

敞开楼梯间是低层或多层建筑常用楼梯间形式。其典型特征：不论它是一跑、两跑、三跑或是其他形式，其楼梯与走廊或大厅都敞开在建筑物内。发生火灾时，烟火拥入楼梯间，易产生烟囱现象，造成上下火灾蔓延，减少人员安全逃生概率，且严重妨碍扑救。

因此除特殊建筑类型与具体情况外，要求公共建筑一般不超过 4 层，且建筑高度不大于 24 m；建筑高度不大于 21 m 的住宅建筑可采用敞开楼梯间，住宅建筑地下室内的自用楼梯可采用敞开楼梯间。

对于一些特殊建筑类型，应采用封闭楼梯间，但建筑的楼梯间与敞开式外廊会直接相连，此时采用敞开楼梯间，更有利于直接排烟疏散。如老年人照料设施（详见本书第 6 章）。

对于一些具体地域，如我国华东、华南和西南部分地区，集体宿舍、教学楼、办公楼等建筑可采用敞开式外廊，当层数大于 4 层，高度不大于 32 m 时，可采用敞开楼梯间。

3.1.5.2 封闭楼梯间（包含防烟楼梯间）

参考图例：《〈建筑设计防火规范〉图示》18J811—1，5.5.12，5.5.13，6.4.2，6.4.3。

根据建筑防火设计的实际情况，当建筑的安全疏散标准不高，层数不多时，可采用不设前室的封闭楼梯间，即采用具有一定耐火能力的墙体和防火门将楼梯间与疏散走廊分隔开，使之具有一定的防火、烟、热能力。

应设置封闭楼梯间的建筑，详见《建筑防火通用规范》GB 55037—2022，7.1.10，7.4.5；《建筑设计防火规范》GB 50016—2014（2018 年版），5.5.12，5.5.13A，5.5.27；本书第 6 章。

（1）地下建筑埋深不大于 10 m 或层数不大于 2 层时，应采用封闭楼梯间。

（2）住宅建筑高度大于 21 m、不大于 33 m 的住宅建筑应采用封闭楼梯间。

（3）建筑高度不大于 32 m 的二类高层公共建筑，多层医疗建筑、旅馆建筑、老年人照料设施（当老年人照料设施建筑高度大于 24 m 时，应采用防烟楼梯间）及类似使用功能的建筑，设置歌舞娱乐放映游艺场所的多层建筑，多层商店建筑、图书馆、展览建筑、会议中心及类似使用功能的建筑；6 层以上的其他多层公共建筑，其疏散楼梯应采用封闭楼梯间。

当上述公共建筑的室内疏散楼梯与敞开式外廊直接连通，则可使用敞开式楼梯间。

对应设置封闭楼梯间的建筑，其首层楼梯间无法直接疏散至室外时，可将楼梯间外的走道或门厅等包括在楼梯间内，形成扩大的封闭楼梯间，但应采用乙级防火门等与其他走道和房间分隔。

3.1.5.3 防烟楼梯间

参考规范：《建筑防火通用规范》GB 55037—2022，7.1.8，7.1.10，7.4.4；《建筑设计防火规范》GB 50016—2014（2018 年版），5.5.13A 。

参考图例：《〈建筑设计防火规范〉图示》18J811—1，6.4.3。

在楼梯间入口之前，设置阻止火、烟、热进入楼梯间的前室，这种楼梯间称为防烟楼梯间，是防火、烟、热能力更强的封闭楼梯间。

采用防烟楼梯间的建筑：建筑高度大于 32 m 的二类高层公共建筑与一类高层公共建筑；埋深大于 10 m 或层数不小于 3 层的地下建筑。

对于一些特殊建筑类型，如建筑高度大于 24 m 的老年人照料设施，其室内疏散楼梯应采用防烟楼梯间。

（1）前室防烟形式。

前室防烟形式如表 3-3 所示。

表 3-3　前室防烟形式

前室形式	设置要求	防烟方式		备注
		自然防烟	机械加压防烟	
敞开式	连接阳台、凹廊	自然通风		优先采用
封闭式	设置在高层建筑的走廊端部，靠外墙	外墙上设有开启面积不小于 2 m² 的窗户的自然防烟前室		优先采用
	设置在走廊中间，无窗		机械防烟部位：①仅前室加压防烟，楼梯间自然通风防烟；②仅楼梯间加压防烟；③前室与楼梯间都加压防烟	以应对不同情况。详见本书第 4 章，4.3.2.3 节

高度不大于 50 m 的公共建筑 、厂房、仓库或高度不大于 100 m 的住宅的前室或合用前室宜采用敞开式；如用封闭式，要求前室或合用前室具有不同朝向的可开启外窗，且可开启外窗的面积满足自然防烟口的面积要求。此时仅前室设置自然防烟，楼梯间可不设置加压防烟。

前室的使用面积与设置要求如表 3-4 所示。

表 3-4　前室的使用面积

建筑类型	公共建筑、高层厂房（仓库）、人防工程、地下工程	住宅建筑	备注
防烟楼梯间前室的使用面积	≥ 6.0 m²	≥ 4.5 m²	防烟楼梯间在首层时，如人员从楼梯间直通室外，其首层可不设置前室
消防电梯前室的使用面积	≥ 6.0 m²（前室的短边不应小于2.4 m）		①前室在首层应直通室外或经专用通道通向室外，该通道与相邻区域之间应采取防火分隔措施。②前室宜靠外墙设置，并应在首层直通室外或经过长度不大于30 m 的通道通向室外。③前室或合用前室应采用防火门和耐火极限不低于 2.00 h 的防火隔墙与其他部位分隔。除兼作消防电梯的货梯前室无法设置防火门的开口可采用防火卷帘分隔外，不应采用防火卷帘或防火玻璃墙等替代防火隔墙
防烟楼梯间与消防电梯间合用前室的使用面积	≥ 10.0 m²	≥ 6.0 m²	

参考规范：《建筑防火通用规范》GB 55037—2022，2.2.8，7.1.8；《建筑设计防火规范》GB 50016—2014（2018 年版），7.3.5。

（2）设置于防烟楼梯间内的剪刀楼梯。

参考规范：《建筑设计防火规范》GB 50016—2014（2018 年版），5.5.10。

参考图例：《〈建筑设计防火规范〉图示》18J811—1，5.5.10。

为节约建筑面积，可在同一楼梯间里设置两座楼梯，即剪刀楼梯，形成两条垂直方向的疏散楼梯，且能向两个不同水平方向提供安全疏散出口。剪刀楼梯可设置于任何楼层。

高层的疏散楼梯，原则上应分散布置，但分散布置有困难时，如设置于高层核心筒内，从任一疏散门至最近疏散楼梯间入口的距离不大于 10 m，可采用防烟剪刀楼梯间。前室应分别设置；两个楼梯段之间设防火隔墙，使其内两个垂直疏散楼梯各自形成隔绝独立的防烟空间，防火隔墙的耐火极限不小于 1.00 h。

高层住宅中常采用防烟剪刀楼梯间。剪刀楼梯间的其中一个疏散安全出口直接开向住宅的交通走道时，要求交通走道具有扩大前室的功能。开向前室的门（包含户门）应为乙级防火门；分隔前室的墙体应为耐火极限不小于 2.0 h 的不燃烧墙体。

3.1.5.4 室外疏散楼梯

参考规范：《建筑防火通用规范》GB 55037—2022，7.1.11。

参考图例：《〈建筑设计防火规范〉图示》18J811—1，6.4.5。

室外疏散楼梯是悬挂于建筑外立面的楼梯，楼梯周边空间完全处在建筑室外，根据其周边防火构造，此处不受烟火的侵袭，可认为是最安全的一种疏散楼梯。要求梯段倾斜角度不大于 45°；栏杆扶手高度不小于 1.1 m；建筑不大于 3 层时，室外疏散楼梯可采用难燃性材料或木结构，大于 3 层的室外疏散楼梯梯段和平台均应采用不燃材料；除疏散门外，楼梯周围 2.0 m 内的墙面上不应设置其他开口，疏散门不应正对梯段。

3.1.5.5 其他竖向疏散设施

参考规范：《建筑设计防火规范》GB 50016—2014（2018 年版），5.5.22，6.4.9。

1. 固定类

参考图例：《〈建筑设计防火规范〉图示》18J811—1，6.4.9。

如阳台应急疏散梯，在阳台上开设 600 mm×600 mm 的洞口，发生火灾时人员可打开洞口的盖板，沿靠墙的铁爬梯或悬挂梯至下层，再转入其他安全区域疏散到底层。

高度大于 10 m 的三级耐火等级建筑应设置通至屋顶的室外消防梯。室外消防梯不应面对老虎窗，宽度不应小于 0.6 m，且宜从离地面 3.0 m 高处设置。

2. 储备类

参考图例：《〈建筑设计防火规范〉图示》18J811—1，5.5.22。

逃生辅助装备包括救生缓降器、逃生绳、逃生软梯、柔性逃生滑道等。人员密集的公共建筑或住宅宜在窗口、阳台等部位设置辅助疏散逃生设施。此时不宜在窗口、阳台等设封闭的金属栅栏；但可设置从内部易于开启的外窗或金属栅栏。[1]

3.1.6 安全（疏散）出口

参考图例：《〈建筑设计防火规范〉图示》18J811—1，2.1.14。

安全（疏散）出口可使每个防火分区内的疏散人员尽快疏散到安全处。疏散出口包含安全出口，两者区别见表 3-5。

1　推荐网络视频：法国电影《暴力街区》第一部。

表 3-5　安全出口与疏散出口的区别

分类	专业定义	区别	备注
疏散出口或疏散门	在发生火灾时，供人员逃离着火区域或建筑的出口，如住宅房间出口与户门出口	通常认为，所有的出口都是疏散出口；但通过安全出口能达到相对安全的区域，如住宅卧室的出口与户门是疏散门，但不是安全出口	人员通过疏散门，经过疏散走道，到达安全出口，如办公楼
安全出口	供人员安全疏散，且通过安全出口能直通室内外安全区域的出口		安全出口包含防火分区之间的出口、封闭与防烟楼梯间的出口、通向室外的安全出口。防火分区之间的门必须是防火门；通向室外的安全出口的门可以不是防火门，如商场大门的玻璃门或卷闸门

3.1.6.1　安全（疏散）出口、疏散走道和疏散楼梯的宽度

每个防火分区或场所应设有满足场所内人员安全疏散的总净宽度。特别是照料老弱病残幼群体的建筑，其对安全出口总净宽度要求更大。

1　总疏散人数

参考规范：《建筑防火通用规范》GB 55037—2022，7.1.2，7.4.7；《建筑设计防火规范》GB 50016—2014（2018 年版），5.5.21。

各层楼梯疏散的人数可能不同，因此地上建筑下层楼梯的总净宽度，应按该层及以上疏散人数最多一层的人数计算；建筑的地下楼层或地下建筑（包含平时使用的人防工程）按同理设置。

除不用作其他楼层人员疏散并直通室外地面的外门总净宽度，可按本层的疏散人数计算确定外，首层外门的总净宽度应按该建筑疏散人数最大一层的人数计算确定。

不同场所的疏散人数统计如下。

（1）歌舞娱乐放映游艺场所中，录像厅的疏散人数，应根据厅、室的建筑面积按不小于 1.0 人 /m² 计算；其他用途房间的疏散人数，应根据房间的建筑面积按不小于 0.5 人 /m² 计算。

（2）有固定座位的场所，其疏散人数可按实际座位数的 1.1 倍计算。

（3）展览厅的疏散人数应根据展览厅的建筑面积和人员密度计算，展览厅内的人员密度不宜小于 0.75 人 /m²。

（4）商业建筑每层营业厅人员密度按表 3-6 计算；对于建材商店、家具和灯饰展示建筑，其人员密度可按表 3-6 所示规定值的 30% 确定。

表 3-6　商业建筑每层营业厅人员密度

楼层位置	地下第二层	地下第一层	地上第一、二层	地上第三层	地上第四层及以上各层
人员密度 /（人 /m²）	0.56	0.60	0.43 ～ 0.60	0.39 ～ 0.54	0.30 ～ 0.42

2　安全（疏散）出口数量

安全（疏散）出口数量＝防火分区或场所总疏散人数 ÷ 每个安全（疏散）出口的平均疏散人数。

参考规范：《建筑防火通用规范》GB 55037—2022，7.4.6；《建筑设计防火规范》GB 50016—2014（2018

年版），5.5.16。

参考图例：《〈建筑设计防火规范〉图示》18J811—1，5.5.16。

（1）剧场、电影院、礼堂和体育馆的观众厅或多功能厅的疏散门不少于2个，且每个疏散门的平均疏散人数不大于250人；当容纳人数大于2000人时，其超过2000人的部分，每个疏散门的平均疏散人数不大于400人。

（2）对于体育馆的观众厅，每个疏散门的平均疏散人数以400～700人计。

3. 总疏散宽度

防火分区或场所的总疏散宽度＝每100人所需最小疏散净宽度 × 防火分区或场所中总疏散人员数量。

每100人所需最小疏散净宽度：$B = N×b/(A×t)$。

式中，B表示百人宽度指标，即每100人所需最小疏散净宽度（m）；b表示人流不携带行李时，单股人流的宽度b=0.55 m；N表示疏散总人数（人）；A表示单股人流通行能力，平坡时A=43人/min，阶梯地时，A=37人/min；t表示允许疏散时间（min）。

参考规范：《建筑防火通用规范》GB 55037—2022，7.4.7；《建筑设计防火规范》GB 50016—2014（2018年版），5.5.21。

参考图例：《〈建筑设计防火规范〉图示》18J811—1，5.5.21。

除剧场、电影院、礼堂、体育馆外的其他公共建筑，疏散出口、疏散走道和疏散楼梯各自的总净宽度，应根据疏散人数和每100人所需最小疏散净宽度计算确定。

疏散出口、疏散走道和疏散楼梯每100人所需最小疏散净宽度不应小于表3-7的规定值。

表3-7 疏散出口、疏散走道和疏散楼梯每100人所需最小疏散净宽度　　（单位：m/100人）

建筑层数或埋深		建筑的耐火等级或类型		
		一、二级	三级、木结构建筑	四级
地上楼层	1～2层	0.65	0.75	1.00
	3层	0.75	1.00	
	不小于4层	1.00	1.25	
地下、半地下楼层	埋深不大于10 m	0.75		
	埋深大于10 m	1.00		
	歌舞娱乐放映游艺场所及其他人员密集的房间	1.00		

4. 安全（疏散）出口宽度

防火分区或场所每个安全出口的宽度应同时满足计算与规范最低要求，且防火分区或场所中每个安全出口的宽度大小一致。

1）计算要求。

安全出口宽度＝防火分区或场所中的总疏散宽度 ÷ 防火分区或场所中安全出口数量。

2）疏散出口门、疏散走道、疏散楼梯等的净宽度的规范要求。

参考规范:《建筑防火通用规范》GB 55037—2022,7.1.4,7.1.5;《民用建筑通用规范》GB 55031—2022,5.3.2,5.3.4,5.3.12。

（1）疏散出口门、室外疏散楼梯的净宽度均不应小于 0.80 m。

（2）住宅建筑中直通室外地面的住宅户门的净宽度不应小于 0.80 m；当住宅建筑高度不大于 18 m 且一边设置栏杆时，室内疏散楼梯的净宽度不应小于 1.00 m；其他住宅建筑室内疏散楼梯的净宽度不应小于 1.10 m。

供日常交通用的公共楼梯的梯段最小净宽应根据建筑物使用特征，按人流股数和每股人流宽度 0.55 m 确定，并不应少于 2 股人流的宽度。

（3）疏散走道、首层疏散外门、公共建筑中的室内疏散楼梯的净宽度均不应小于 1.10 m。

除住宅外，民用建筑的公共走廊净宽应满足各类型功能场所最小净宽要求，且不应小于 1.30 m；公共楼梯应至少于单侧设置扶手，梯段净宽达 3 股人流的宽度时应在梯段两侧设扶手。

（4）净宽度大于 4.00 m 的疏散楼梯、室内疏散台阶或坡道，应设置扶手栏杆，将梯段分隔为宽度均不大于 2.00 m 的区段。

在疏散通道、疏散走道、疏散出口处，不应有任何影响人员疏散的物体，并应在疏散通道、疏散走道、疏散出口的明显位置设置明显的指示标志。疏散通道、疏散走道、疏散出口的净高度均不应小于 2.10 m。疏散走道在防火分区分隔处应设置疏散门。

交通走道净宽度一般在建筑设计中有 2 种情况：①等于计算与规范最低宽度要求；②大于计算与规范最低宽度要求，其又可分为两类，一类如展廊（增加了观看距离）、医院候诊走廊（设置了候诊需求的座椅）；另一类如专门设计的眺望休息走廊，这类在教学楼、旅馆、景观建筑等单边走廊、游廊中应用较多。

3）人员密集的公共场所的首层主要安全出口处内外安全疏散设计与无障碍设计要求。

参考规范：《建筑设计防火规范》GB 50016—2014（2018 年版），5.5.7,5.5.19。

参考图例：《〈建筑设计防火规范〉图示》18J811—1,5.5.7,5.4.7,5.5.19。

（1）安全出口上方，应设宽度不小于 1.0 m 的防护挑檐（即防护高空坠物），如高层直通室外的安全出口上方。

（2）人员密集的公共场所（如观众厅）的疏散门净宽度不应小于 1.40 m 且门处不应设置门槛；门口内外 1.40 m 范围内，不应设置踏步；室外疏散通道的净宽度不小于 3.00 m，且应直接通向宽敞地带。

（3）无障碍设计。

参考规范：《建筑与市政工程无障碍通用规范》GB 55019—2021,2.2 ~ 2.4;《无障碍设计规范》GB 50763—2012,3.3.2。

①出入口地面应平整、防滑，同时室外滤水箅子的孔洞宽度不大于 13 mm。

②在门完全开启的状态下，无障碍出入口的平台的净深度不小于 1.50 m；出入口处两道门的间距不小于 1.50 m；出入口的上方应设置防护雨篷。

③轮椅坡道的设置要求如下。

横向坡度不大于 1：50，纵向坡度不大于 1：12；每段坡道的提升高度不应大于 750 mm；当条件受限且坡段起止点的高差不大于 150 mm 时，纵向坡度不大于 1：10。

轮椅坡道的通行净宽不小于 1.20 m；坡道的起点、终点与休息平台的通行净宽不应小于坡道的通行净宽，且水平长度不小于 1.50 m，门扇开启和物体不应占用此范围空间。

轮椅坡道高度大于 300 mm 且纵向坡度大于 1∶20 时，应在两侧设置连贯扶手；设置扶手的轮椅坡道的临空侧，应采取安全阻挡措施。

3.1.6.2 疏散方向与安全（疏散）出口布置

1. 不少于 2 个安全（疏散）出口的防火分区或场所

参考规范：《建筑防火通用规范》GB 55037—2022，7.1.2，7.4.1，7.4.2；《建筑设计防火规范》GB 50016—2014（2018 年版），5.5.2。

参考图例：《〈建筑设计防火规范〉图示》18J811—1，5.5.2。

原则上，公共建筑内，每个场所、防火分区或一个防火分区的每个楼层应设有不少于 2 个安全疏散方向与安全出口，供人员疏散时选择；房间疏散门应通过疏散走道直接通向安全出口，不应经过其他房间。[1]

同时尽量使疏散流线与安全出口均匀分散于防火分区或场所的不同方位。同一场所最近 2 个疏散出口与室内最远点的夹角不应小于 45°，且宜按场所的对角线分布；不同防火分区或场所的 2 个相邻安全出口或一个场所的 2 个相邻疏散门，其最近边缘之间的水平距离应不小于 5 m。否则距离太近，实际上只能起到 1 个疏散出口的作用且易发生拥挤事故。

1）设置不少于 2 个安全（疏散）出口的适用范围。

适用范围如下。

（1）儿童活动场所、老年人照料设施中的老年人活动场所、医疗建筑中的治疗室和病房、教学建筑中的教学用房等，当位于走道尽端时，疏散门不应少于 2 个。

（2）高层建筑内应设置不少于 2 个疏散方向（可设为环形走道）。

（3）对于面积较大或人员密集的场所，如首层入口大厅、展览厅、餐厅、营业厅、会议厅、多功能厅等，应设置不少于 2 个安全（疏散）出口，大厅内任一点距安全出口的直线距离应不大于 30 m。

2）不少于 2 个安全（疏散）出口的防火分区或场所设置要求。

参考规范：《建筑设计防火规范》GB 50016—2014（2018 年版），5.4.7，5.4.8。

参考图例：《〈建筑设计防火规范〉图示》18J811—1，5.4.8。

（1）剧场、电影院、礼堂宜设置在独立的建筑内；确需合建时，至少应设置 1 个独立的安全出口和疏散楼梯，且应采用耐火极限不小于 2.00 h 的防火隔墙和甲级防火门与其他区域分隔；设置在高层建筑内时，应设置自动灭火系统。

设置在一、二级耐火等级的建筑内时，观众厅宜布置在首层、二层或三层；确需布置在四层及以上时，其疏散门不应少于 2 个，且建筑面积不宜大于 400 m²；设置在地下或半地下时，宜设置在地下一层，不应设置在地下三层及以下楼层。

建筑采用三级耐火等级或设置在三级耐火等级的建筑内时，不应布置在三层及以上楼层。

---

1 房间内设置有套间的情况在实际工作中较常见，防火设计中可视为"一个大房间"，但要求满足防火规范要求。如旅馆客房内厕所或套房、设备房内的配电室、大空间办公的隔间、住宅一套内的房间等。

（2）建筑内的会议厅、多功能厅等人员密集的场所，宜布置在首层、二层或三层。设置在三级耐火等级的建筑内时，应布置在二层及以下。建筑为一、二级耐火等级，确需布置在四层及以上时，其疏散门不应小于 2 个，且建筑面积不宜大于 400 m²；设置在地下或半地下时，宜设置在地下一层，不应设置在地下三层及以下楼层；设置在高层建筑内时，应设置自动灭火系统。

（3）通过安全出口应能直接疏散至室外或疏散楼梯间，如体育馆；如果安全出口不能直通室外或疏散楼梯间时，应采用长度不大于 10 m 的疏散走道，通至最近的安全出口。

2. 借道相邻防火分区进行疏散时的疏散设计要求

一般情况下，防火分区内的安全疏散设施应提供足够的安全出口，满足其疏散要求。特殊情况下，疏散有困难时，一、二级耐火等级公共建筑内的防火分区可向相邻防火分区借道进行疏散。不允许三、四级耐火等级的建筑借用相邻防火分区进行疏散。

当防火分区 A 借道向防火分区 B 疏散时，疏散设计要求如下。

参考规范：《建筑设计防火规范》GB 50016—2014（2018 年版），5.5.9。

参考图例：《〈建筑设计防火规范〉图示》18J811—1，5.5.9。

（1）用甲级防火门作为安全出口门，且用防火墙分隔彼此防火分区。

（2）建筑面积大于 1000 m² 的防火分区 A，其自身直通室外的安全出口应不小于 2 个；建筑面积不大于 1000 m² 的防火分区 A，其自身直通室外的安全出口不少于 1 个；

（3）防火分区 A 向相邻防火分区 B 疏散的净宽度不应大于防火分区 A 的计算所需疏散总净宽度的 30%；同时 2 个防火分区的各层直通室外的安全出口总净宽度不应小于 2 个防火分区（即 A+B）的计算所需疏散总净宽度。注意 2 个防火分区的计算所需疏散总净宽度不包含借道时所用安全出口的净宽度。

3. 1 个安全（疏散）出口的防火分区或场所

参考规范：《建筑防火通用规范》GB 55037—2022，7.4.1，7.4.2；《建筑设计防火规范》GB 50016—2014（2018 年版），5.5.5，5.5.8，5.5.11。

参考图例：《〈建筑设计防火规范〉图示》18J811—1，5.5.8，5.5.15。

（1）当防火分区或场所的规模较小，层数与人数较少时，1 个安全出口已经满足疏散要求，且优先向室外直接疏散。仅设置 1 个安全出口或 1 部疏散楼梯的公共建筑，应符合下列条件之一。

①除托儿所、幼儿园外，建筑面积不大于 200 m² 且人数不大于 50 人的单层公共建筑或多层公共建筑的首层。

②除医疗建筑、老年人照料设施、儿童活动场所、歌舞娱乐放映游艺场所外，符合表 3-8 所规定的公共建筑。

表 3-8　仅设置 1 个安全出口或 1 部疏散楼梯的公共建筑

建筑的耐火等级或类型	最多层数	每层最大建筑面积 /m²	人数
一、二级	3	200	第二、三层的人数之和不大于 50 人
三级、木结构建筑	3	200	第二、三层的人数之和不大于 25 人
四级	2	200	第二层的人数之和不大于 15 人

（2）公共建筑内仅设置 1 个疏散门的房间，应符合下列条件之一。

①对于儿童活动场所、老年人照料设施中的老年人活动场所，房间位于两个安全出口之间或袋形走道两侧且建筑面积不大于 50 m^2。

②对于医疗建筑中的治疗室和病房、教学建筑中的教学用房，房间位于两个安全出口之间或袋形走道两侧且建筑面积不大于 75 m^2。

③对于歌舞娱乐放映游艺场所，房间的建筑面积不大于 50 m^2 且经常停留人数不大于 15 人。

④对于其他用途的场所[1]，房间位于两个安全出口之间或袋形走道两侧且建筑面积不大于 120 m^2。

⑤对于其他用途的场所，房间位于走道尽端且建筑面积不大于 50 m^2。

⑥对于其他用途的场所，房间位于走道尽端且建筑面积不大于 200 m^2，房间内任一点至疏散门的直线距离不大于 15 m，疏散门的净宽度不大于 1.40 m。

（3）设置不少于 2 部疏散楼梯的一、二级耐火等级的多层公共建筑，如顶层局部升高，当高出部分的层数不超过 2 层、人数之和不超过 50 人且每层建筑面积不大于 200 m^2 时，高出部分可设置 1 部疏散楼梯，但至少应另外设置 1 个直通建筑主体上人平屋面的安全出口，且上人屋面应符合人员安全疏散的要求。

参考图例：《〈建筑设计防火规范〉图示》18J811—1，5.5.11。

（4）地下建筑设置 1 个安全出口的条件，详见本书第 4 章的 4.3.2.6 小节。

3.1.6.3　门类型、开启方向与设置要求

参考规范：《建筑防火通用规范》GB 55037—2022，6.4.1，7.1.6，7.1.7。

参考图例：《〈建筑设计防火规范〉图示》18J811—1，6.4.11。

（1）防火门、防火窗应具有自动关闭的功能，在关闭后应具有烟密闭的性能。宿舍的居室、老年人照料设施的老年人居室、旅馆建筑的客房开向公共内走廊或封闭式外走廊的疏散门，应在关闭后具有烟密闭的性能。宿舍的居室、旅馆建筑的客房的疏散门，应具有自动关闭的功能。

（2）疏散出口门应能在关闭后从任何一侧手动开启。开向疏散楼梯（间）或疏散走道的门在完全开启时，不应减少楼梯平台或疏散走道的有效净宽度。除住宅的户门可不受限制外，建筑中控制人员出入的闸口和设置门禁系统的疏散出口门应具有在火灾时自动释放的功能，且人员不需使用任何工具即能从内部打开，在门内一侧的显著位置应设置明显的标识。

（3）除设置在丙、丁、戊类仓库首层靠墙外侧的推拉门或卷帘门可用于疏散门外，疏散出口门应为平开门或在火灾时具有平开功能的门，且下列场所或部位的疏散出口门应向疏散方向开启。

①甲、乙类生产与储存场所。

②平时使用的人民防空工程中的公共场所。

③其他建筑中使用人数大于 60 人的房间或每樘门的平均疏散人数大于 30 人的房间。

④疏散楼梯间及其前室的门，室内通向室外疏散楼梯的门。

1　"其他用途的场所"是指除儿童活动场所、老年人照料设施中的老年人活动场所、医疗建筑中的治疗室和病房、教学建筑中的教学用房和歌舞娱乐放映游艺场所外的场所。

（4）其他场所根据具体要求，确定门是否设置观察窗、亮子、门斗，门上是否设置疏散标志与应急灯等，门内外是否应设灭火设施，如灭火器、消防栓等。

专业思考

1. 绘图说明五星级酒店主入口处，安全疏散（包含无障碍设计）的设计要求。要求此处安全出口的总宽度不小于 3.5 m。

【答案】本题有两种不同的无障碍设计方式，具体如下。

①雨篷下入口平台处室外地面采用全坡设计（1 ∶ 20），形成普通人、车辆与轮椅共用坡道，无人用台阶，如武汉希尔顿酒店入口。

②有车辆坡道、有轮椅坡道、有普通人用的台阶。轮椅坡道需要设置休息平台与连贯扶手，当坡道水平距离不大于 9 m 时，无坡道平台要求。

对于入口平台的长度与宽度，安全出口的门的数量与彼此间的距离，雨篷的出挑宽度，上述两种情况的设计方式相同。

2. 在建筑内部进行安全疏散设计的意义是什么？

3. 地上公共建筑设置一个安全出口的条件是什么？

4. 地上住宅建筑设置一个安全出口的条件是什么？

5. 高层火灾特点是什么？如何进行消防与疏散？

【答案】高层火灾具有以下特点。

①建筑功能复杂，火灾隐患多，可燃物多。

②火势蔓延途径多，速度快，竖井多，楼高风大，易产生飞火，造成区域火灾。

③楼高，疏散困难，疏散时间长，人多易拥挤。

④扑救困难。

因此必须进行严格的安全疏散设计，必须设置双向（或多向）疏散，增加消防设施，定期进行防火检查与人员疏散演练，使疏散人员有多个选择，减少可能发生的伤害。

6. 高层建筑安全疏散方式，如何满足设计要求？绘图说明。

【答案】高层建筑规模大且人员众多，必须设置不少于 2 个的疏散方向，使疏散人员有多个选择，减少可能发生的伤害。

竖向疏散方向包含向上与向下方向（屋顶或地面）。平面上设置 2 个不同疏散方向的方式如下。

①设置不少于 2 个不同方向的疏散路线与楼梯相连，如板式旅馆。

②设置环形走道。

还可用楼梯间（或前室）构成双向入口形成双向疏散。

7. 从防火设计角度论述，防火分区内两个楼梯之间的距离受什么因素影响？绘图说明。

【答案】①建筑类型与耐火等级、建筑规模、地形起伏、建筑结构、变形缝。

②疏散人数，如老弱病残孕人群的数量会决定通行能力；疏散时间；疏散宽度／百人；防火分区面积；楼梯宽度限制疏散距离。

③楼梯间形式是否敞开、走道是否敞廊。

④监控与消防设施，如自动喷淋设施、防排烟设施、消火栓等。

8.简述同一高层建筑，其地上与地下疏散宽度的异同。

【答案】①一、二级耐火等级高层建筑的地上部分允许疏散时间大于地下部分，如果其他条件相同，则地下的走廊与楼梯间的疏散宽度更大。

②地上部分的楼层人数多于地下，其通向室外的安全出口、楼梯、疏散走道的总宽度应按每100人的最小疏散净宽度（不小于1m）计算；其地下建筑（高差不大于10m），按每100人的最小疏散净宽度（不小于0.75m）计算；地下或半地下人员密集的厅、室和歌舞娱乐放映游艺场所，其房间疏散门、安全出口、疏散走道和疏散楼梯的各自总净宽度，应根据疏散人数按100人不小于1m计算确定。

③场所每个安全出口的宽度同时满足计算与规范最低要求，且防火分区中每个安全出口的宽度一致。

9.在防火设计中，门的设计要求有哪些？

【答案】门的设计要求根据建筑性质与等级、具体功能、场所危险等级等因素来确定，具体要求如下。

①门的材料与性质，甲、乙、丙防火门与普通门的运用范围：场所的具体要求，如防火分区的门或中庭的门（可能有烟囱效应），电梯间的门（活塞效应）；建筑高度的具体要求，如小高层中楼梯间的乙级门。

②门的数量：室内总疏散人数，人员性质（如医院，幼儿园）；室内面积大小，空间的功能使用性质（如地下设备房）。

③门的大小：一个疏散门能疏散人数的多少；门内疏散人员特殊要求（如残疾人的厕所门、电梯门）。

④门的开启方向：人的疏散与救援方向；门内人数的多少；特殊要求（如残疾人的厕所门向内外开启时，内部空间的大小；医院手术室的双向弹簧门）。

⑤门的布置与距离：单向或双向疏散，是否对角线布置；彼此距离（最近2个安全出口与室内最远点的夹角不应小于45°，并且不小于5m）；最远点的距离（尽端式，如住宅户内距离）；与楼梯间的距离。

⑥门的其他相关特殊要求：是否设置门斗；是否设置观察窗、亮子、门槛等；是否设置疏散指示灯与应急灯等；是否设置防烟系统；卷帘门是否设置自动喷水灭火系统等。

10.【单选题】安全疏散距离测量值的允许正偏差不得大于规定值的（　　）。

A.2%　　　　　　　B.3%　　　　　　　C.5%　　　　　　　D.10%

【答案】C

11.【单选题】某展览厅设置在耐火等级为二级的建筑内，设有2个安全出口，建筑内全部设有自动喷水灭火系统。下列说法中，不符合现行国家消防技术标准要求的是（　　）。

A.展览厅室内任一点至最近的疏散门的距离最大为37.5m

B.当展览厅的疏散门不能直通疏散楼梯间时，可通过最长不超过12.5m的疏散走道通至楼梯间

C.当展览厅的疏散门不能直通疏散楼梯间时，可通过疏散走道通至楼梯间，其中展览厅内的疏散距离可为

40 m，疏散走道的长度可为 10 m

D.当展览厅的疏散门不能直通疏散楼梯间时，可通过疏散走道通至楼梯间，展览厅内任一点至疏散楼梯间的距离不能超过 50 m

【答案】C

【解析】二级耐火等级建筑内疏散门或安全出口设置不少于 2 个的有观众厅、展览厅、多功能厅、餐厅、营业厅等，其室内任一点至最近疏散门或安全出口的直线距离不应大于 30 m。当疏散门不能直通室外地面或疏散楼梯间时，应采用长度不大于 10 m 的疏散走道通至最近的安全出口。当该场所设置自动喷水灭火系统时，室内任一点至最近安全出口的安全疏散距离可分别增加 25%，即 30×1.25+10×1.25=50 m，但是不能将连接走道上增加的长度用到展览厅内。C 选项错误。

12.【单选题】下列单、多层公共建筑的安全出口和疏散楼梯的设置，正确的是（   ）。

A.建筑面积 200 m²、学生人数 30 人的单层幼儿园，设置 1 个安全出口

B.地上 2 层的社区卫生院，耐火等级为二级，每层建筑面积 200 m²，每层人数最多 30 人，设置 1 部楼梯和 1 个安全出口

C.地上 3 层的学生活动中心，耐火等级为三级，每层建筑面积 200 m²，每层人数最多 15 人，设置 1 部楼梯，首层设置 2 个安全出口

D.地上 3 层的办公楼，耐火等级为二级，每层建筑面积 200 m²，每层人数最多 25 人，设置 1 部楼梯和 1 个安全出口

【答案】D

【解析】详见 3.1.6.2 节。

13.【单选题】下列公共建筑内每个防火分区或一个防火分区的每个楼层，可设置 1 个安全出口的公共建筑是（   ）。

A.单层的托儿所，建筑面积为 200 m²，容纳人数最多为 45 人

B.建筑面积为 150 m² 且容纳人数为 50 人的多层老年人照料设施的首层

C.建筑面积为 100 m² 且容纳人数为 60 人的多层办公楼的首层

D.单层的小型诊所，建筑面积为 300 m²，容纳人数最多为 30 人

【答案】B

【解析】详见《建筑防火通用规范》GB 55037—2022，7.4.1。除托儿所、幼儿园外，建筑面积不大于 200 m² 且人数不超过 50 人的单层公共建筑或多层公共建筑的首层，可以只设置 1 个安全出口；A、C、D 选项应至少设置 2 个安全出口。

14.【单选题】下列关于建筑安全出口或疏散楼梯间的做法中，错误的是（   ）。

A.位于地下 1 层，总建筑面积为 1000 m² 的卡拉 OK 厅和舞厅，设置了 3 个净宽度均为 2 m 的安全出口

B.每层为一个防火分区且每层使用人数不超过 180 人的多层制衣厂，设置了 2 座梯段净宽度均为 1.2 m 的封闭楼梯间

C. 某多层办公楼，每层使用人数为 60 人，设置了 2 座防烟疏散楼梯间，楼梯间的净宽度及楼梯间在首层的门的净宽度均为 1.2 m

D. 单层二级耐火等级且设置自动喷水灭火系统的电影院，其中一个 1000 座的观众厅设置了 4 个净宽度均为 1.5 m 的安全出口

【答案】D

【解析】A 选项，安全出口所需的最小总净宽度为 1000×0.5×1.0÷100=5 m，3 个安全出口，每个门的宽度为 2 m，总净宽度 3×2=6 m，符合规范要求。A 正确。

B 选项，如果按 4 层及以上层数的建筑考虑，封闭楼梯的最小疏散总净宽度为 180×1.0÷100=1.8 m，实际设置的总净宽度为 2×1.2=2.4 m，2 座梯段净宽度均为 1.2 m 的封闭楼梯间，符合规范要求。B 正确。

C 选项，防烟楼梯间的数量 2 个、净宽度（1.2 m＞1.1 m）、疏散总净宽度、楼梯间在首层的门的宽度等都满足规范要求。C 正确。

D 选项，（按平坡地面）最小疏散总净宽度为 1000×0.65÷100=6.5 m，实际设置为 4×1.5=6 m，不符合要求。D 错误，详见表 3-7。

同时详见 3.1.6.1 节，有固定座位的场所，其疏散人数可按实际座位数的 1.1 倍计算。剧场、电影院、礼堂和体育馆的观众厅或多功能厅的疏散门不小于 2 个，且每个疏散门的平均疏散人数不大于 250 人，当容纳人数大于 2000 人时，其超过 2000 人的部分，每个疏散门的平均疏散人数不大于 400 人。即 1000×1.1÷250=5 个安全出口。

15.【判断题】装修材料的改变，与安全疏散距离没有关系。（　　）

【答案】对。无论装修或是"裸装"，安全疏散距离都不变。

16.【判断题】建筑装修时禁止使用吊门、转门和折叠门。（　　）

【答案】错。吊门、转门和折叠门一般不包含在安全疏散设计中；但当装修时，若这类门在紧急情况下可作为安全疏散的门，数量与宽度满足疏散要求，则可安装。

17.【判断题】不同场所，当安全出口宽度相同时，其平均疏散人数一样多。（　　）

【答案】错。

18.【判断题】一个建筑中，所有的内部走道宽度相同。（　　）

19.【判断题】一个建筑中，所有的内部楼梯梯段设计宽度相同。（　　）

【答案】错。具体情况应具体说明。

从安全疏散角度，建筑内如划分不同的防火分区，可能因不同防火分区的总疏散人数不同等因素，计算出的疏散走道或疏散楼梯的宽度也不同。

在同一个防火分区内的疏散楼梯，无特殊情况（如艺术造型要求）时，一般宽度相同；但受休息、娱乐、造型要求等因素影响，疏散走道宽度可能不同。

20.【判断题】一个防火分区要求配有 2 部疏散楼梯。（　　）

【答案】错。详见 3.1.6.2 节。

21.【判断题】建筑面积相同的房间，有一样数量的疏散门。（　　）

【答案】错。地下与地上同样大小与性质的房间，疏散门的数量就不一样。具体情况应具体分析。

22.【判断题】房间面积大于 50 m² 时，就必须有 2 个以上安全出口作为疏散方向。（　　）

【答案】错。具体情况应具体分析。

房间应设置多少个安全出口，其影响因素有房间面积大小、人员、房间性质、设置部位等。

举例：教室房间不大于 75 m² 且位于走道尽端时，可只设一门；人少的房间（如住宅套间），设备房、水泵房或私人车库等房间，可只设一门。

23.【判断题】防火门向人流疏散方向开启。（　　）

24.【判断题】门都是向疏散的方向开启。（　　）

【答案】错。看具体情况。公共建筑的疏散门的开启方向，宜向疏散方向开启，但下列两种情况除外。

①疏散门的开启方向不限。一般此房间内的疏散者较少，如住宅。

②建筑内设置有前室消防电梯，前室没有设置疏散楼梯。电梯只供消防人员专用，不供人员疏散使用。这种情况下，前室的门需要向救援方向开启，不向人员疏散方向开启。如果此空间兼做防烟楼梯间的前室，可综合考虑门向人员疏散方向开启。

25.【判断题】消防电梯前室的门的开启方向，与人员疏散方向相反。（　　）

【答案】错。看具体情况。

①前室内只有消防电梯：救援人员用门，向需要救援方向开启。

②前室内消防电梯与疏散楼梯合用：以疏散人流为主，兼供消防人员使用。疏散人员用门，向需要疏散方向开启。

以上两种情况下，救援方向与疏散方向的门的开启方向相反；同时首层与其他楼层的门的开启方向相反。

26.【判断题】如图 3-1 所示，下列门的开启方向都是正确的。（　　）

【答案】错。消防电梯属于扑救设施，其专用前室的首层门开启方向错误，应该向内（救援方向）开启。

27.【设计与绘图】为适应社会老龄化的发展需求，建筑正门作为主要安全出口，在保证安全疏散设计的基础上对其进行无障碍改造。设计要求如下：街道办公楼主入口处，于正中间设置 3 扇双开玻璃大门，首层室外平台台阶高差 900 mm。

【分析】①入口平台尺寸与门外总疏散宽度；②门的大小与距离（装修设计：采用旋转门的需另设疏散出口）；③雨篷大小；④轮椅坡道宽度与长度、坡道是否加休息平台。

安全疏散设计：详见《建筑设计防火规范》GB 50016—2014（2018 年版），5.5.7，5.5.19。

按疏散要求设计：单门的净空宽不小于 0.8 m，双门的净空宽不小于 1.4 m；（一个门时）平台长不小于 1.4 m×3，平台宽度不小于 1.4 m；防火挑檐宽度不小于 1 m。紧靠大门口内外 1.4 m 范围内不应设置影响疏散的障碍物（如踏步）；大门室外疏散通道的宽度不小于 3.0 m。

按建筑入口功能设计：雨篷设计要求大于门外平台宽度以挡雨。因此防火挑檐雨篷宽度应不小于 1.4 m。

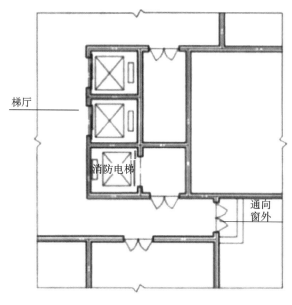

梯厅

消防电梯

通向
窗外

图 3-1　消防前室

无障碍设计：详见《建筑与市政工程无障碍通用规范》GB 55019—2021，2.2；《无障碍设计规范》GB 50763—2012，3.3.2。

由上述规范条文可知，平台宽度不小于1.5 m；两道门的间距不小于1.50 m；坡道坡度1/12，宽度不小于1.2 m；设置两段坡，共10.8 m（0.9 m×12），两段坡间加转弯休息平台不小于1.5 m。

【答案】综合考虑：门宽度不小于1.4 m；平台宽度不小于1.5 m，平台长度不小于10.2 m（1.4 m×3＋1.5 m×4）；挑檐雨篷宽度不小于1.5 m（覆盖平台），坡道坡度1/12，宽度不小于1.2 m；设置两段坡，共10.8 m（0.9 m×12），两段坡间加转弯休息平台不小于1.5 m，坡道两边加扶手。门外总疏散宽度不小于3.0 m。

绘图略。

3.2　防火分隔

根据有利于疏散与避难、消防救援、控制火灾及降低火灾危害的原则，应把建筑内所有的功能空间都用建筑防火构件进行物理隔断，以避免火、烟、热蔓延。物理隔断方式是控制建筑内火、烟、热的最主要措施。

3.2.1　分隔空间

（1）划分防火分区。

在发生火灾时，为避免因建筑规模过大、功能不同或场所安全布局等因素，造成疏散人员在安全疏散时间内不能安全逃生的情况，设计师按照 "救人第一" 原则，人为主动地在建筑内部设置防火分区。防火分区内除能够隔绝火、烟、热外，还必须拥有独立的人员安全疏散流线。

对于建筑规模较小的建筑，如别墅或多层住宅（只有一个单元时），可独栋设为一个防火分区。对于一些大型建筑（如高层建筑），应设置多个防火分区，且每个防火分区都必须拥有独立的安全疏散流线。

（2）防火分区内的防火再分隔。

防火分区内的各种场所之间都要进行防火再分隔。如设备层是一个防火分区，其内部的锅炉房、配电房等都要进行防火再分隔。其内人员疏散时要先从房间疏散到防火分区的走道中，再疏散到安全处。

有一些设施，也要根据具体情况与其主体功能空间进行防火再分隔，从而形成独立的防火区域，如客厅的烟囱、住宅内的竖井或管道。

3.2.1.1　影响因素

参考规范：《建筑防火通用规范》GB 55037—2022，2.1.1，4.1.1～4.1.2，4.2.6，4.4.2，7.4.3；《建筑设计防火规范》GB 50016—2014（2018年版），5.4.1。

影响防火分区划分的主要因素如下。

（1）建筑耐火等级。

建筑耐火等级越低，其内允许疏散时间越短，划分的防火分区面积越小。

（2）规模与功能（包含场所危险等级）。

①建筑规模包含水平进深、竖向高度（层数）与埋深，可分为单一功能的规模与复合功能的规模。如建筑规模过大，其内容纳的人数和火灾荷载也相应增大，对人员疏散和火灾扑救都很不利。因此应按照防火要求对建筑物防火分区的规模大小进行综合分析，对建筑内不同功能空间的面积给予相应的限制，用来匹配不同的防火要求。防火分区根据规模面积，宜配置不少于2个安全出口；但当防火分区的规模面积按规范要求足够小时，可设置1个安全出口，如住宅楼层面积不大于650 m²的住宅建筑、沿街商铺等。

②当建筑性质、功能空间等处于不同部位与高度时，其最大划分面积有所不同。因为对于同一功能空间，在允许疏散时间内，竖向疏散高度越短，水平疏散时间或距离越长，其防火分区面积也越大。如商店营业厅设置在单层建筑内或仅设置在多层建筑的首层，其防火分区的最大允许建筑面积应不大于10000 m²；防火分区设置在高层时，最大允许建筑面积应不大于4000 m²。

③根据建筑的类型，建筑内的功能空间可分为主要功能空间与辅助功能空间，一般应在主要功能空间与辅助功能空间之间进行防火分隔。如地铁车站的站厅、站台、出入口通道、换乘通道、换乘厅与非地铁功能设施之间应采取防火分隔措施。对于合建建筑（复合功能建筑），不同功能空间应进行防火分隔，如位于高层建筑内的儿童活动场所，其安全出口和疏散楼梯应独立设置。

（3）安全布局。

参考图例：《〈建筑设计防火规范〉图示》18J811—1，5.4.2，5.4.12～5.4.15。

建筑内外不同功能之间（包含上下左右相邻功能），有不同的安全布局，不能影响安全疏散。如风向方面，原则上建筑内的燃油锅炉间不应设置于建筑内的上风向位置，且安全出口不应设置于其下风向或附近位置，尽量不设置于人员密集的场所的上下一层或贴邻建造。

但因场所功能的使用要求，有些场所必须相邻布置，无法改变其布局，如住宅内的厨房、燃油锅炉间旁的油库等。除了对这些危险场所进行重点防火分隔、重点消防、重点装修，还可根据其具体要求建立独立的防火分区与独立的安全疏散流线。

（4）消防设施。

除了考虑火灾危险性，还要根据灭火剂的种类与灭火设备划分防火分区。主要是非水灭火剂与用水灭火剂的区别。如电气实验中心、变压器室、配电室等场所，只能使用非水灭火剂，必须设置单独的防火区域。

其他消防设施的影响，如排烟竖井的高度要求、超高层消防配电的规模等。

部分场所，如依靠消防设施无法解决安全疏散与防火问题，则应独立建造，如加油站。

3.2.1.2　防火分区

参考规范：《建筑防火通用规范》GB 55037—2022，4.1.1。

防火分区指用一定耐火极限的防火墙、楼板、防火门窗、防火挑檐、防火卷帘门或特殊状况下的水幕等防火分隔构件与防火配件，按规定的建筑面积，在建筑内部人为主动进行物理防火分隔，组合成一个耐火极限相对较高（与其内一般防火要求的场所相比）且边界封闭的区域。

区域或场所如没有人员疏散要求（不包含检修），也可以根据具体情况划分防火分区，如管道、库房、机械式汽车库等。防火分区有人员疏散要求的，必须设置独立的安全疏散流线。

（1）设置目的。

控制防火分区规模大小，从而能够在允许疏散时间内，优先保证人员安全疏散。在火灾延续时间内，尽量把烟、火、热控制在其范围内或防御于其外，使烟、火、热不会跨越防火分区蔓延。在保障人员安全疏散的情况下，进行重要物资转移或扑救，最终避免或减少火灾蔓延危害到整个建筑或周边建筑。

（2）分类。

参考规范：《建筑防火通用规范》GB 55037—2022，4.1.2。

防火分区按照维度，可分为水平与竖向防火分区。水平防火分区指为了防止可能起火区域的烟、火、热在水平方向的蔓延，必须沿水平方向划分的防火分区，即在建筑的一层平面内，通过竖向防火墙划分的防火分区；竖向防火分区指为防止起火楼层的烟、火、热在竖向空间上跨楼层蔓延，按一定的自然楼层沿建筑物高度划分的防火分区。

（3）划分。

参考规范：《建筑防火通用规范》GB 55037—2022，2.1.4，4.1.2，4.3.3，4.3.15，4.3.16；《建筑设计防火规范》GB 50016—2014（2018年版），5.3.3。

参考图例：《〈建筑设计防火规范〉图示》18J811—1，5.3.1，5.3.2，5.3.4，5.3.5。

水平防火分区与竖向防火分区都以建筑面积作为防火分区划分的决定性依据（见表3-9）。

建筑内水平防火分区面积指一层内划分防火分区的建筑面积。竖向防火分区按自然楼层划分防火分区时，除允许设置敞开楼梯间的建筑外，防火分区面积应按上、下楼层中在发生火灾时未封闭的开口所连通区域的建筑面积之和计算；当叠加计算后的建筑面积大于规定时，应重新划分防火分区，即增加防火分区，如中庭等。

表 3-9 公共建筑中每个防火分区的最大允许建筑面积

布置区域		耐火等级	允许建筑高度或层数	防火分区的最大允许建筑面积		备注
				当防火分区全部设置自动灭火系统时，下述面积可以增加1.0倍；当局部设置自动灭火系统时，可按局部区域建筑面积的1/2计入所在防火分区的总建筑面积	当设置自动灭火系统和火灾自动报警系统并采用不燃或难燃装修材料时	
除有特殊要求的建筑、木结构建筑和附于民用建筑中的汽车库外	高层建筑	一、二级	一级不限；二级不大于50 m	1500 m²	4000 m²	对于体育馆、剧院的观众厅，防火分区的最大允许建筑面积可适当增加
	单、多层建筑	一、二级	公建不大于24 m	2500 m²	设置在单层建筑内或仅设置在多层建筑的首层时为10000 m²	
		三级	5层	1200 m²		
		四级	2层	600 m²		
	地下或半地下建筑（室）	一级		设备房为1000 m²；地下其他区域为500 m²	2000 m²（对于一、二级耐火等级建筑，营业厅、展览厅等应布置在地下二层及以上的楼层）	
			总建筑面积大于20000 m²的地下或半地下商店		应分隔为多个建筑面积不大于20000 m²的区域，且其内再划分小的防火分区，如营业厅	防火分隔措施应可靠、有效

注：（1）高层建筑主体与裙房之间未采用防火墙和甲级防火门分隔时，裙房的防火分区应按高层建筑主体的相应要求划分；当分隔时，裙房的防火分区最大允许建筑面积按单、多层建筑的要求确定。

（2）除建筑内游泳池、消防水池等的水面、冰面或雪面面积，射击场的靶道面积，污水沉降池面积，开敞式的外走廊或阳台面积等可不计入防火分区的建筑面积外，其他建筑面积均应计入所在防火分区的建筑面积。

（3）在赛事、博览、避险、救灾及灾区生活过渡期间建设的临时建筑或设施，其规划、设计、施工和使用应符合消防安全要求。灾区过渡安置房集中布置区域应按照不同功能区域分别单独划分防火分隔区域。每个防火分隔区域的占地面积不应大于2500 m2，且周围应设置可供消防车通行的道路。

3.2.1.3 防火构造

参考规范：《建筑防火通用规范》GB 55037—2022，4.3.2，5.1.2。

（1）耐火材料。

除建筑内特定防火分区或场所的防火构件与配件外，建筑物防火构件与配件的耐火极限由建筑的耐火等级确定。

防火分区之间的防火分隔构件（即防火墙）应是建筑内耐火极限最高之处（特殊场所除外），要求构成一个防火分区各个方向的防火分隔构件的耐火极限应该相互匹配，从而形成一个防火整体。

特定防火分区或场所（如公建内的设备房等）的分隔材料（此处指楼板）相对其他部位的耐火极限应有所提高，因此具体部位防火构件的耐火极限，应具体分析设置。如一类高层的标准层之间，上下层如功能相同，则按高层的一级耐火等级进行防火设计，防火分区一般由防火墙、耐火极限 1.5 h 的楼板、甲级防火门窗等组成；若上下层功能不同，则楼板防火极限也不同，如合建建筑中，住宅与车库间的分隔楼板，其耐火极限为不小于 2.00 h 的不燃性楼板。

（2）防火分隔构件。

防火分隔构件可分为专用防火分隔构件与兼做防火分隔的构件。专用防火分隔构件是基于完善建筑内外防火设计，为防火而设计的构件，如防火挑檐、防火卷帘、防火阀、竖向防火分隔等，其材料需满足相应部位的耐火极限要求。兼做防火分隔的构件，如柱、墙体、楼板、防火门窗等，其材料也需满足相应部位的耐火极限要求。

（3）防火构造类型。

防火构造可分为硬隔断构造（如墙体、实体吊顶、防火玻璃幕墙等）和软隔断构造（如空间距离与水幕等）。

3.2.2 水平分隔场所

根据防火要求，在水平防火分区内再分隔出的多个防火场所，应重点关注有特殊防火要求的场所。

3.2.2.1 重点场所

参考规范：《建筑防火通用规范》GB 55037—2022，4.1.3～4.1.7；《建筑设计防火规范》GB 50016—2014（2018 年版），5.4.2，5.4.13～5.4.17。

参考图例：《〈建筑设计防火规范〉图示》18J811—1，5.4.12～5.4.15。

（1）公众聚集场所，人员密集场所。

公众聚集场所是指宾馆、饭店、商场、集贸市场、客运车站候车室、客运码头候船厅、民用机场航站楼、体育场馆、会堂以及公共娱乐场所等。

人员密集场所是指公众聚集场所，医院的门诊楼、病房楼，学校的教学楼、图书馆、食堂和集体宿舍，养老院、福利院，托儿所，幼儿园，公共图书馆的阅览室，公共展览馆、博物馆的展示厅，劳动密集型企业的生产加工车间和员工集体宿舍，旅游、宗教活动场所等。

（2）（水平楼层）定制场所。

定制场所包含避难层（间）、珍品库、酒窖等，特定人群场所（如老弱病残类人群场所），单个楼层的有阶梯或坡道的场所（如阶梯教室、走廊坡道等）。注意跨楼层的定制阶梯场所是竖向防火分区。

（3）危险等级较高的场所。

危险等级较高的场所包含消防水泵房、柴油发电机房、燃油或燃气锅炉房、油浸电力变压器、消防控制室等设备用房，密集书库或实验室，车库、仓库，地下建筑。

消防控制室设置要求如下。

参考规范：《建筑防火通用规范》GB 55037—2022，4.1.8，6.5.4；《火灾自动报警系统设计规范》GB 50116—2013，3.4.5，3.4.7。

参考图例：《〈建筑设计防火规范〉图示》18J811—1，8.1.7，8.1.8。

①消防控制室应设在室内外交通方便、位置明显处和发生火灾时不易延烧的部位；不应设于强磁场干扰区。

消防控制室可设于建筑内外、地上首层、地下一层或单独设置，单独设置的耐火等级不应低于二级。如居住小区不是每栋楼都设置1个消防控制室、幼儿园或中小学的消防控制室多设于建筑首层入口门卫室、高层建筑的消防控制室一般不设置于入口大厅内。

消防控制室的疏散门应首选直通室外、不受疏散影响、能立即联系室外且便于消防人员尽快进入获得火场信息、靠近安全出口的地方。其地面安全出口应直接连接消防车道，以利于消防人员进出。

②采用耐火极限不小于2.00 h的防火隔墙和耐火极限不小于1.50 h的楼板与其他部位隔开，其位置宜靠外墙，宜设2个出口，向外的门必须设置；开向建筑内的门应采用乙级防火门，其上应有明显的标牌与标志灯。

室内不应敷设或穿过与控制室无关的管线；室内应有防水淹、防潮、防啮齿动物等措施；送、回风管应设防火阀。

消防控制室地面装修材料的燃烧性能不应低于B_1级，顶棚和墙面内部装修材料的燃烧性能均应为A级。

3.2.2.2　水平交通空间

（1）消防通道、消防专用通道。

参考规范：《建筑防火通用规范》GB 55037—2022，2.2.7。

消防通道是供消防人员和消防装备接近或进入建筑物实施营救的通道，同时作为安全疏散人员的疏散通道。消防通道（如楼梯口、过道）都应安装疏散指示灯。消防通道在各种险情中起到不可低估的作用。

消防专用通道指在发生建筑火灾时，专门用于消防救援人员从地面进入建筑的通道和楼梯间，如埋深大于15 m的地铁车站公共区应设置消防专用通道。

（2）防火隔间与联络通道。

参考规范：《建筑设计防火规范》GB 50016—2014（2018年版），6.4.13；《建筑防火通用规范》GB 55037—2022，7.5.3。

参考图例：《〈建筑设计防火规范〉图示》18J811—1，6.4.13。

①为保证相邻的独立防火区域间有足够的通道进行互通交流，且能防止烟、火、热的蔓延，特设立一个安全防火隔间，保证彼此间的通行，但不承担疏散人员的疏散要求，其面积不应小于6.0 ㎡。可设置于特大型地下商

店或避难层中。

防火隔间只用于相邻两个独立场所的人员互通，内部不应布置任何功能。其内装材料应为 A 级；防火隔间的门应采用甲级防火门，防火门的最小间距不应小于 4 m，且防火分区通向防火隔间的门不应计入安全出口。

②联络通道指在隧道中连接相邻两条单洞单线隧洞，并在火灾时用于人员疏散的通道。

3.2.2.3　避难场所

水平疏散中的避难场所为避难间、避难走道；竖向疏散中的避难场所为避难层、人民防空工程。

（1）避难层。

参考规范：《建筑防火通用规范》GB 55037—2022，6.4.7，6.5.3，6.6.9，7.1.9，7.1.14 ～ 7.1.15，8.2.1，10.1.9，10.1.10；《民用建筑设计统一标准》GB 50352—2019，6.5.2。

参考图例：《〈建筑设计防火规范〉图示》18J811—1，5.5.23。

因超高层建筑竖向疏散高度过大，人员不可能在允许疏散时间内疏散到地面，且疏散人员众多，进出频繁，防烟楼梯对烟不可能完全杜绝，因此在超高层建筑内每隔一定竖向高度必须设置一个避难层，其本质依然是一个水平防火分区。避难层设置要求如下。

①根据国内主战消防车的举高高度，从消防车登高操作场地地面到第一个避难层的楼地面之间的高度应不大于 50 m，以便发生火灾时，无法疏散而停留在第一个避难层的人员可通过云梯车下来，即要求避难区应至少有一边水平投影位于同一侧的消防车登高操作场地范围内。避难区的净面积应满足该避难层与上一避难层之间所有楼层的全部使用人数避难的要求。

通向避难层的疏散楼梯应使人员在避难层处必须经过避难区上下，疏散楼梯（间）在各层的平面位置不应改变或应能使人员的疏散路线保持连续。

②除可布置设备用房外，避难层不应用于其他用途。设置在避难层内的可燃液体管道、可燃或助燃气体管道应集中布置，设备管道区应采用耐火极限不小于 3.00 h 的防火隔墙与避难区及其他公共区分隔。管道井和设备间应采用耐火极限不小于 2.00 h 的防火隔墙与避难区及其他公共区分隔。设备管道区、管道井和设备间与避难区或疏散走道连通时，应设置防火隔间，防火隔间的门应为甲级防火门。

设置在避难间或避难层中的避难区对应外墙上的窗的耐火性能不应低于乙级防火窗的要求；避难层的顶棚、墙面和地面内部装修材料的燃烧性能均应为 A 级；避难层保温系统中的保温材料或制品的燃烧性能应为 A 级。

③避难层应设置消防电梯出口、消火栓、消防软管卷盘、灭火器、疏散照明、消防专线电话和应急广播；在避难层进入楼梯间的入口处和疏散楼梯通向避难层的出口处，均应在明显位置设置标示避难层和楼层位置的灯光指示标识；避难区应采取防止火灾烟气进入或积聚的措施，并应设置可开启外窗；避难层内疏散照明的地面最低水平照度应不小于 10.0 lx。

（2）避难间。

参考规范：《建筑防火通用规范》GB 55037—2022，7.1.16。

参考图例：《〈建筑设计防火规范〉图示》18J811—1，5.5.24。

在建筑火灾疏散中，针对一些因个体行动能力受损或缺失的人群，其无法自主立即疏散的情况，在水平疏散路径上，应建立必要的避难场所，其位置应设置于每座疏散楼梯间的相邻部位，如疏散楼梯间的前室。

①避难区的净面积应满足避难间所在区域设计避难人数的要求；避难间兼作其他用途时，应采取保证人员安全避难的措施。避难间应靠近疏散楼梯间，不应设置在可燃物库房、锅炉房、发电机房、变配电站等火灾危险性大的场所的正下方、正上方或贴邻。

②避难间应采用耐火极限不小于 2.00 h 的防火隔墙和甲级防火门与其他部位分隔，避难间内不应敷设或穿过输送可燃液体、可燃或助燃气体的管道。

③避难间应采取防止火灾烟气进入或积聚的措施，并应设置可开启外窗。除外窗和疏散门外，避难间不应设置其他开口。避难间内应设置消防软管卷盘、灭火器、消防专线电话和应急广播。在避难间入口处的明显位置应设置标示避难间的灯光指示标识。

④不同建筑内的避难间，根据建筑的使用性质，其设置有所不同。如老年人照料设施的避难间要求配置简易防毒面具。详见本书第 6 章。

（3）避难走道。

避难走道是建筑平面面积巨大（如地下建筑、工业厂房等）、水平疏散距离过长且超过规范要求时，特意设计的安全处，即在人到达安全出口或疏散楼梯前，形成的一个"扩大的封闭前室"。

参考规范：《建筑设计防火规范》GB 50016—2014（2018 年版），6.4.14；《建筑防烟排烟系统技术标准》GB 51251—2017，3.1.9。

参考图例：《〈建筑设计防火规范〉图示》18J811—1，6.4.14。

避难走道和防烟楼梯间的作用类似。人员进入避难走道，可视为进入相对安全区域。避难走道设置要求如下。

①当避难走道连通多个防火分区时，其直通地面的出口不应少于 2 个且设于不同方向；当避难走道仅与一个防火分区相通且该防火分区至少有 1 个直通室外的安全出口时，可设置 1 个直通地面的出口。

任一防火分区通向避难走道的门至该避难走道最近直通地面的出口的距离不应大于 60 m；避难走道的净宽度应满足任一防火分区通向该避难走道的设计疏散总净宽度。

防火分区至避难走道入口处应设置防烟前室，前室的使用面积不小于 6.0 m²，开向前室的门应采用甲级防火门，前室开向避难走道的门应采用乙级防火门。

②避难走道构件材料的耐火极限，防火隔墙不小于 3.00 h，楼板不小于 1.50 h，内装材料应为 A 级。

③避难走道内应设消火栓、应急照明、应急广播与消防专线电话。

避难走道的前室及避难走道分别设置机械加压送风系统，如避难走道的一端设置安全出口，且总长度小于 30 m，或两端设置安全出口，且总长度小于 60 m，可仅在前室设置机械加压送风系统。

（4）人民防空工程。

人民防空工程是战争状态下的地下避难空间，平时不作为疏散的避难处，可作为停车库使用。

参考规范：《城市居住区人民防空工程规划规范》GB 50808—2013，《人民防空地下室设计规范》GB 50038—2005，《人民防空工程设计防火规范》GB 50098—2009。

3.2.3　竖向分隔场所

竖向分隔场所可以通过防火措施阻止烟、火通过竖向空间、上下孔洞、井道、楼梯间或外窗等向其他楼层垂直蔓延，从而把火灾控制在一定的自然楼层区域内。

3.2.3.1　竖向交通设施

竖向交通设施一般可分为疏散用交通设施（包含疏散楼梯）、用电的交通设施与用于扑救的交通设施。

1. 用电的交通设施

参考规范：《建筑设计防火规范》GB 50016—2014（2018年版），5.5.4。

参考图例：《〈建筑设计防火规范〉图示》18J811—1，5.5.4。

建筑内的用电的交通设施有2类：在发生火灾时，停止使用的用电交通设施，包含自动扶梯(含自动人行道)、普通电梯等，不能作为安全疏散设施；在发生火灾时，可以使用的消防电源的交通设施，包含消防电梯以及设置要求等同于消防电梯且能作为疏散设施的普通电梯，即疏散电梯。

（1）自动扶梯。

自动扶梯的火灾包含内部电气火灾（或摩擦生热火灾）和外部火源引发的火灾。多部自动扶梯可以连通数层空间，为防止烟、火通过其所在空间无限竖向蔓延，特设防火分隔场所，要求如下。

①当自动扶梯所在上下数层的面积总和超过防火分区规范要求时（同中庭防火要求），自动扶梯应独立设置防火场所，如在四周设置防火卷帘，或在两通行方向上设置防火卷帘，另两面设置固定防火隔墙。

②在自动扶梯四周安装水幕喷头，其流量为1 L/s，压力为350 kPa以上。

③在自动扶梯上方四周加装喷水头，其安装间距为2 m，发生火灾时既可喷水保护自动扶梯，又起到防火分隔作用，可以阻止火势竖向蔓延。

④装饰材料用不燃烧材料。

自动扶梯、自动人行道设置：详见《民用建筑通用规范》GB 55031—2022，5.4.3。

自动扶梯和自动人行道安全乘用指南：详见《电梯、自动扶梯和自动人行道运行服务规范》GB/T 34146—2017，附录B使用者安全乘用指南。

（2）普通电梯。

参考规范：《民用建筑通用规范》GB 55031—2022，5.4.2；《建筑设计防火规范》GB 50016—2014（2018年版），5.5.4，5.5.14，6.2.9；《建筑与市政工程无障碍通用规范》GB 55019—2021，2.6.1～2.6.4。

普通电梯包含无障碍电梯、观光电梯等。无障碍电梯指适合乘轮椅者、视残者或担架床可进入和使用的电梯。高层公共建筑和高层非住宅类居住建筑的电梯台数不应少于2台；建筑内设有电梯时，至少应设置1台无障碍电梯；电梯井道和机房与有安静要求的用房贴邻布置时，应采取隔振、隔声措施。无障碍电梯设置要求如下。

①乘轮椅者使用的最小轿厢，深度不小于1.40 m、宽度不小于1.10 m；同时满足乘轮椅者和担架的轿厢，宽轿厢的深度不小于1.50 m、宽度不小于1.60 m，深轿厢的深度不小于2.10 m、宽度不小于1.10 m。轿厢内部设施应满足无障碍要求。

②应为水平滑动式电梯门，完全开启时间应不小于 3 s。如电梯门在新建和扩建建筑中，开启后的净宽不小于 0.90 m；电梯门在建筑改造或改建中，开启后的净宽不小于 0.80 m。

③普通电梯门外的等待空间叫电梯厅。电梯厅可以敞开，不需要防火门分隔；如电梯厅与前室合二为一，则需要防火门分隔。只有消防电梯需有电梯前室，普通电梯不需要。

公共建筑内的客、货电梯宜设置候梯厅，不宜直接设在营业厅、展览厅、多功能厅等场所内。

参考图例：《〈建筑设计防火规范〉图示》18J811—1，5.5.14。

一般电梯厅无椅可坐，候梯厅有椅可坐。电梯门前应设直径不小于 1.50 m 的轮椅回转空间，公共建筑的候梯厅深度不小于 1.80 m。

电梯候梯厅的深度：详见《民用建筑设计统一标准》GB 50352—2019，6.9.1。

普通电梯井与电梯门耐火要求：详见本书第 5 章。

电梯安全乘用指南：详见《电梯、自动扶梯和自动人行道运行服务规范》GB/T 34146—2017，附录 B 使用者安全乘用指南。

④当普通电梯的防火要求等同于消防电梯时，设置在消防电梯或疏散楼梯间前室内的非消防电梯，防火性能不应低于消防电梯。

从防火疏散角度，当普通电梯的防火要求等同于消防电梯时，其普通电梯可作为人员疏散电梯使用。如老年人照料设施内应设置辅助人员疏散的电梯，且非消防电梯应有防烟措施。

2. 用于扑救的交通设施

防火分区内设置有二条流线，即疏散流线与扑救流线。除消防电梯、消防电梯的专用前室、消防专用通道外，其他场所的扑救流线与疏散流线都重叠，如房间内通道、走道、合用前室以及竖向楼梯间。

（1）消防电梯。

参考规范：《建筑防火通用规范》GB 55037—2022，2.2.6 ～ 2.2.10；《建筑设计防火规范》GB 50016—2014（2018 年版），5.5.14，7.3。

参考图例：《〈建筑设计防火规范〉图示》18J811—1，7.3.1，7.3.3，7.3.5，7.3.7，7.3.8。

消防电梯指有利于消防人员节省体力，能迅速地把消防人员与设备从建筑内首层输送到需要扑救楼层的垂直交通工具。

消防电梯平时可作为普通电梯使用，发生火灾时，配置有消防电源的消防电梯应供消防人员专用，杜绝疏散人员使用。发生火灾时，按下首层的消防电梯紧急按钮，消防电梯可强制停在首层，其他楼层对其的呼唤无效，救援人员只能在消防电梯内部对其进行操控。

消防电梯内附加的保护、控制和信号等功能应设在建筑的耐火封闭结构内。消防前室是消防人员进行灭火战斗的立足点和救治遇险人员的临时场所。消防电梯的设置要求如表 3-10 所示。

表 3-10　消防电梯的设置要求

建筑类型与部位		防火分区与消防电梯	设置消防电梯的建筑高度或面积	消防电梯的设置要求	备注
住宅建筑		消防电梯应分别设在不同防火分区内，且每个防火分区不应少于 1 台	建筑高度大于 33 m	①应能在所服务区域每层停靠；电梯的载重量不应小于 800 kg；电梯从首层至顶层的运行时间宜不大于 60 s。②在消防电梯的首层入口处，应设置明显的标识和供消防救援人员专用的操作按钮；电梯的动力和控制线缆与控制面板的连接处、控制面板的外壳防水性能等级不应低于 IPX5。③电梯轿厢内部装修材料的燃烧性能应为 A 级；电梯轿厢内部应设置专用消防对讲电话和视频监控系统的终端设备。④消防电梯的井底应设置排水设施，排水井的容量应不小于 2 m³，排水泵的排水量应不小于 10 L/s。消防电梯间前室的门口宜设置挡水设施。⑤消防电梯井和机房应采用耐火极限不小于 2.00 h 且无开口的防火隔墙与相邻井道、机房及其他房间分隔。⑥消防电梯的前室、防火门等的防火构造：详见《建筑防火通用规范》GB 55037—2022，2.2.8，2.2.9	①符合消防电梯要求的客梯或货梯可兼作消防电梯。②除设置在仓库连廊、冷库穿堂或谷物筒仓工作塔内的消防电梯外，消防电梯应设置前室
公共建筑	高层建筑		一类高层建筑或高度大于 32 m 的二类高层建筑		
	老年人照料设施		①5 层及以上且建筑面积大于 3000 m²（包括设置在其他建筑内第 5 层及以上楼层）。②老年人照料设施内的非消防电梯应采取防烟措施，当火灾情况下需用于辅助人员疏散时，此电梯应符合消防电梯的设置要求		
	封闭或半封闭汽车库		建筑高度大于 32 m		
工业建筑	丙类高层厂房（仓库）		①建筑高度大于 32 m 且设置电梯的高层厂房（仓库），每个防火分区内宜设置 1 台消防电梯。②可不设置消防电梯：建筑高度大于 32 m 且设置电梯，任一层工作平台上的人数不大于 2 人的高层塔架；局部建筑高度大于 32 m，且局部高出部分的每层建筑面积不大于 50 m² 的丁、戊类厂房		
地下或半地下室建筑或工程			①除轨道交通工程外，埋深大于 10 m 且总建筑面积大于 3000 m²。②埋深大于 15 m 的地铁车站公共区应设置消防专用通道		

（2）屋顶直升机停机坪。

参考规范：《建筑防火通用规范》GB 55037—2022，2.2.11～2.2.13；《建筑设计防火规范》GB 50016—2014（2018 年版），7.4.1～7.4.2；《城市消防规划规范》GB 51080—2015，4.1.8～4.1.9。

参考图例：《〈建筑设计防火规范〉图示》18J811—1，7.4。

建筑高度大于 100 m 且标准层建筑面积大于 2000 m² 的公共建筑，应在屋顶设置直升机停机坪或供直升机救助的设施；建筑高度大于 250 m 的工业与民用建筑，应在屋顶设置直升机停机坪。设置要求：建筑通向停机坪的出口不少于 2 个；停机坪距离设备机房、电梯机房、水箱间、共用天线等突出物应不小于 5 m；四周应设航空障碍灯和应急照明设施；在停机坪的适当位置应设消火栓；供直升机救助使用的设施应避免火灾或高温烟气的直接作用，其结构承载力、设备与结构的连接应满足设计允许的人数停留和该地区最大风速作用的要求。

消防直升机的地面起降点场地应开阔、平整，场地的短边长度不小于 22 m，场地的周边 20 m 范围内不得栽种高大树木或设置架空线路。

（3）消防无人机。

消防无人机将是建筑消防的未来。

3.2.3.2　跨楼层的定制场所

跨楼层的定制阶梯场所，应满足竖向防火分区的面积要求。

住宅内的跨楼层场所包括跃层、错层、楼梯间、人行坡道或残疾人专用坡道等。

公共建筑内跨楼层的定制场所如下。

（1）建筑内部的中庭、楼梯间，错层的停车库等。

中庭详见本书第 4 章的 4.3.2.5 节。

（2）多层人行坡道或残疾人专用坡道。

注意公共建筑内跨楼层的人行坡道或残疾人专用坡道，其作用等同于自动扶梯，如北京残疾人服务示范中心"汇爱大厦"的坡道，一般与中庭结合设计。因疏散距离或残疾人行动能力有限，人行坡道或残疾人专用坡道一般不作为楼层疏散路径，但可增设疏散楼梯或疏散电梯作为安全疏散设施。

（3）剧场、电影院、礼堂、体育馆等建筑内有跨越多个楼层的阶梯空间，应划分为一个独立防火分区。如室内体育馆的首层比赛场地与阶梯观众席构成的主体空间，可视为喇叭口状中庭，应作为一个独立防火分区来考虑；其他各楼层的辅助用房可划分为其他防火分区。

3.2.3.3　竖井

为保护各类设备管道或使用空间，可用防火隔墙构筑竖井，如电梯井、住宅内的烟道等。

竖井防火构造：详见本书第 5 章。

专业思考

1. 用建筑面积划分防火分区的依据是什么？

2. 别墅内只有一个开敞楼梯间或两个楼梯间时，其防火分区最大建筑面积是多少？

3. 简述防火分隔场所与防火分区的区别。

【答案】（1）有无独立的安全疏散流线。消防控制室、中庭、电影院等场所，如有直接对外的安全出口，可认为是防火分区；如无独立的安全出口，先疏散至走道，再疏散到室外，则认为是防火分区内的防火分隔场所。

（2）防火分区的边缘墙体必定是防火墙；防火分隔场所的墙体根据情况设置耐火极限。

4. 为什么同一个建筑内不同区域的防火分区的面积不同？

5. 建筑内防火分区的最大与最小面积可设计为多少，运用于何处？举例说明。

【答案】体育馆防火分区的最大面积为 10000 m^2，管井的防火分区面积最小。

6. 简述高层建筑设置消防控制中心的必要性及其设置要求。

7. 高层建筑的普通电梯与消防电梯在发生火灾时的区别是什么？何时必须设置消防电梯，设置要求是什么？

8.绘图说明建筑设计中垂直交通的类型、特点与适用范围。

【答案】（1）垂直交通的类型。

建筑室外：室外台阶，人行、车行坡道或残疾人专用坡道，自动扶梯，电梯，旋转楼梯，普通楼梯。

建筑室内：普通开敞楼梯间（2段、多段楼梯，弧形楼梯等），封闭楼梯间，有前室的防烟楼梯间，防烟剪刀梯，建筑室外楼梯，人行、车行坡道或残疾人专用坡道，自动扶梯，普通客运电梯（观光电梯，无障碍电梯），普通货运或消防电梯等。

（2）垂直交通在建筑室内发生火灾时的适用范围与特点。

①疏散楼梯。

a.普通开敞楼梯间：2段、多段楼梯或特殊造型楼梯。旋转楼梯一般在公共建筑室内做观赏用或在住宅室内使用（如跃层），不做公共建筑正常疏散使用，可做室外悬挂疏散楼梯使用。多段楼梯或弧形楼梯，多在大厅首层连续2层设计，不连续设计时，最多到3层。

特点：普通楼梯间能用于疏散，但易形成烟囱效应，不利于防火、防烟，最不安全。

b.封闭楼梯间：相对于普通楼梯间，其防火能力更高但有限。

特点：封闭楼梯间可用于疏散，但受到一定限制。当建筑的设计标准不高，而且层数不多时，也可采用不设前室的封闭楼梯间，即用具有一定耐火能力的墙体和门将楼梯与走廊分隔开，使之具有一定的防烟、防火能力。

c.防烟楼梯间：有前室，自然通风或加正压送风，防火、防烟能力强，最安全。防烟剪刀楼梯间是防烟楼梯间的一种。

特点：有防烟前室。

d.建筑室外楼梯：自然通风，最安全。

②人行、车行坡道或残疾人专用坡道。

一般坡道距离太长，不做疏散使用。

③自动扶梯与普通电梯。

断电时停止使用。所处位置被四边墙体（电梯井）或防火卷帘封闭。

特点：当普通电梯设计为疏散形式电梯时，可用于疏散。

④消防电梯。

从一层运作到各层。

特点：防烟前室中，周边是防火隔墙，采用防火门。

绘图略。

9.高层建筑防火设计有何不同？垂直疏散设计有何不同？

【答案】建筑高度大于24 m且不大于50 m为二类高层公共建筑，大于27 m且不大于54 m为二类高层居住建筑，大于50 m为一类高层公共建筑，大于54 m为一类高层居住建筑，大于100 m建筑为超高层建筑。第一个避难层的楼面至消防车登高操作场地地面的高度应不大于50 m；两个避难层（间）之间的高度宜不大于50 m。建筑高度不同，防火设计耐火等级也不同。

（1）民用住宅每个单元的垂直疏散设计要求如下。

①建筑高度小于 21 m 的用普通疏散楼梯。

②建筑高度小于 33 m 的小高层，采用加乙级防火门的封闭楼梯间。

③建筑高度 33～54 m 的二类高层居住建筑，配置 1 个防烟楼梯间、1 部普通电梯、1 部消防电梯。

④建筑高度 54～100 m 的一类高层居住建筑，配置 2 个防烟楼梯间（双向疏散）、1 部普通电梯、1 部消防电梯。

⑤建筑高度大于 100 m 的高层居住建筑应设避难层。

（2）民用公共建筑每个单元的垂直疏散设计要求如下。

① 4 层及以下建筑采用普通楼梯。

②建筑高度 32 m 以下，4 层以上用封闭楼梯。

③建筑高度 32～50 m 的二类高层公共建筑，应至少配置 2 个防烟楼梯间、1 部普通电梯和消防电梯（建筑高度大于 32 m 的二类高层公共建筑，1 个防火分区设置 1 部消防电梯）。

④建筑高度 50～100 m 的一类高层公共建筑，同上。

⑤建筑高度大于 100 m 的高层公共建筑应设避难层。

10. 疏散楼梯间哪些形式能自然防烟？绘图说明。

【答案】疏散楼梯间自然防烟方式：利用楼梯间的外开窗；利用自然通风竖井防排烟；利用阳台凹廊做开敞前室；前室开窗防烟；室外疏散楼梯防烟。绘图略。

11.【判断题】构筑防火分区各个方向防火分隔构件的耐火极限应该相同。（　　　）

【答案】错。针对耐火等级，各个构件的耐火极限各不相同，如防火墙的耐火极限最高，其他构件耐火极限相对较低。

12.【判断题】一个防火分区内可包围另一个防火分区。（　　　）

【答案】对。如围绕剧院内观众大厅四周的防火分区，可设计成一个防火分区。

13.【判断题】当一个防火分区包围另一个防火分区时，只要外围防火分区满足规范要求即可。（　　　）

【答案】错。每个防火分区都应满足规范要求。

14.【判断题】从防火角度来看，同等情况下，建筑材料防火能力越差，防火分区越小。（　　　）

【答案】对。建筑材料耐火等级越差，防火能力越差，允许疏散时间就越短，要求建筑的防火分区面积也越小。

15.【判断题】火灾时，建筑内水平防火分区与竖向防火分区完全分隔。（　　　）

【答案】对。无论什么防火分区都必须进行防火分隔。

16.【判断题】防火分区必须每层设置。（　　　）

【答案】错。一栋别墅就是一个防火分区。

17.【判断题】发生火灾时，建筑内防火分区间完全断开、禁止通行。（　　　）

【答案】错。防火分区完全断开，但人员可通过防火门或屋顶向相邻防火分区疏散。

18.【判断题】高层建筑的消防控制室必定设置于建筑的首层或地下一层，且靠外墙布置。（　　）

【答案】错。可独立设置。

19.【判断题】防烟楼梯间的门一定要用乙级防火门。（　　）

【答案】错。

【解析】高度大于 100 m 的超高层中的防烟楼梯间的门应采用甲级防火门。

20.【判断题】18 层以下点式住宅可不设消防电梯。（　　）

【答案】错。规范不以建筑层数作为是否设置消防电梯的依据，而是除特殊要求外（如老年人照料设施），以建筑高度与防火分区的数量等为依据。

21.【单选题】老年人照料设施的避难间服务的护理单元不得超过（　　）个。

A.1　　　　　　　　B.2　　　　　　　　C.3　　　　　　　　D.4

【答案】B

建筑内消防设施

现代建筑室内消防立足于早期预警，对初期火灾可以主动智能化灭火。根据建筑内不同防火要求，应在室内外疏散与扑救流线上，以火灾自动报警系统作为控制核心，匹配相应的室内消防设施。

1）建筑内消防设施分类（不包含救援设施、安全疏散设施）。

（1）预警与联动设施：火灾自动报警与联动控制系统。

（2）灭火设施：灭火器、消防栓系统、自动灭火系统等。

（3）安全疏散辅助设施：应急照明，应急广播，安全疏散标志，通风、防排烟与排热设施。

（4）消防供配电设施：消防用电设备应采用专用的供电回路，当建筑内的生产、生活用电被切断时，应仍能保证消防用电。消防电源设施常有三种类型，即独立于工作电源的城市电网电源、自备柴油发电机组和应急供电电源（EPS）。平时工作或生活电源在发生灾祸时，易造成二次伤害，如厨房发生火灾，用水灭火时，易导致人员触电。此时除消防用电设备外，都必须断电。

①建筑消防负荷等级分为 4 级：特级负荷供电范围，如建筑高度大于 150 m 的工业与民用建筑；一级负荷供电范围，如一类民用高层建筑；二级负荷供电范围，如座位数大于 1500 个的电影院或剧场；三级负荷供电范围，除特级、一级、二级负荷供电范围的建筑，如储罐（区）和堆场等。

消防供电设置与敷设要求：详见《建筑防火通用规范》GB 55037—2022，10.1.1 ～ 10.1.3；《建筑设计防火规范》GB 50016—2014（2018 年版），10.1.4，10.1.7，10.1.9，10.1.10 。

②在建筑火灾延续时间内，即消防设施持续供电时间内，消防设施与供水不可中断，如泵房的供电时间等于火灾延续时间。一般民用建筑的火灾延续时间为 2 ～ 3 h。

不同建筑的设计火灾延续时间，即消防设施持续供电时间：详见《建筑防火通用规范》GB 55037—2022，10.1.5。

③建筑内消防应急照明和灯光疏散指示标志的备用电源的连续供电时间应满足人员安全疏散的要求，且不应小于 0.5 h，不应短于火灾延续时间。

建筑内消防应急照明和灯光疏散指示标志的备用电源的连续供电时间：详见《建筑防火通用规范》GB 55037—2022，10.1.4。

④可能处于潮湿环境内的消防电气设备，其外壳的防尘与防水等级：详见《建筑防火通用规范》GB 55037—2022，10.1.12。

2）建筑内消防设施对建筑防火设计的影响。

（1）帮助人员安全而快速地疏散、避难，转移重要物资。

（2）延长允许疏散时间，增加建筑灭火与救援时间。

（3）有效控制火、烟、热蔓延；利于扑灭火灾，防排烟雾。

（4）增加初期灭火概率，扩大防火分区规模。对于现代建筑，有些危险等级较高的场所，必须设置自动灭火设施，保障人员安全疏散。如商业营业厅能够按规范要求，扩大防火分区的面积，使营业厅使用空间与经济效益最大化。

（5）在火灾延续时间内，延长建筑构件的耐火极限。如在防火卷帘处安装自动喷淋设施，增加其隔热与耐热性。

（6）在每个防火分区内，根据室内外疏散与扑救流线，开辟外部疏散或扑救门窗洞口，且匹配相应的室外救援登高场地。

专业思考

1. 建筑本身的耐火等级较高，可否适当降低消防设施的配置？

【答案】不一定。耐火等级是建筑整体的耐火性能，由建筑构件的耐火极限共同决定，共分为 4 级；消防设施（如喷淋设施）能延长建筑构件的耐火极限，最终保证建筑不崩溃。消防设施的设立是为了保证场所在火灾初期能预警、延长人员逃生时间、增加主动灭火与防烟时间等。

建筑耐火等级对建筑防火是刚需，消防设施对建筑防火是锦上添花，如农村自建房，一般都没有配置现代消防设施。当然现代建筑耐火等级越高，一般要求消防设施的配置也越高，但对于具体部位，可具体配置。如戊级仓库，可不配灭火设施；对于改造建筑，如改造场所的原构件的耐火性能较高，但新的功能要求较低，可适当降低消防设施的配置。

消防设施与建筑耐火等级有一定关系，但无直接对应关系。

2. 发生建筑火灾时，哪些设施无电？哪些设施有电？如何运作？

【答案】除与消防有关的设施，都没电。应停止建筑内所有与救火、疏散无关的电源，如建筑内照明系统、自动扶梯与普通电梯、设备与电器（如空调、多媒体、配电箱等）、插座与开关等。

运作方式：以火灾自动报警与联动控制系统为控制核心，控制疏散辅助设施、扑救设施。

4.1　火灾自动报警与联动控制系统

火灾自动报警与联动控制技术是一项综合性消防技术，是现代自动消防技术的核心组成部分。火灾自动报警系统的作用是探测火灾早期特征、发出火灾报警信号，为人员疏散、防止火灾蔓延和启动自动灭火设备提供控制与指示。其涉及火灾自动报警系统类型的选择、火灾探测方法的确定、火灾探测器的选用、系统工程设计、消防设备联动控制的实现以及消防配电系统的构成等。

4.1.1　系统构建

参考规范：《火灾自动报警系统设计规范》GB 50116—2013，3.1.2，3.1.5，3.2.1 ～ 3.2.4；《消防设施通用规范》GB 55036—2022，12.0.8。

火灾自动报警系统一般应根据建筑的性质和规模，结合保护对象、火灾报警区域的划分和防火管理机构的组织形式等因素进行确定（见表 4-1）。

（1）区域报警系统：仅需要报警，不需要联动自动消防设备的保护对象宜采用区域报警系统。

该系统应由火灾探测器、手动火灾报警按钮、火灾声光警报器及火灾报警控制器等组成，还可包括消防控制室图形显示装置和指示楼层的区域显示器。

（2）集中报警系统：不仅需要报警，也需要联动自动消防设备，且只设置 1 台具有集中控制功能的火灾报警控制器和消防联动控制器的保护对象，应采用集中报警系统，并应设置 1 个消防控制室。

表 4-1　建筑规模与报警系统形式

建筑规模与报警系统形式	构建报警系统（配置消防电源）							备注
1 个大型建筑或 n 个区域（如居住小区）	控制中心报警系统							$n \geq 2$
	设置 1 个消防控制室						设置 n 个消防控制室	
规模较小的 1 个建筑或区域（如套房）	第 1 集中或区域报警系统（系统组件如下），可设置 1 个消防控制室					第 n 集中或区域报警系统		区域报警系统不包含联动消防设施
系统组件	火灾探测器；手动火灾报警按钮	火灾声光警报器及火灾报警控制器	消防应急广播	消防专用电话	消防控制室的图形显示装置	消防联动控制器		每台控制器直接连接的火灾探测器、手动报警按钮和模块等设备不应跨越避难层

该系统应由火灾探测器、手动火灾报警按钮、火灾声光警报器、消防应急广播、消防专用电话、消防控制室图形显示装置、火灾报警控制器、消防联动控制器等组成。

（3）控制中心报警系统：设置 2 个及以上消防控制室的保护对象，或已设置 2 个及以上集中报警系统的保护对象，应采用控制中心报警系统。

除消防控制室设置的火灾报警控制器和消防联动控制器外，每台控制器直接连接的火灾探测器、手动火灾报警按钮等设备不应跨越避难层。

4.1.1.1　设置场所

参考规范：《火灾自动报警系统设计规范》GB 50116—2013，1.0.2，3.1.1。

除不适合安装火灾自动报警系统的场所（如生产与贮存火药、炸药、弹药、火工品的场所）外，现代城市重要建筑与场所（包含新建、扩建和改建的建筑或构筑物），都应安装火灾自动报警系统。

应设置火灾自动报警系统的建筑或场所：详见《建筑防火通用规范》GB 55037—2022，8.3；《建筑设计防火规范》GB 50016—2014（2018 年版），8.4.2。

注意设置火灾自动报警系统的建筑或场所不一定安装或联动了灭火系统，如自动喷淋系统。火灾自动报警系统非安保监控系统。火灾报警控制器和消防联动控制器，应设置在消防控制室内或有人值班的房间和场所。

参考规范：《火灾自动报警系统设计规范》GB 50116—2013，6.1.1。

4.1.1.2　前期准备

（1）火灾自动报警系统工程图的基本内容如下。

①总平面布置图，消防中心、监控区域分区示意图，消防联动、连锁控制系统图。

②各个楼层的消防电气设备平面图。

③火灾探测器布置系统图。

④区域和集中报警系统连线示意图。

⑤火灾事故广播系统图。

⑥火灾事故照明平面布置图。

⑦疏散、诱导标志照明系统图。

⑧电动防火卷帘门连锁控制系统图。

⑨电磁连锁控制系统图。

⑩消防电梯连锁控制系统图。

⑪消防水泵连锁控制系统图。

⑫防排烟连锁控制系统图。

⑬灭火装置（设备）连锁控制系统图。

⑭消防专用电源及应急（备用）消防电源系统图。

⑮电气火灾监控系统图。

（2）消防设施专业知识。

消防设施专业知识主要包括消防泵的设置及其电气控制室与连锁要求；送风机、排风机及空调系统的设置，防烟系统的设置，以及电气控制与连锁的要求；防火卷帘门及防火门的设置及其对电气控制的要求；供、配电系统，照明与电力电源的控制及其与防火分区的配合；消防电源的配置；电气火灾监控系统等。

建筑或场所内的非消防用电负荷，要求设电气火灾监控系统，主要针对电气过载、短路等建筑火灾。一个完整的电气火灾监控系统应包括电气火灾监控设备、剩余电流探测器、剩余电流互感器等产品。

参考规范：《建筑设计防火规范》GB 50016—2014（2018年版），10.2.7；《火灾自动报警系统设计规范》GB 50116—2013，9.1.1。

①要求设置电气火灾监控系统的建筑与场所。

老年人照料设施的非消防用电负荷应设置电气火灾监控系统；电气火灾监控系统尤其适用于变电站、石油石化、冶金等不能中断供电的重要供电场所。

②宜设置电气火灾监控系统的建筑或场所。

建筑高度大于 50 m 的乙、丙类厂房和丙类仓库，室外消防用水量大于 30 L/s 的厂房（仓库）；一类高层民用建筑；座位数大于 1500 个的电影院、剧场，座位数大于 3000 个的体育馆；任一层建筑面积大于 3000 m² 的商店和展览建筑；省（市）级及以上的广播电视、电信和财贸金融建筑；室外消防用水量大于 25 L/s 的其他公共建筑；国家级文物保护单位的重点砖木或木结构的古建筑。

（3）建筑物的基本情况。

建筑性质、重要性、规模、耐火等级、场所危险等级、防火分区与投资等。

详见本书第 2 章，2.1.2.1 节。

4.1.2 设计内容

4.1.2.1 报警区域和探测区域

参考规范：《火灾自动报警系统设计规范》GB 50116—2013，3.3.1 ～ 3.3.3，附录 D。

报警区域包含多个探测区域。每个探测区域由多个探头组成。

报警区域应根据防火分区或楼层划分。一个防火分区或一个楼层划分为一个报警区域；可将发生火灾时需同时联动消防设备的相邻几个防火分区或楼层划分为一个报警区域。

探测区域的划分因火灾探测器的探测方式和所选区域而不同，如点型火灾探测器的探测区域应按独立房（套）间划分。一个探测区域的面积不宜大于 500 m²。从主要入口能看清其内部，且面积不大于 1000 m² 的房间，也可划为一个探测区域。红外光束感烟火灾探测器和缆式线型感温火灾探测器的探测区域长度不大于 100 m；空气管差温火灾探测器的探测区域长度宜为 20 ～ 100 m。

应单独划分探测区域的场所如下：①疏散流线上的安全分区与避难空间；②不易到达且隐蔽的部位，如电气管道井、通信管道井、电缆隧道、建筑物闷顶、夹层等；③指定场所。

4.1.2.2 火灾探测器

1. 类型与设置场所

参考规范：《火灾自动报警系统设计规范》GB 50116—2013，5.1.1。

火灾探测器主要用于火灾初期的探测与联动预警，常用火灾探测器设置场所如下。

（1）感烟火灾探测器，用于阴燃阶段产生大量的烟与少量的热，很少或没有火焰辐射的场所，对于阴燃阶段需要早期探测的场所，宜增设一氧化碳火灾探测器。

（2）火焰探测器，用于火灾迅速且有强烈的火焰辐射和少量烟与热的场所。

（3）感温火灾探测器，常与感烟火灾探测器、火焰探测器组合使用，用于火灾迅速且产生大量热、烟和火焰辐射的场所。

（4）可燃气体探测器，用于使用、生产可燃气体或可燃蒸气的场所。

（5）剩余电流电气火灾监控探测器，用于电气过载、短路等的场所。

同一探测区域内设置多个火灾探测器时，可选择具有复合判断火灾功能的火灾探测器和火灾报警控制器。各类型火灾探测器的设置场所如表 4-2 所示。

参考规范：《火灾自动报警系统设计规范》GB 50116—2013，5；《建筑防火通用规范》GB 55037—2022，8.3.3。

表 4-2　各类型火灾探测器的设置场所

火灾探测器类型	设置场所	《火灾自动报警系统设计规范》GB 50116—2013 条款	备注
点型感烟火灾探测器	宜选择的场所：饭店、旅馆、教学楼、办公楼的厅堂、卧室、办公室、商场、列车载客车厢等；计算机房、通信机房、电影或电视放映室等；楼梯、走道、电梯机房、车库等；书库、档案库等	5.2.2	
点型离子感烟火灾探测器	不宜选择的场所：相对湿度经常大于 95%；气流速度大于 5 m/s；有大量粉尘、水雾滞留；可能产生腐蚀性气体；在正常情况下有烟滞留；产生醇类、醚类、酮类等有机物质	5.2.3	
点型光电感烟火灾探测器	不宜选择的场所：有大量粉尘、水雾滞留；可能产生蒸气和油雾；高海拔地区；在正常情况下有烟滞留	5.2.4	
间断吸气的点型采样吸气式感烟火灾探测器或具有过滤网和管路自清洗功能的管路采样吸气式感烟火灾探测器	污物较多且必须安装感烟火灾探测器的场所	5.2.13	
点型感温火灾探测器	宜选择的场所：相对湿度经常大于 95%；可能发生无烟火灾；有大量粉尘；吸烟室等在正常情况下有烟或蒸气滞留；厨房、锅炉房、发电机房、烘干车间等不宜安装感烟火灾探测器的场所；需要联动熄灭"安全出口"标志灯的安全出口内侧；其他无人滞留且不适合安装感烟火灾探测器，但发生火灾时需要及时报警的场所	5.2.5	应根据使用场所的典型应用温度和最高应用温度选择适当类别的点型感温火灾探测器
	可能产生阴燃火或发生火灾不及时报警将造成重大损失的场所，不宜选择	5.2.6	
定温探测器	温度在 0 ℃以下的场所，不宜选择	5.2.6	
具有差温特性的探测器	温度变化较大的场所，不宜选择	5.2.6	
点型火焰探测器或图像型火焰探测器	宜选择的场所：火灾时有强烈的火焰辐射；可能发生液体燃烧等无阴燃阶段的火灾；需要对火焰做出快速反应	5.2.7	
	不宜选择的场所：在火焰出现前有浓烟扩散；探测器的镜头易被污染；探测器的"视线"易被油雾、烟雾、水雾和冰雪遮挡；探测区域内的可燃物是金属和无机物；探测器易受阳光、白炽灯等光源直接或间接照射	5.2.8	
单波段红外火焰探测器	探测区域内正常情况下有高温物体的场所，不宜选择	5.2.9	
紫外火焰探测器	正常情况下有明火作业，探测器易受 X 射线、弧光和闪电等影响的场所，不宜选择	5.2.10	

火灾探测器类型		设置场所	《火灾自动报警系统设计规范》GB 50116—2013 条款	备注
可燃气体探测器		宜选择的场所：使用可燃气体的场所，住宅建筑的燃气用气部位；燃气站和燃气表房以及存储液化石油气罐的场所；其他散发可燃气体和可燃蒸气的场所	5.2.11	《建筑防火通用规范》GB 55037—2022，8.3.3
点型一氧化碳火灾探测器		可选择的场所：烟不容易对流或顶棚下方有热屏障的场所；在棚顶上无法安装其他点型火灾探测器的场所；需要多信号复合报警的场所；可设置在气体能够扩散到的任何部位	5.2.12，6.2.13	
线型火灾探测器	线型光束感烟火灾探测器	无遮挡的大空间或有特殊要求的房间，宜选择	5.3.1	
		不宜选择的场所：有大量粉尘、水雾滞留；可能产生蒸气和油雾；在正常情况下有烟滞留；固定探测器的建筑结构由于振动等原因会产生较大位移的场所	5.3.2	
	缆式线型感温火灾探测器	宜选择的场所：电缆隧道、电缆竖井、电缆夹层、电缆桥架；不易安装点型探测器的夹层、闷顶；各种皮带输送装置；其他环境恶劣不适合点型探测器安装的场所	5.3.3	
	线型光纤感温火灾探测器	宜选择的场所：除液化石油气外的石油储罐；需要设置线型感温火灾探测器的易燃易爆场所；需要监测环境温度的地下空间等场所宜设置具有实时温度监测功能的线型光纤感温火灾探测器；公路隧道、敷设动力电缆的铁路隧道和城市地铁隧道等	5.3.4	
	线型定温火灾探测器	应保证其不动作温度符合设置场所的最高环境温度的要求	5.3.5	
吸气式感烟火灾探测器	吸气式感烟火灾探测器	宜选择的场所：具有高速气流的场所；点型感烟、感温火灾探测器不适宜的大空间、舞台上方、建筑高度超过12 m或有特殊要求的场所；低温场所；需要进行隐蔽探测的场所；需要进行火灾早期探测的重要场所；人员不宜进入的场所	5.4.1	
	没有过滤网和管路自清洗功能的管路采样式吸气感烟火灾探测器	灰尘比较大的场所，不应选择	5.4.2	

2. 点型火灾探测器的布置与安装

1）点型火灾探测器的保护面积和保护半径。

点型火灾探测器的保护面积和保护半径如表4-3所示。

表4-3　点型火灾探测器的保护面积和保护半径

火灾探测器的种类	地面面积 S/m^2	房间高度 h/m	一个探测器的保护面积 A 和保护半径 R					
			屋顶坡度 θ					
			$\theta \leq 15°$		$15° < \theta \leq 30°$		$\theta > 30°$	
			A/m^2	R/m	A/m^2	R/m	A/m^2	R/m
感烟火灾探测器	$S \leq 80$	$h \leq 12$	80	6.7	80	7.2	80	8.0
	$S > 80$	$6 < h \leq 12$	80	6.7	100	8.0	120	9.9
		$h \leq 6$	60	5.8	80	7.2	100	9.0
感温火灾探测器	$S \leq 30$	$h \leq 8$	30	4.4	30	4.9	30	5.5
	$S > 30$	$h \leq 8$	20	3.6	30	4.9	40	6.3

注：点型感温火灾探测器可分为A1、A2、B、C、D、E、F、G。

参考规范：《火灾自动报警系统设计规范》GB 50116—2013，6.2.2。

2）一般安装原则。

点型火灾探测器宜居中布置于火灾突发时，烟、热最易到达或能在短时间内聚积的地方，同时易于检修，但普通人员不易触及的地方。布置位置应不易受环境干扰（如阳光、灯光、化学实验），布线方便且安装美观。

3）影响探测效果的主要因素。

参考规范：《火灾自动报警系统设计规范》GB 50116—2013，5.1.1。

应根据保护场所可能发生火灾的部位和燃烧材料的分析，以及火灾探测器的类型、灵敏度和响应时间等选择相应的火灾探测器以及安装方式。对火灾形成特征不可预料的场所，可根据模拟试验的结果来选择。

（1）高度。

参考规范：《火灾自动报警系统设计规范》GB 50116—2013，5.2.1。

对不同高度的房间点型火灾探测器的选择如表4-4所示。

表4-4　对不同高度的房间点型火灾探测器的选择

房间高度 h/m	点型感烟火灾探测器	点型感温火灾探测器			火焰探测器
		A1、A2	B	C、D、E、F、G	
$12 < h \leq 20$	不适合	不适合	不适合	不适合	适合
$8 < h \leq 12$	适合	不适合	不适合	不适合	适合
$6 < h \leq 8$	适合	适合	不适合	不适合	适合
$4 < h \leq 6$	适合	适合	适合	不适合	适合
$h \leq 4$	适合	适合	适合	适合	适合

（2）温度（温度敏感度范围）。

参考规范：《火灾自动报警系统设计规范》GB 50116—2013，附录 C。

对不同温度的房间，应配置不同的点型感温火灾探测器。

4）具体位置的布设要求。

（1）突出顶棚的梁高：详见《火灾自动报警系统设计规范》GB 50116—2013，6.2.3，附录 G。

（2）内走道：详见《火灾自动报警系统设计规范》GB 50116—2013，6.2.4。

（3）与梁、墙等的水平距离：详见《火灾自动报警系统设计规范》GB 50116—2013，6.2.5～6.2.6。

（4）室内有隔断：详见《火灾自动报警系统设计规范》GB 50116—2013，6.2.7。

（5）风口：详见《火灾自动报警系统设计规范》GB 50116—2013，6.2.8。

（6）至顶棚或屋顶的距离：详见《火灾自动报警系统设计规范》GB 50116—2013，6.2.9。

（7）屋顶角度与安装角度：详见《火灾自动报警系统设计规范》GB 50116—2013，6.2.10～6.2.11。

（8）机井：详见《火灾自动报警系统设计规范》GB 50116—2013，6.2.12。

（9）格栅吊顶场所：详见《火灾自动报警系统设计规范》GB 50116—2013，6.2.18；详见本书第 5 章，5.2.4.1 节。

3. 其他类型设置要求

（1）火焰探测器和图像型火灾探测器：详见《火灾自动报警系统设计规范》GB 50116—2013，6.2.14。

（2）线型光束感烟火灾探测器：详见《火灾自动报警系统设计规范》GB 50116—2013，6.2.15。

（3）线型感温火灾探测器：详见《火灾自动报警系统设计规范》GB 50116—2013，6.2.16。

（4）管路采样式吸气感烟火灾探测器：详见《火灾自动报警系统设计规范》GB 50116—2013，6.2.17。

4.1.2.3　其他设施

1. 火灾警报器与手动火灾报警按钮

参考规范：《消防设施通用规范》GB 55036—2022，12.0.1，12.0.5，12.0.7，12.0.8；《火灾自动报警系统设计规范》GB 50116—2013，4.8.3，4.8.6，6.3.1，6.3.2，6.5.1，6.5.3。

火灾警报器分为声、光警报器；光警报器应设在每个楼层的建筑内部拐角、楼梯口、消防电梯前室等处的明显部位，且不宜与安全出口指示标志灯具设置在同一面墙上。

壁挂式安装警报器，其底边距楼层高度应大于 2.2 m。触发方式分为自动和手动，其中壁挂式安装手动报警按钮应有明显的标志，底边距楼层高度宜为 1.3～1.5 m。

每个防火分区或楼层应至少设置 1 个手动火灾报警按钮，区域内的任何位置到最邻近的手动火灾报警按钮的步行距离应不大于 30 m，且宜设在疏散通道或出入口处等明显和便于操作的部位。

2. 火灾应急广播系统

参考规范：《消防设施通用规范》GB 55036—2022，12.0.9；《火灾自动报警系统设计规范》GB 50116—2013，4.8.8～4.8.11，6.6.1～6.6.2。

一旦发生火灾，可以通过应急广播及时通报火灾现场情况，并辅以适当的疏散指令，使建筑物内部人员的情绪得以稳定，应急疏散得以有序进行。

民用建筑内的扬声器应设置在走道和大厅等公共场所，其数量应保证在防火分区内的任何位置距最近扬声器的直线距离不大于 25 m，走道末端距最近的扬声器不大于 12.5 m。

壁挂扬声器的底边距地面高度应大于 2.2 m。

3. 消防专用电话的设置

参考规范：《火灾自动报警系统设计规范》GB 50116—2013，6.7。

4. 防火门监控器的设置

参考规范：《火灾自动报警系统设计规范》GB 50116—2013，6.11。

4.1.3 消防控制室

消防控制室是现代建筑物内消防设施的显示控制中心，是火灾扑救的指挥中心，是保障建筑安全的重要部门。设置有火灾自动报警系统与联动控制消防设备的建筑（群）应设置消防控制室。

消防控制室的布置与防火构造：详见本书第 3 章，3.2.2.1 节。

消防控制室内部设备的布置：详见《火灾自动报警系统设计规范》GB 50116—2013，3.4.3，3.4.5，3.4.7，3.4.8。

消防管理与设备运作要求：详见《火灾自动报警系统设计规范》GB 50116—2013，3.4，附录 A，附录 B。

4.1.4 住宅要求

住宅高度与火灾自动报警系统设置要求如表 4-5 所示。

表 4-5　住宅高度与火灾自动报警系统设置要求

住宅高度	设置要求		备注
＞100 m	应设置火灾自动报警系统	公共部位应设置具有语音功能的火灾声警报装置或应急广播	《建筑设计防火规范》GB 50016—2014（2018 年版），8.4.2
＞54 m 但≤100 m	公共部位应设置火灾自动报警系统，套内宜设置火灾探测器		
≤54 m	公共部位宜设置火灾自动报警系统；当设置需联动控制的消防设施时，公共部位应设置火灾自动报警系统		

参考规范：《火灾自动报警系统设计规范》GB 50116—2013，7.1.1～7.6.5。

（1）根据住宅建筑的不同规模、高度等因素，报警系统可分为 4 个系统。有物业集中监控管理且设有需联动控制的消防设施的住宅建筑应选 A 类系统；仅有物业集中监控管理的住宅建筑宜选用 A 类或 B 类系统；没有物业集中监控管理的住宅建筑宜选用 C 类系统；别墅式住宅和已投入使用的住宅建筑可选用 D 类系统。

（2）住宅建筑每间卧室或起居室都应至少设置一个感烟火灾探测器，厨房应设置可燃气体探测器。

（3）住宅建筑的声警报器应设置于公共部位；每台警报器覆盖的楼层不大于 3 层，且首层明显部位应设置手动火灾报警按钮。

（4）每台扬声器覆盖的楼层不大于 3 层；广播功率放大器应设置在首层内走道侧面墙上，箱体面板上应有防止非专业人员打开的措施。

专业思考

1.【判断题】建筑有火灾自动报警系统，就一定能进行初期火灾的灭火。（   ）

【答案】错。报警系统与消防灭火系统不是一个系统，除非联动控制。

2.【判断题】建筑内所有地方都可以加烟雾报警装置。（   ）

【答案】错。建筑单层太高时，烟雾报警装置无用，如高铁大厅。

3.【判断题】建筑内所有地方都可以加火灾报警装置。（   ）

【答案】错。详见《火灾自动报警系统设计规范》GB 50116—2013，1.0.2，如火药厂不允许加火灾报警装置。

4.【单选题】火灾探测器周围（   ）m 内不应有遮挡物。

A.2.0　　　　　　　B.3.0　　　　　　　C.1.0　　　　　　　D.0.5

【答案】D

4.2　灭火设施

参考规范：《建筑防火通用规范》GB 55037—2022，8.1。

室内配置何种灭火设施，应依据建筑性质、高度、规模、火灾危险等级、消防器材装备的性能等因素，在经济条件允许的情况下，经综合评估，最终设立相应的消防灭火设施。

灭火设施指用灭火剂灭火的系统，即用水、干粉、惰性气体等物质进行灭火的设备总称。一般民用建筑内的灭火设施可分为 4 类：灭火器、消火栓系统、自动喷水灭火系统、非水灭火剂的固定灭火系统或消防沙箱。

根据民用建筑或场所的不同情况，匹配一种或多种灭火设施，以应对不同性质或危害程度的火灾。如多层住宅初期小火可用灭火器，大火则用消防栓灭火，可不配置气体灭火系统；华中科技大学国家级光电实验大楼同时配有灭火器或消防沙箱、消火栓系统、自动喷水灭火系统与室内非水灭火剂的固定灭火系统，其中气体灭火系统设置在特定区域。

最佳的灭火设施组合不一定要选择最好的灭火设施，而是要选择最合适的灭火设施，如此既能节省资源，又能达到建筑本身防与救的最大费效比。灭火设施配置的主要影响因素如下。

（1）室外消防设施扑救能力与建筑高度：详见本书第 2 章，2.2.2 节。

（2）场所危险等级与匹配的灭火剂：详见本书第 1 章，1.2 节；《建筑防火通用规范》GB 55037—2022，8.1.3。

根据场所危险等级应匹配相应的灭火剂，保证其使用时不会产生燃烧、爆炸等化学反应，且储存环境温度应能确保灭火剂储存装置安全、可靠运行；灭火设施应满足在正常环境条件下的安全使用要求。

（3）具体场所：详见《建筑防火通用规范》GB 55037—2022，8.1.9。

除建筑内的游泳池、浴池、溜冰场可不设置自动灭火系统外，其他具体场所应具体配置，如地下人民防空工程、木结构建筑或餐饮类的厨房等特定建筑与部位。

4.2.1 灭火器

灭火器是一种使用广泛、便于移动的应急灭火器材，主要用于扑救初期火灾。灭火器的选择应考虑下列因素。

（1）火灾场所危险等级与火灾类型。

参考规范：《建筑灭火器配置设计规范》GB 50140—2005，附录 C，附录 D。

配置灭火器的场所最高危险等级可达到严重危险级。

（2）灭火器的灭火效能和通用性。

在同一灭火器配置场所，宜选用相同类型和操作方法的灭火器。当同一灭火器配置场所存在不同火灾种类时，应选用通用型灭火器；在同一灭火器配置场所选用 2 种或 2 种以上类型的灭火器时，应采用灭火剂相容的灭火器。

不相容的灭火剂类型举例：详见《建筑灭火器配置设计规范》GB 50140—2005，4.1，附录 E。

（3）灭火剂对保护物品的污损程度。

（4）灭火器设置点的环境温度。

（5）使用灭火器人员的体能。

参考规范：《建筑灭火器配置设计规范》GB 50140—2005，4.1.1。

4.2.1.1 设置场所

参考规范：《建筑防火通用规范》GB 55037—2022，8.1.1；《建筑设计防火规范》GB 50016—2014（2018年版），8.1.10；《建筑灭火器配置设计规范》GB 50140—2005，附录 C，附录 D。

除地铁区间、综合管廊的燃气舱和住宅建筑套内可不配置灭火器外，建筑内均应配置灭火器；公共建筑与高层住宅的公共部位应配置灭火器，其他住宅类型的公共部位宜配置灭火器。

4.2.1.2 配置类型

参考规范：《消防设施通用规范》GB 55036—2022，10.0.1；《建筑灭火器配置设计规范》GB 50140—2005 4.2，附录 F。

场所内火灾类型与配套的灭火器类型如表 4-6 所示。

表 4-6　场所内火灾类型与配套的灭火器类型

场所内火灾类型	灭火器的类型	备注	
A 类	水型灭火器、磷酸铵盐干粉灭火器、泡沫灭火器或卤代烷灭火器	应选择同时适用于 A 类、E 类火灾的灭火器	①非必要场所不应配置卤代烷灭火器。非必要场所的举例见本规范附录 F。②当灭火器配置场所存在多种火灾时，应选用能同时扑救该场所所有种类火灾的灭火器
B 类	泡沫灭火器、碳酸氢钠干粉灭火器、磷酸铵盐干粉灭火器、二氧化碳灭火器、灭 B 类火灾的水型灭火器或卤代烷灭火器；极性溶剂的 B 类火灾场所应选择灭 B 类火灾的抗溶性灭火器		
C 类	磷酸铵盐干粉灭火器、碳酸氢钠干粉灭火器、二氧化碳灭火器或卤代烷灭火器		
D 类	金属火灾的专用灭火器		
E 类	磷酸铵盐干粉灭火器、碳酸氢钠干粉灭火器、卤代烷灭火器或二氧化碳灭火器，但不得选用装有金属喇叭喷筒的二氧化碳灭火器	带电设备电压超过 1 kV 且灭火时不能断电的场所不应使用灭火器带电扑救	
F 类		应选择适用于 E 类、F 类火灾的灭火器	

4.2.1.3　配置基准

参考规范：《建筑灭火器配置设计规范》GB 50140—2005，第 5 章，第 6 章。

（1）一个计算单元内配置的灭火器数量不得少于 2 具。

计算单元：详见《建筑灭火器配置设计规范》GB 50140—2005，7.2～7.3。

（2）每个设置点的灭火器数量不宜多于 5 具。

（3）当住宅楼每层的公共部位建筑面积超过 100 m² 时，应配置 1 具 1A 的手提式灭火器；每增加 100 m² 时，增配 1 具 1A 的手提式灭火器。

（4）A、B、C 类场所单具灭火器最大保护距离、灭火等级与保护面积如表 4-7、表 4-8 所示。

表 4-7　A 类场所单具灭火器最大保护距离、灭火等级与保护面积

危险等级	手提式灭火器最大保护距离 /m	推车式灭火器最大保护距离 /m	单具灭火器的最小灭火等级	单位灭火级别最大保护面积 /（m²/A）
严重危险级	15	30	3A	50
中危险级	20	40	2A	75
轻危险级	25	50	1A	100

表 4-8 B、C 类场所单具灭火器最大保护距离、灭火等级与保护面积

危险等级	手提式灭火器最大保护 距离 /m	推车式灭火器最大保护 距离 /m	单具灭火器的最小灭火 等级	单位灭火级别最大保护 面积 / (m²/B)
严重危险级	9	18	89B	0.5
中危险级	12	24	55B	1.0
轻危险级	15	30	21B	1.5

注：D 类火灾场所的灭火器，其最大保护距离与灭火器最低配置基准应根据具体情况研究确定；E 类火灾场所的灭火器，其最大保护距离与灭火器最低配置基准不应低于该场所内 A 类或 B 类火灾的规定。

4.2.1.4 设置点要求

参考规范：《消防设施通用规范》GB 55036—2022，10.0.4 ~ 10.0.5；《建筑灭火器配置设计规范》GB 50140—2005，第 5 章。

（1）灭火器应设置在明显和便于取用的地点，且不得影响安全疏散。

（2）对有视线障碍的灭火器设置点，应设置指示其位置的发光标志。

（3）灭火器的摆放应稳固，其铭牌应朝外。手提式灭火器宜设置在灭火器箱内或挂钩、托架上，其顶部离地面高度不应大于 1.5 m；底部离地面高度不宜小于 0.08 m。灭火器箱不应上锁。

（4）灭火器不应设置在潮湿、强腐蚀性或超出其使用温度范围的地点；当必须设置时，应有相应的保护措施。灭火器设置在室外时，亦应有相应的保护措施。

4.2.2 消防给水系统

4.2.2.1 室内消防水源

（1）室内消防水源类型如下。

①市政（消防）给水网供水，包含生活用水。

②消防水池、（高位）消防水箱、水塔。

③室外消防栓。

④天然水源，包含水井、景观水体等。

（2）室内消防水源供水方式如下。

①消防水池或消防水箱内的容量只能维持建筑 10 min 内的灭火供水。

② 10 min 后的灭火供水：a. 由市政给水管网持续供水，再输送到需要灭火处；b. 由室外消防栓或天然水源通过室外水泵接合器向室内消防给水系统供水。

③无法由市政给水管网保持供水的情况，则由辖区内应急水源（如天然水源），通过消防车提供动力供水。

4.2.2.2　消防水泵与消防水泵房

消防水泵是消防给水系统的动力心脏，是把消防水源的水加压输送到灭火设施处的动力设备。消防水泵房是安装水泵等动力设备及其他附属设备的场所。消防水泵房宜与生活、生产水泵房合建，以节约投资，方便管理。设计上除了满足一般水泵房的要求，还应满足消防水泵房的布置和防火分隔要求。具体如下。

参考规范：《建筑防火通用规范》GB 55037—2022，4.1.7。

（1）如独立建造，泵房耐火等级不应低于二级。

（2）除地铁工程、水利水电工程和其他特殊工程中的地下消防水泵房外，附设在其他建筑物内的消防水泵房，不应设在地下三层及以下，或室内地面与室外出入口地坪高差大于 10 m 的地下楼层。同时泵房应采用耐火极限不小于 2.0 h 的隔墙和不小于 1.50 h 的楼板。其疏散门应直通室外或安全出口，且开向疏散走道的门应用甲级防火门或防火窗。

（3）消防水泵房室内有防水淹措施且室内环境温度不小于 5 ℃。

（4）消防水泵房顶棚、墙面和地面内部装修材料的燃烧性能均应为 A 级。

消防水泵防火装修：详见《建筑防火通用规范》GB 55037—2022，6.5.4。

消防水泵的消防供电与照明：详见《建筑防火通用规范》GB 55037—2022，10.1.6，10.1.11。

消防水泵要求：详见《消防给水及消火栓系统技术规范》GB 50974—2014，5.1。

稳压泵要求：详见《消防给水及消火栓系统技术规范》GB 50974—2014，5.3。

室内消防给水管网要求：详见《消防给水及消火栓系统技术规范》GB 50974—2014，8.1.5～8.1.8。

消防电气设备（可能处于潮湿环境内）外壳的防尘与防水等级：详见《建筑防火通用规范》GB 55037—2022，10.1.12。

4.2.2.3　水泵接合器

水泵接合器的设置位置分为两种：①设置在室内消防栓箱体内的出水口，灭火时连接水龙带；②设置在建筑外，作为向建筑物内的消防给水管网输送消防用水的预留接口。设置室外水泵结合器的主要目的是，针对极端情况如水泵故障、检修、停电，或较大火灾时消防供水量不足，可利用消防车从室外消防水源抽水，通过室外水泵接合器向室内消防给水管网提供或补充消防用水。

（1）应设置室内外水泵接合器的建筑或场所：详见《建筑防火通用规范》GB 55037—2022，8.1.12。

（2）水泵接合器设置要求：详见《消防给水及消火栓系统技术规范》GB 50974—2014，5.4.3～5.4.9；《建筑设计防火规范》GB 50016—2014（2018 年版），8.1.11～8.1.12。

①水泵接合器有 3 种类型。a. 室外地上式，匹配于南方，无供暖区。b. 室外地下式，多匹配于北方，有供暖区，地下消防水泵接合器的安装，应使进水口与井盖底面的距离不大于 0.40 m，且不应小于井盖的半径。c. 墙壁式，设置于建筑室内外。墙壁消防水泵接合器的安装高度距地面宜为 0.70 m，与墙面上的门、窗、孔、洞的净距离应不小于 2.0 m。不应安装在玻璃幕墙、发生火灾时可能脱落的墙体装饰材料或构造下方，应设置在距离建筑外墙相对安全的位置或采取安全防护措施。

②室外水泵接合器应在建筑室外就近设置，便于消防车使用，且距室外消火栓或消防水池的距离不小于 15 m，并不大于 40 m，且均应设置区别于环境的明显标志。

4.2.3　消火栓系统

室内消火栓系统是建筑物内最主要的灭火设施，特别是一类高层建筑的室内消火栓灭火系统在整个超高层灭火过程中起主导作用。

参考规范：《消防给水及消火栓系统技术规范》GB 50974—2014，7.1，7.4.13。

消火栓系统分为湿式消火栓系统和干式消火栓系统。市政消火栓与建筑室外消火栓应采用湿式消火栓系统，室内温度不大于 4 ℃，或不小于 70 ℃，应采用干式消火栓系统。

受温度影响不能采用湿式消火栓系统的场所，宜采用干式消火栓系统，其系统充水时间不应大于 5 min，如冬季结冰地区的城市隧道。

建筑高度不大于 27 m 的多层住宅设置室内湿式消火栓有困难时，可设置干式消防竖管。干式消防竖管宜设置在楼梯间休息平台，且仅应配置消火栓栓口；干式消防竖管应设置消防车供水接口，消防车供水接口应设置在首层便于消防车接近且安全的地点；竖管顶端应设置自动排气阀。

4.2.3.1　设置场所

（1）消火栓系统的设置场所：详见《建筑防火通用规范》GB 55037—2022，8.1.7。

（2）宜设置室内消火栓系统的场所：国家级文物保护单位的重点砖木或木结构的古建筑等（详见《建筑设计防火规范》GB 50016—2014（2018 年版），8.2.3）。

（3）可不设置室内消火栓系统的场所：不适合用水保护或灭火的场所、远离城镇且无人值守的独立建筑、散装粮食仓库、金库等。

（4）可不设置室内消火栓系统，但宜设置消防软管卷盘或轻便消防水龙的场所：高层住宅建筑的户内、粮食仓库、金库、远离城镇且无人值班的独立建筑等（详见《建筑设计防火规范》GB 50016—2014（2018 年版），8.2.2）。

（5）除设置室内消火栓系统外，还应单独增设消防软管卷盘或轻便消防水龙的场所：避难间、老年人照料设施的客房、建筑面积大于 200 m² 的商业服务网点、避难层、人员密集的公共建筑、建筑高度大于 100 m 的建筑、建筑施工现场（详见《建筑防火通用规范》GB 55037—2022，7.1.15，7.1.16，11.0.2；《建筑设计防火规范》GB 50016—2014（2018 年版）8.2.4）。

4.2.3.2　系统组件与配置要求

室内消火栓灭火系统一般由消火栓箱、消防管道、消防水池、高位消防水箱、水泵接合器及水泵等组成。

参考规范：《消防给水及消火栓系统技术规范》GB 50974—2014，7.4.2。

消火栓箱主要尺寸为 800 mm×650 mm×240 mm 和 1200（1500、1600、1800）mm×700 mm×240 mm。其内包含消火栓、消防水带（长度宜不大于 25 m）、消防按钮、消防软管卷盘（长度宜为 30 m）、水枪、灭火器。

4.2.3.3　消火栓箱的位置与设置要求

参考规范：《消防给水及消火栓系统技术规范》GB 50974—2014，7.4.4～7.4.15。

原则上要求平面的任何部位都应满足有 2 支消防水枪的 2 股充实水柱能同时达到的目标，但建筑高度不大于

24.0 m 且体积不大于 5000 m³ 的多层仓库，建筑高度不大于 54 m 且每单元设置一部疏散楼梯的住宅，或可采用 1 支消防水枪的场所，可采用 1 支消防水枪的 1 股充实水柱到达室内任何部位的方案。

消火栓按 2 支消防水枪的 2 股充实水柱布置的建筑物，消火栓的布置间距不大于 30.0 m；消火栓按 1 支消防水枪的 1 股充实水柱布置的建筑物，消火栓的布置间距不大于 50.0 m。

建筑内设置消火栓的位置，应该明显且易于取用，以便于火灾扑救。建筑内应设置消火栓的位置如下。①设备层、避难区与停机坪。②每层平面的楼梯间及其休息平台和前室、走道等（见图 4-1）。③具体场所，如跃层住宅或商业网点的室内消火栓宜设置在户门附近，且至少应有 1 股充实水柱到达室内任何部位。④观众厅室内。

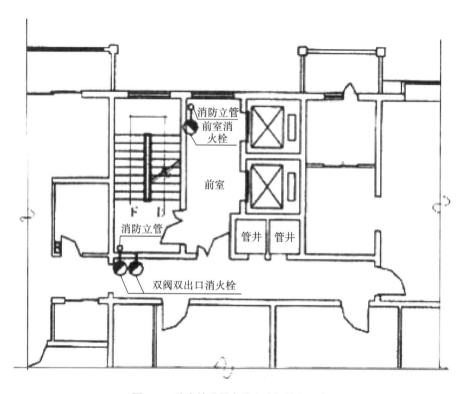

图 4-1 消火栓设置在住宅防烟前室示意

消火栓箱的设置点不应影响安全疏散，也不应被门的开关影响；不应被遮挡、圈占、埋压；消火栓外应有明显标志；消火栓箱不应上锁，消火栓箱内配置的器材应配置齐全，系统应保持正常工作状态。

4.2.4 自动灭火系统

参考规范：《建筑设计防火规范》GB 50016—2014（2018 年版），8.3；《建筑防火通用规范》GB 55037—2022，8.1.8 ～ 8.1.10。

自动灭火系统包括：自动喷水灭火系统、气体灭火系统、泡沫灭火系统。

除散装粮食仓库，建筑内的游泳池、浴池、溜冰场，敞开式汽车库可不设置自动灭火系统外，其他场所均应根据需要设置自动灭火系统。

4.2.4.1 自动喷水灭火系统

火灾初期，着火面积小，使用自动喷水灭火系统，直面着火点，可以迅速灭火，灭火成功率高达90%以上。自动喷水灭火系统损失小，无人员伤亡，用水量少，但工程造价高。

1. 设置场所

参考规范：《自动喷水灭火系统设计规范》GB 50084—2017，3.0.1～3.0.3，4.1.2，附录A；《建筑防火通用规范》GB 55037—2022，8.1.9。

除建筑内的游泳池、浴池、溜冰场可不设置自动灭火系统外，自动喷水灭火系统适用于各类民用与工业建筑，如建筑物性质重要或火灾危险性较大的场所；人员集中、不易疏散的场所；外部增援灭火与救生较困难的场所。自动喷水灭火系统不适用于存有较多危险品的场所，如存放遇水发生爆炸或加速燃烧的物品的场所；存放遇水发生剧烈化学反应或产生有毒有害物质的物品的场所；洒水将导致喷溅或沸溢的液体的场所。

固定消防炮系统设置场所：详见《建筑设计防火规范》GB 50016—2014（2018年版），8.3.5。

水幕系统设置场所：详见《建筑设计防火规范》GB 50016—2014（2018年版），8.3.6。

雨淋自动喷水灭火系统设置场所：详见《建筑防火通用规范》GB 55037—2022，8.1.11。

水喷雾灭火系统设置场所：详见《建筑设计防火规范》GB 50016—2014（2018年版），8.3.8。[1]

2. 常见类型

参考规范：《自动喷水灭火系统设计规范》GB 50084—2017，4.2。

（1）闭式自动喷水灭火系统。

闭式自动喷水灭火系统可分为湿式自动喷水灭火系统、干式自动喷水灭火系统、干湿式自动喷水灭火系统、预作用自动喷水灭火系统、自动喷水－泡沫联用灭火系统、重复启闭预作用灭火系统、大空间消防炮自动灭火系统。

①湿式自动喷水灭火系统。管道加压有水，反应及时；易渗漏且会对环境与装修产生不利影响；适用温度4～70℃。包含组件：湿式报警阀组、水流指示器、信号阀、闭式喷头、报警阀后管道、水源。

②干式自动喷水灭火系统。管道充气无水，反应迟缓；适用于无采暖区和环境温度小于4 ℃或大于70 ℃的场所。包含组件：干式报警阀组、水流指示器、信号阀、闭式喷头、报警阀后管道、补气装置、水源。

③预作用自动喷水灭火系统。适用于系统处于准工作状态时严禁误喷或严禁管道充水的场所；替代干式系统的场所。管道无水无压，报警后反应。

（2）开式自动喷水灭火系统。

开式自动喷水灭火系统可分为雨淋式、泡沫雨淋式、水幕式、水喷雾式、细水雾式等。

①雨淋式自动喷水灭火系统。使用时保护区域所有喷头同时喷水，水量大，灭火及时。

②水喷雾式自动喷水灭火系统。使用时喷出水雾，粒径不大于1 mm，对室内设备与装修的影响较小，不会造成液体飞溅，电气绝缘性好。能扑灭固体火灾、可燃液体火灾、电气火灾。

③水幕式自动喷水灭火系统。适用于无法硬隔断处。喷头沿线状布置，喷水形成水帘式。水幕式自动喷水灭

1　固定消防炮系统设置场所与水喷雾灭火系统设置场所，在《建筑设计防火规范》GB 50016—2014（2018年版），8.3.5，8.3.9条例中虽然已被废除，但本书成书时，并未有新的规范对此进行约束，故沿用部分原规范。

火系统不是直接用来灭火,而是与防火卷帘、防火幕配合使用,用于防火隔断、局部降温,如舞台与观众间的隔离水帘。

3. 喷头类型与布置

参考规范:《自动喷水灭火系统设计规范》GB 50084—2017,6.1。

喷头在自动喷水灭火系统中,既是火警探头,又是灭火喷头。发生火灾时,部分水用于向上打湿顶棚或吊顶,防止火灾向上蔓延;部分水用于向下控火与灭火。

(1)喷头类型。

①闭式喷头。闭式喷头在系统中担负着探测火灾、启动系统和喷水灭火的任务。按其热敏元件分类有玻璃泡喷头与易熔元件喷头。

②开式喷头。去掉热敏元件与密封组件的喷头即开式喷头,其类型有开式洒水喷头、水幕喷头、喷雾喷头。

③按安装方式分为下垂型、直立型、边墙型、吊顶型喷头。

(2)喷头布置。

参考规范:《自动喷水灭火系统设计规范》GB 50084—2017,第7章。

喷头布置方式与建筑设计、装修设计有密切关系,还受场所的火灾危险等级、洒水喷头类型和工作压力影响。

①平面布置方式有正方形、长方形、菱形布置(见图4-2)。不论是消防喷淋在同一支管上,还是相邻管上2个喷头之间,喷头之间的最大间距以3～4.4 m为宜,且不应小于1.8 m。喷头之间的最大间距因场所危险等级不同而变化,同时喷头之间的距离不能过小,避免因一个喷头爆裂后喷水降温,导致周围喷头因水压不能爆裂,影响灭火效果。

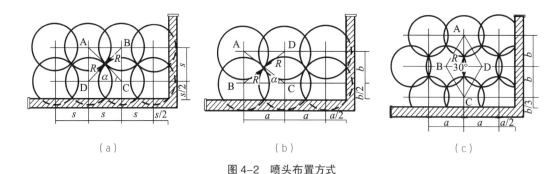

图4-2　喷头布置方式

(a)正方形布置; (b)长方形布置; (c)菱形布置

(图片来源:《建筑防火设计(第二版)》)

②直立型、下垂型标准覆盖面积洒水喷头的布置:详见《自动喷水灭火系统设计规范》GB 50084—2017,7.1.2。

③一个报警阀组控制的喷头数,对于湿式系统、预作用系统不宜大于800只,对于干式系统不宜大于500只。

4.2.4.2　使用非水灭火剂的固定灭火系统

(1)使用非水灭火剂的固定灭火系统的类型。

①使用非水灭火剂的固定灭火系统通常分为二氧化碳灭火系统、干粉灭火系统、混合气体灭火系统、气溶胶灭火系统等。常用气体灭火剂包括卤代烷、二氧化碳（CO_2）、蒸汽（水蒸气）、混合气体。

不适合用水作为灭火剂的场所，应使用气体灭火系统。如金属钠遇水会产生化学反应，引发剧烈燃烧和爆炸；电气遇水会对消防人员造成触电伤害，同时损坏设备、贵重物品；用水灭汽油类火灾，会引起火灾的迅速蔓延。

②按气体灭火系统的结构特点，使用非水灭火剂的固定灭火系统可分为管网灭火系统和无管网灭火系统；按防护区的特征和灭火方式，使用非水灭火剂的固定灭火系统可分为全淹没灭火系统和局部应用灭火系统；按一套灭火剂贮存装置能保护多少防护区，使用非水灭火剂的固定灭火系统可分为单元独立系统和组合分配系统。

（2）各类型系统的特点。

①泡沫灭火系统用于石油化工类的建筑。

②干粉灭火系统用于电气设备。

③消防炮灭火系统（灭火剂包含水与泡沫）的特点：详见《固定消防炮灭火系统设计规范》GB 50338—2003。

专业思考

1.【单选题】海南某城市的一栋新建住宅楼要安装消火栓，考虑到南方常年气温较高，那么适用于该居民楼的消火栓是（　　）。

A.地上式消火栓　　　B.地下式消火栓　　　C.承插式消火栓　　　D.法兰式消火栓

【答案】D

2.【单选题】响应时间指数是（　　）喷头的热敏性能指标。

A.雨淋　　　　　B.闭式　　　　　C.开式　　　　　D.水幕

【答案】B

3.【判断题】建筑内所有地方都可以设置自动喷水系统。（　　）

【答案】错。一是没必要；二是一些特殊场所，如化工厂、化学实验室等，遇水会发生剧烈化学反应，不可使用。

4.3　安全疏散辅助设施

在安全疏散流线上，设置相应的安全疏散辅助设施，能更好地帮助人员明确、快速、安全地疏散到安全处。现代建筑的主要安全疏散辅助设施包含应急照明，安全疏散标志，通风、防排烟与排热设施。

应急照明包括疏散照明、备用照明；疏散指示标志属于消防安全标志中的一种带电发光标志。相关内容详见本书附录B。

4.3.1　应急照明与安全疏散标志

消防应急照明、应急广播和安全疏散标志是为人员安全疏散、消防作业、消防设施运作提供照明、声音指导和疏散指示的设施。

4.3.1.1　供电时间

参考规范：《建筑防火通用规范》GB 55037—2022，10.1.4。

建筑高度大于 100 m 的一般民用建筑，供电时间不小于 1.5 h；建筑高度不大于 100 m 的医疗建筑、老年人照料设施、总面积大于 100000 m² 的公共建筑或总建筑面积大于 20000 m² 的地下、半地下建筑，供电时间不小于 1.0 h；人防与其他建筑，供电时间不小于 0.5 h。

4.3.1.2　设置场所、部位与安装要求

参考规范：《消防应急照明和疏散指示系统技术标准》GB 51309—2018，3.2.2。

参考图例：《〈建筑设计防火规范〉图示》18J811—1，10.3.1。

在现代建筑物内，疏散路径及相关区域中均应设置比较明显的安全疏散标志，如公共场所的墙壁、顶棚、地面（如商场）、走道、阶梯及其转弯处、疏散楼梯、安全出口（疏散门）与入口平台等处。

设置安全疏散标志的建筑与场所：详见《建筑防火通用规范》GB 55037—2022，10.1.8。

设置疏散照明的建筑与场所：详见《建筑防火通用规范》GB 55037—2022，10.1.9。

最低疏散水平照度与备用照明：详见《建筑防火通用规范》GB 55037—2022，10.1.10，10.1.11。

疏散照明安装部位与距离：详见《建筑设计防火规范》GB 50016—2014（2018 年版），10.3.4～10.3.7。

灯光疏散指示标志应设在安全出口或人员密集场所的疏散门的正上方（在首层的疏散楼梯应安装在楼梯间内侧的上方）、疏散走道及其转角处距地面高度 1.0 m 以下的墙面或地面上。

由于人在烟雾中的观察距离不大于 20 m，因此灯光疏散指示标志的安装间距不大于 20 m；袋形走道不大于 10 m；走道转角区不大于 1.0 m。

疏散照明灯具应设置在出口顶部、墙面上部或顶棚上，备用照明灯具应设置在墙面上部或顶棚上。

4.3.2　防火分区内的通风与防排烟

划分防火分区的目的是用建筑构件及其配件进行区域全封闭，从而有效地控制烟、火、热的蔓延。对于面积较大的防火分区，如商业营业厅，在火灾初期，虽然人在着火点附近，但却先闻到烟味，后才见到火，即烟比火能更加快速地向周围扩散，同时烟的扩散方向与人的疏散方向高度重合，对人员安全疏散影响最大。因此，为限制烟、热的快速蔓延，应在防火分区内再划分多个更小的防烟分区，从而为人员安全疏散争取时间。

参考规范：《消防设施通用规范》GB 55036—2022，11.3.2。

防烟分区就是通过挡烟分隔设施，将烟尽可能限制在一定区域内，能够有效地蓄积烟气和阻止烟、热向相邻防烟分区蔓延。在防烟分区内，配置通风、防排烟设施，能够使人们在到达安全处或避难处之前，所经过场所的烟层高度与浓度保持在安全允许值之内。排烟口（孔）应尽量设置于与疏散方向相反的位置（主要针对机械排烟方式），以利于安全疏散。

设立防火分区会影响发生火灾时人员跨防火分区的流动，不会影响防火分区内的人员安全疏散，即同一防火分区内，跨越多个防烟分区的人员疏散不受影响。

4.3.2.1　通风

无论建筑或防火分区内部是否有火灾，建筑内部都要求有新鲜空气的交换，即所谓的换气。通风系统包含送风和排风。

（1）自然通风。

一般地上建筑都是依靠门窗、墙面通风孔、屋顶无动力风机等设施保持自然通风。其受外部风压与热压影响较大，不可控，但投资与维护费用少。自然通风本身就是一种自然防排烟的主要措施。

（2）机械通风。

参考规范：《消防设施通用规范》GB 55036—2022，11.3.4。

建筑处于地下、建筑密封性较好或对室内空气有特殊品质要求时，可采用机械通风系统，如空调系统、厕所的排风扇、厨房的抽油烟机。机械通风效果恒定，可控，但投资与维护费用较大。机械通风可兼作排烟系统，只要其设施的耐火性能满足机械排烟系统的要求即可。

（3）应设置独立通风系统的场所。

参考规范：《建筑防火通用规范》GB 55037—2022，9.1.1，9.3.1～9.3.3。

民用建筑内，场所能排出不同有害物质，且有害物质混合后能引起燃烧或爆炸，或场所能排出有燃烧或爆炸危险性的气体、蒸气、粉尘、纤维时，应设置独立通风系统。

（4）通风系统设置部位。

门窗、墙面通风孔、顶棚通风与排烟口（中庭）、地下建筑通风井。

（5）场所通风口的外窗或开口的面积。

参考规范：《消防设施通用规范》GB 55036—2022，11.2.3，11.2.4。

采用自然通风方式防烟的场所，应满足场所自然防烟口的面积要求；采用自然通风方式排烟的场所，应满足场所自然排烟口的面积要求。

4.3.2.2　防烟分区

1. 划分依据

参考规范：《建筑防烟排烟系统技术标准》GB 51251—2017，4.2.4。

建筑内场所应结合该场所的功能分区和空间特性划分防烟分区。

（1）不设排烟设施的房间（包括地下室），不划防烟分区。

（2）走道和房间（包括地下室）按规定都要求设置排烟设施时，可根据具体情况分设或合设排烟设施，并据此划分防烟分区。

（3）当建筑规模较大，疏散楼梯间及其前室、消防电梯间及其前室作为疏散与扑救的主要通道时，应单独划分防烟分区。设置排烟系统的场所或部位，如敞开楼梯和自动扶梯穿越楼板的开口部，应采用挡烟分隔设施划分防烟分区。

（4）净高大于9 m的空间，因烟层较高，对疏散无影响，防烟分区之间可不设置挡烟设施。

（5）对于重要的建筑、特殊人群建筑（如老年人照料设施）、超高层建筑等，为保证建筑物内的所有人员在发生火灾时能安全疏散，需要设置专门的避难层和避难间，并在其中设置防排烟设施。

（6）一座建筑物的某几层需设排烟设施，且采用垂直排烟道（竖井）排烟时，其余各层（按规定不需要设排烟设施的楼层）如增加投资不多，可考虑扩大设置范围，也宜划分防烟分区。

2. 面积与长度

防烟分区的面积与长度根据场所的空间高度会有所不同，其要求如表 4-9 所示。

表 4-9　公共建筑、工业建筑防烟分区的最大允许面积及其长边最大允许长度

空间净高 /m	最大允许面积 /m²	长边最大允许长度 /m
$H \leqslant 3.0$	500	24
$3.0 < H \leqslant 6.0$	1000	36
$H > 6.0$	2000	60（具有自然对流条件时，不应大于 75 m）

公共建筑、工业建筑中的走道宽度不大于 2.5 m 时，其防烟分区的长边最大允许长度不大于 60 m；当工业建筑采用自然排烟系统时，其防烟分区的长边最大允许长度不应大于建筑内空间净高的 8 倍；防烟分区不应跨防火分区。

3. 挡烟分隔设施

参考规范：《建筑防烟排烟系统技术标准》GB 51251—2017，4.2.1 ～ 4.2.3，4.6.2。

挡烟分隔设施的作用主要是减缓烟气的扩散速度，提高防烟分区的蓄烟与排烟口的排烟效果，保证在火灾初期，烟层最低点超过疏散人员的口鼻高度，从而不影响人员疏散。

挡烟垂壁（或挡烟隔墙）示意如图 4-3 所示。当采用自然排烟方式时，储烟仓的厚度不小于空间净高的20%，且不小于 500 mm；当采用机械排烟方式时，储烟仓的厚度不小于空间净高的 10%，且不小于 500 mm。同时储烟仓底部距地面的高度应大于安全疏散所需的最小清晰高度。

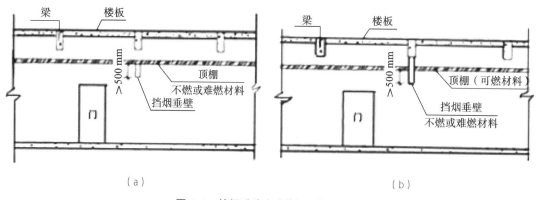

图 4-3　挡烟垂壁（或挡烟隔墙）示意

（a）顶棚为不燃或难燃材料；（b）顶棚为可燃材料（装修到梁或楼板）

（图片来源：《建筑防火设计（第二版）》）

有吊顶的空间，当吊顶开孔率不大于 25% 或开孔不均匀时，吊顶内空间高度不得计入储烟仓厚度（详见本书

第 5 章，5.2.4.1 节）。

挡烟分隔设施按维度可分水平挡烟分隔设施与竖向挡烟分隔设施。水平挡烟分隔设施主要是楼板与吊顶；竖向挡烟分隔设施又可分为全封闭式的挡烟分隔设施（如墙体、防火卷闸等）和非封闭式的挡烟分隔设施（如挡烟垂壁、挡烟梁）。

（1）挡烟梁。

厚度一般不小于 500 mm，当厚度不足时，可增加挡烟垂壁。

（2）挡烟垂壁。

参考规范：《建筑防烟排烟系统技术标准》GB 51251—2017，4.4.5 ～ 4.4.8。

由于聚集在顶部的烟气层与火焰温度较高，因此挡烟垂壁应采用 A 级不燃材料，如不燃性布质挡烟垂帘、不锈钢垂板、单片防火玻璃等。

挡烟垂壁的耐火极限，应满足 280 ℃时连续工作 30 min 的要求。

（3）挡烟隔墙。

建筑内空间的所有墙体，只要具有挡烟的功能，都可认为是挡烟隔墙。建筑内的特定场所还可根据情况加设挡烟隔墙，如商场划分营业空间时，装修的隔墙。

挡烟隔墙的耐火极限可参考挡烟垂壁的耐火极限。

4.3.2.3 防烟

划分防烟分区后，某些场所应配置自然通风系统或机械加压送风系统，保证其不受相邻区域蔓延来的烟、热危害。

1. 防烟方式

（1）不燃化防烟方式。要求场所内无可燃火灾荷载。

（2）密闭防烟方式。如人防工程，等级较高。

（3）自然通风方式。烟、热被热压通过对流空气带走。

（4）机械加压送风防烟方式。此时要求场所有一定压力的新鲜空气。

被保护场所在加压送风时呈现两种状态：①关门状态下，保证避难区域或疏散路线内的压力高于外部压力，避免烟气通过各种建筑缝隙侵入，如建筑结构缝隙、门缝等。②开门状态下，保证在门断面形成一定风速，以阻止烟气侵入避难区域或疏散通道。

加压送风使被保护区域保持一定的正压，避免烟气借助各种动力，如膨胀力等，向被保护区域蔓延。加压送风相对于自然通风防烟，压力更稳定；缺点是送风压力控制不好会导致防烟楼梯间内压力过高，使楼梯间通向前室或走廊的门打不开，影响建筑物内人员的快速疏散。此外，还有一定的投资与运作维护费用。

2. 防烟场所

参考规范：《建筑防火通用规范》GB 55037—2022，8.2.1；《建筑防烟排烟系统技术标准》GB 51251—2017，3.1.1 ～ 3.1.9；《消防设施通用规范》GB 55036—2022，11.2。

除特定场所（如正压病房）外，主要防烟场所要求如下。

（1）场所的防烟方式（见表4-10）。

参考图例：《〈建筑设计防火规范〉图示》18J811—1，8.5.1。

表4-10 场所的防烟方式

建筑类型	建筑高度	建筑部位	防烟系统	备注
任何建筑	地下或半地下	封闭楼梯间	首选自然通风系统；不能满足自然通风时，选机械加压送风系统	
			封闭楼梯间不与地上楼梯间共用，且地下仅为一层时，可不设置机械加压送风系统，但首层应设置有效面积不小于1.2 m²的可开启外窗或直通室外的疏散门	地下仅为一层，且不与地上楼梯间共用
	地下或半地下	防烟楼梯间及其前室；消防电梯的前室或合用前室	详见表4-11～表4-13	
		避难层、避难间	避难层根据建筑构造、设备布置等因素选择自然通风系统或机械加压送风系统	避难间的防烟方式同避难层
		避难走道的前室、地铁工程中的避难走道	前室及避难走道应分别设置机械加压送风系统；满足下列情况时，可仅在前室设置机械加压送风系统。①避难走道一端设置安全出口，且总长度小于30 m。②避难走道两端设置安全出口，且总长度小于60 m	

（2）防烟楼梯间及其前室应根据建筑高度、使用特点等因素，配置防烟方式（见表4-11～表4-13）。

表4-11 防烟楼梯间及其前室的防烟方式1（高度变化时）

建筑类型	建筑高度	建筑部位	防烟系统		备注
			自然通风系统	机械加压送风系统	
			可不设置防烟系统		
任何建筑	> 100 m	防烟楼梯间及其前室		√	机械加压送风系统应竖向分段独立设置，且每段的系统服务高度应不小于100 m
公共建筑	> 50 m	防烟楼梯间及其前室、消防电梯的前室和合用前室		√	设置机械加压送风系统的场所，楼梯间应设置常开风口，前室应设置常闭风口
工业建筑	> 50 m			√	
住宅建筑	> 100 m			√	

续表

建筑类型	建筑高度	建筑部位	防烟系统			备注
			自然通风系统	机械加压送风系统		
			可不设置防烟系统			
公共建筑	≤ 50 m	防烟楼梯间、独立前室、共用前室、合用前室(除共用前室与消防电梯前室合用外)与消防电梯前室	√	当独立前室或合用前室满足下列情况时可不设置防烟系统：①采用全敞开的阳台或凹廊。②设有 2 个及以上不同朝向的可开启外窗，且独立前室 2 个外窗面积均不小于 2.0 m²，合用前室两个外窗面积均不小于 3.0 m²		当不能设置自然通风系统时，应采用机械加压送风系统
工业建筑	≤ 50 m		√			
住宅建筑	≤ 100 m		√			
任何建筑	地下	防烟楼梯间前室及消防电梯前室			√	无自然通风条件或自然通风不符合要求时，应采用机械加压送风系统

表 4-12　防烟楼梯间及其前室的防烟方式 2（防烟楼梯间与前室采用不同防烟方式时）

建筑类型	建筑高度	建筑部位	防烟系统		备注
			自然通风系统	机械加压送风系统	
公共建筑	≤ 50 m	防烟楼梯间	当独立前室、共用前室及合用前室用机械加压送风口设置在前室的顶部或正对前室入口的墙面时，楼梯间可采用自然通风系统	当机械加压送风口未设置在前室的顶部或正对前室入口的墙面时，楼梯间应采用机械加压送风系统	
工业建筑	≤ 50 m				
住宅建筑	≤ 100 m				
公共建筑	≤ 50 m	防烟楼梯间	在裙房高度以上部分采用自然通风时，不具备自然通风条件的裙房的独立前室、共用前室及合用前室应采用机械加压送风系统，且独立前室、共用前室及合用前室送风口的设置方式应符合相关规定，如高层商住楼		
工业建筑	≤ 50 m				
住宅建筑	≤ 100 m				

表 4-13　防烟楼梯间及其前室的防烟方式 3（都用机械加压送风系统时）

建筑类型	建筑高度	建筑部位	防烟系统都用机械加压送风系统	备注
公共建筑	≤ 50 m	前室与防烟楼梯间	①当采用独立前室且其仅有一门与走道或房间相通时，可仅在楼梯间设置机械加压送风系统；②当独立前室有多个门时，楼梯间、独立前室应分别独立设置	较多不同方向的疏散人流，独立前室有多个入口
工业建筑	≤ 50 m			
住宅建筑	≤ 100 m			
任何建筑		采用合用前室的防烟楼梯间	分别独立设置	
任何建筑		前室与剪刀楼梯间	两个楼梯间与前室应分别独立设置	梯段之间采用防火隔墙隔开的剪刀楼梯间

3. 自然通风防烟时，场所外窗或开口的面积

参考规范：《消防设施通用规范》GB 55036—2022，11.2.3～11.2.4。

自然通风防烟时，场所外窗或开口的面积如表 4-14 所示。

表 4-14　自然通风防烟时，场所外窗或开口的面积

建筑部位	具有可开启外窗或开口的面积	备注
防烟楼梯间前室、消防电梯前室	≥ 2.0 m²	
共用前室和合用前室	≥ 3.0 m²	
避难层中的避难区	其可开启有效面积不应小于避难区地面面积的 2%，且每个朝向的面积均不应小于 2.0 m²	应具有不同朝向的可开启外窗或开口
避难间	可开启有效面积不应小于该避难间地面面积的 2%，且不应小于 2.0 m²	避难间应至少有一侧外墙具有可开启外窗

4. 机械加压送风口

参考规范：《建筑防烟排烟系统技术标准》GB 51251—2017，3.3.3，3.3.6。

机械加压送风口如表 4-15 所示。

表 4-15　机械加压送风口的设置要求

采用加压送风井（管）送风的建筑部位	送风口的风速不宜大于 7 m/s；不宜设置在被门挡住的部位；不宜设在影响人员疏散的部位	备注
楼梯间	宜每隔 2～3 层设一个常开式百叶送风口	排除直灌式加压送风方式
前室	应每层设一个常闭式加压送风口，并应设手动开启装置	

4.3.2.4　排烟

场所受烟热侵蚀时，为保证人员逃生，场所必须排烟，同时可保护相邻防烟分区。

1. 排烟场所

参考规范：《建筑防火通用规范》GB 55037—2022，8.2.2，8.2.3，8.2.5。

参考图例：《〈建筑设计防火规范〉图示》18J811—1，8.5.3。

除不适合设置排烟设施的场所和火灾发展缓慢的场所可不设置排烟设施外，一般民用建筑的场所或部位应采取排烟等烟气控制措施（见表 4-16）。

表 4-16 设置排烟的场所

建筑场所或部位	建筑层数或高度	场所面积与长度	人员状况	火灾荷载	备注
房间或区域		建筑面积大于 50 m² 的房间；房间的建筑面积不大于 50 m²，总建筑面积大于 200 m² 的区域	经常有人停留	可燃物较多且无可开启外窗的房间或区域	
歌舞娱乐放映游艺场所	在 1、2、3 层	面积大于 100 m²			
	不小于 4 层楼层或地下与半地下				
中庭	无条件设置				《建筑防烟排烟系统技术标准》GB 51251—2017，4.1.3
地上公共建筑内		面积大于 100 m²	经常有人停留的地上房间		如教室
		面积大于 300 m²		可燃物较多的地上房间	如商场
疏散走道	建筑高度大于 32 m 的厂房或仓库内长度大于 20 m 的疏散走道；其他厂房或仓库内长度大于 40 m 的疏散走道；民用建筑内长度大于 20 m 的疏散走道	长度大于 20 m			试验观测，人在浓烟中低头掩鼻的最大行走距离为 20～30 m，为此规定建筑内长度大于 20 m 的疏散走道应设排烟设施
汽车库、修车库					除敞开式汽车库、地下一层中建筑面积小于 1000 m² 的汽车库、地下一层中建筑面积小于 1000 m² 的修车库可不设置排烟设施外，其他汽车库、修车库应设置排烟设施

2. 排烟方式

自然排烟方式是室内外温差与风压差，使室内烟气和室外空气通过外窗或排烟口产生的对流运动。

自然排烟优点是结构简单，无动力设备，投资与维护费用少，如能在建筑顶棚开设排烟口，其自然排烟效果好；缺点是排烟效果不稳定，有特殊构造要求，烟雾易通过排烟口向上层蔓延。

机械排烟（见图 4-4）方式是借助排烟口、排烟管道及排烟风机对排烟区域进行强制排烟，且同时排烟区域要求维持一定量的补风（如直接从室外引入空气或机械补风）进入排烟区域，确保排烟效果。机械排烟多用于大型空间（如商场）或地下建筑，通过顶部的排烟口或排烟风管将烟气排出室外。

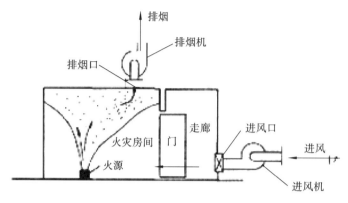

图 4-4　机械排烟方式示意

（图片来源：《建筑防火设计（第二版）》）

机械排烟优点是排烟效果稳定，不受室外气象与高空热压的影响；缺点是猛烈火灾时，补风不足，排烟效果会降低，排烟风机、管道需耐高温，投资和维护费用高。

3. 排烟系统

参考规范：《建筑防烟排烟系统技术标准》GB 51251—2017，第 4 章。

依据建筑使用性质、平面布局等因素，优先采用自然排烟系统（见图 4-5），达不到自然排烟标准时才选机械排烟，且同一个防烟分区应采用同一种排烟方式。

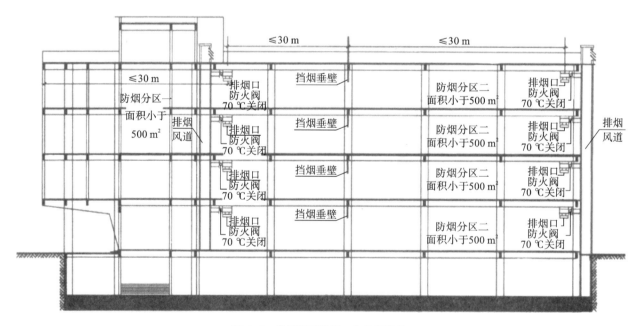

图 4-5　自然排烟共用一个排烟竖井

（图片来源：《建筑防火设计（第二版）》）

1）自然排烟系统。

采用自然排烟系统的场所应设置自然排烟窗（口、井、孔），只有场所能自然通风，才能自然排烟与自然防烟。

（1）自然排烟窗（口）的水平距离与面积、数量、位置（见表 4-17）详见《建筑防烟排烟系统技术标准》
GB 51251—2017，4.3.1，4.3.2，4.6.3。

表 4-17　自然排烟窗（口）的水平距离与面积、数量、位置

防烟分区内自然排烟窗(口) 水平距离	面积、数量、位置	备注
防烟分区内任一点与最近的自然排烟窗（口）之间的水平距离不应大于 30 m 工业建筑的水平距离不应大于建筑内空间净高的 2.8 倍 当公共建筑空间净高不小于6 m，且具有自然对流条件时，其水平距离不应大于 37.5 m	①净高不大于 6 m 的场所，排烟量应按不小于 60 m³/（h·m²）计算，且取值不小于 15000 m³/h，或设置有效面积不小于该房间建筑面积 2% 的自然排烟窗（口）。 ②当公共建筑仅需在走道或回廊设置排烟时，其机械排烟量不应小于 13000 m³/h，或在走道两端（侧）均设置面积不小于 2 m² 的自然排烟窗（口）且两侧自然排烟窗（口）的距离不应小于走道长度的 2/3；当公共建筑房间内与走道或回廊均需设置排烟时，其走道或回廊的机械排烟量可按 60 m³/（h·m²）计算且不小于 13000 m³/h，或设置有效面积不小于走道、回廊建筑面积 2% 的自然排烟窗（口）。 ③自然排烟窗（口）面积＝计算排烟量 / 自然排烟窗（口）处风速；当采用顶开窗排烟时，其自然排烟窗（口）的风速可按侧窗口部风速的 1.4 倍计	除中庭外，建筑空间净高可分为两类：不大于6 m 的场所；大于 6 m 的场所。计算自然排烟窗（口）面积与场所建筑面积 2% 要求同时满足

（2）自然排烟窗（口）设置要求。

参考规范：《建筑防烟排烟系统技术标准》GB 51251—2017，4.3.3。

自然排烟窗（口）应设于排烟区的顶部或外墙，要求如下。

①竖向位置：当自然排烟窗（口）设置在外墙上时，应设于储烟仓以内；但走道、室内空间等净高不大于 3 m 的区域，其自然排烟窗（口）可设于室内净高度的 1/2 以上。

②水平位置：自然排烟窗（口）宜分散均匀布置，且每组的长度不宜大于 3.0 m；设置在防火墙两侧的自然排烟窗（口）之间最近边缘的水平距离不应小于 2.0 m。

③开启形式：自然排烟窗（口）的开启形式应有利于火灾烟气的排出；当房间面积不大于 200 m² 时，自然排烟窗（口）的开启方向可不限。

2）机械排烟系统。

（1）设置场所。

参考规范：《消防设施通用规范》GB 55036—2022，11.3.3。

水平方向布置时，应按不同防火分区独立设置；竖向方向布置时，建筑高度大于 50 m 的公共建筑和工业建筑、建筑高度大于 100 m 的住宅建筑，其机械排烟系统应竖向分段独立设置，且公共建筑和工业建筑中每段的系统服务高度不应大于 50 m，住宅建筑中每段的系统服务高度不应大于 100 m。

（2）耐火性能。

机械排烟系统主要包含机械排烟风机、机械排烟管道与排烟防火阀等。

机械排烟系统耐火性能：详见《建筑防烟排烟系统技术标准》GB 51251—2017，4.4.8，4.4.11；《消防设施通用规范》GB 55036—2022，11.3.5。

机械排烟风机，机械排烟管道（包含竖向与水平方向），排烟防火阀及其连接部件应能在 280 ℃时连续 30 min 保证其结构完整性。

设于无吊顶的室内管道的排烟管道、走道部位吊顶内的排烟管道以及穿越防火分区的排烟管道，其耐火极限不应小于 1.00 h；竖向的独立管道井隔墙耐火极限不应小于 1.00 h，当隔墙上必须设置检修门时，应采用乙级防火门。

排烟防火阀设置部位：详见《消防设施通用规范》GB 55036—2022，11.3.5。

排烟防火阀应能在 280 ℃时自行关闭和联锁关闭相应排烟风机、补风机，其设置部位：垂直主排烟管道与每层水平排烟管道连接处的水平管段上；一个排烟系统负担多个防烟分区的排烟支管上；排烟风机入口处；排烟管道穿越防火分区处（如图 4-6、图 4-7 所示）。

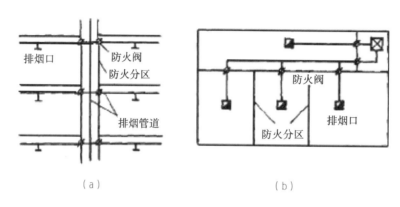

（a）   （b）

图 4-6　防火阀示意

（a）剖面示意；（b）平面示意

（图片来源：《建筑防火设计（第二版）》）

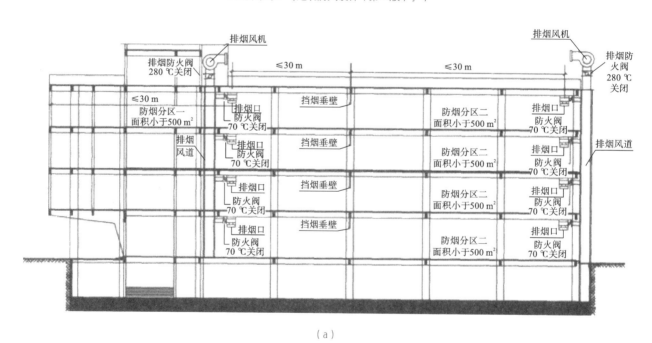

（a）

图 4-7　竖向管道布置与水平管道布置

（a）竖向布置；（b）竖向或水平布置

（图片来源：《建筑防火设计（第二版）》）

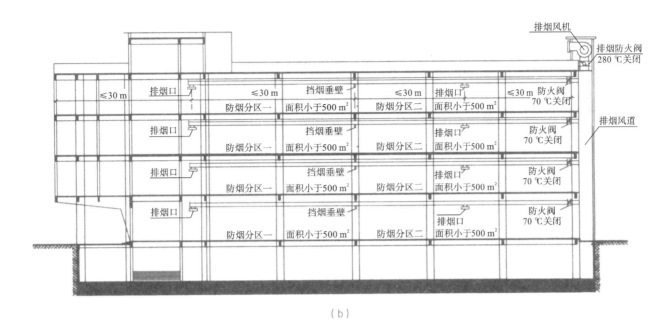

（b）

续图 4-7

（3）机械排烟口。

参考规范：《建筑防烟排烟系统技术标准》GB 51251—2017，4.6.3，4.4.12。

火灾时，报警系统联动开启排烟阀或排烟口，现场设置有手动开启装置且距楼地面 1.3 ～ 1.5 m。

机械排烟口大小与自然排烟口的计算方式相同。每个排烟口的排烟量不应大于最大允许排烟量，最大允许排烟量应按规范计算确定；排烟口的风速宜不大于 10 m/s。

排烟口分为关闭型和开放型两种，形状可分为长条形与方形（见图 4-8）。

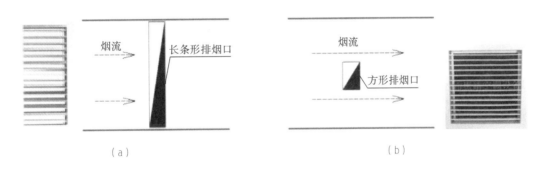

（a）   （b）

图 4-8　走廊排烟口的形状与效果

（a）长条形；（b）方形

（图片来源：《建筑防火设计（第二版）》）

机械排烟口的设置部位如下。

①排烟口的设置宜使烟流方向与人员疏散方向相反，排烟口与附近安全出口相邻边缘之间的水平距离不应小于 1.5 m，防烟分区内任一点与最近的机械排烟口之间的水平距离不大于 30 m（见图 4-9）。

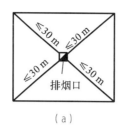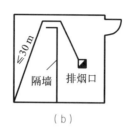

图4-9 排烟口在平面上的设置

（a）大空间场所；（b）套房

（图片来源：《建筑防火设计（第二版）》）

②宜设于顶棚或靠近顶棚的墙面上。包含排烟口设在吊顶（开孔率不小于吊顶净面积的25%，且孔洞应均匀布置）内且通过吊顶上部空间进行排烟的形式。

③排烟口应设在储烟仓内。当室内空间净高不大于3 m，如走道，机械排烟口可设于其净空高度的1/2以上；当设置在侧墙时，吊顶与其最近边缘的距离不大于0.5 m。

④需要设置机械排烟系统且建筑面积小于50 m²的房间，可通过走道的排烟口排烟。

⑤在平面上的排烟口尽量设在防烟分区的中心位置。

⑥无窗场所排烟口设置。

参考规范：《建筑防火通用规范》GB 55037—2022，2.2.4，2.2.5；《建筑防烟排烟系统技术标准》GB 51251—2017，4.1.4，4.4.14，4.4.16。

一些面积较大的场所，且因使用功能需求，常设计为无窗场所。为解决其内的烟热排放，可选取如下方式。

a.除有特殊功能、性能要求或火灾发展缓慢的场所可不在外墙或屋顶设置应急排烟排热设施外，下列无可开启外窗的地上建筑或部位均应在其每层外墙和（或）屋顶上设置应急排烟排热设施（见表4-18），且该应急排烟排热设施应具有手动、联动或依靠烟气温度等方式自动开启的功能。

表4-18 设置应急排烟排热设施

建筑类型或场所		建筑设计特点	面积或长度	备注
丙类厂房（仓库）		无窗场所	任一层建筑面积大于2500 m²	危险等级较大
商店建筑、展览建筑及类似功能的公共建筑	大空间	无窗场所	任一层建筑面积大于2500 m²	可燃荷载较大，危险等级较大
	走道	较长，无窗场所	长度大于60 m	地下，设为避难走道
歌舞、娱乐、放映、游艺场所	走道和房间	无窗场所	总建筑面积大于1000 m²	人员众多
中庭		一端靠外墙或贯通至建筑屋顶		

b.如楼梯间是封闭式，或地上是无窗建筑或场所，当设置机械排烟系统时，为了在火灾初期不影响机械排烟效果，又能在火灾规模较大后及时地排出烟和热，因此在此场所加设可破拆的固定窗，主要设在有条件的每层外墙或屋顶上。

若设置的机械加压送风系统靠外墙或可直通屋面的封闭楼梯间、防烟楼梯间，在楼梯间的顶部或最上一层外墙上应设置常闭式应急排烟窗，且该应急排烟窗应具有手动和联动开启功能。

3）补风系统。

（1）补风场所。

参考规范：《消防设施通用规范》GB 55036—2022，11.3.6。

除地上建筑的走道或地上建筑面积小于 500 m² 的房间外，设置排烟系统的场所应能直接从室外引入空气补风，且补风量和补风口的风速应满足排烟系统有效排烟的要求。

（2）设置要求。

参考规范：《建筑防烟排烟系统技术标准》GB 51251—2017，4.5.3 ~ 4.5.7。

补风系统与排烟系统相配套，采用可开启外门窗等自然进风方式或机械送风方式为场所补风，但防火门、窗不得用作补风设施。补风机应设置在专用机房内。

补风口与排烟口设置在同一空间内相邻的防烟分区时，补风口位置不限；当补风口与排烟口设置在同一防烟分区时，补风口应设在储烟仓下沿以下；补风口与排烟口水平距离不应小于 5 m。

补风管道耐火极限不小于 0.50 h；当补风管道跨越防火分区时，管道的耐火极限不小于 1.50 h。

4.3.2.5　中庭与排烟

中庭（无顶中庭的称为内院、庭院、天井）也称为"共享空间或四季厅"，其屋顶形式之一为钢结构玻璃屋顶，该屋顶形式可使阳光充满建筑内部空间。但火灾时，屋顶和壁面上的玻璃因受热破裂而散落，易对疏散与扑救人员造成威胁。

中庭防火设计的重点是排烟设计。中庭是建筑内上下贯通，跨越不小于 2 层的有顶空间。在火灾时，建筑内的水平防火分区被上下贯通的竖向空间破坏，且烟囱效应将加速火焰在中庭内向上的蔓延，形成中庭立体火灾，同时向更高的各个楼层水平蔓延。因此需在中庭周边设立竖向防火分区，防止火灾的急速扩大。

中庭防火设计要求：详见《建筑设计防火规范》GB 50016—2014（2018 年版），5.3.2。

参考图例：《〈建筑设计防火规范〉图示》18J811—1，5.3.2。

包含中庭的竖向防火分区面积的确定，应按上、下层楼层相连通的建筑面积叠加计算，如叠加计算后的建筑面积大于规范规定时，中庭应独立划分防火分区，同时满足如下要求。

（1）中庭内不应布置可燃物。

（2）与周围连通空间应进行防火分隔。采用防火隔墙时，其耐火极限不小于 1.00 h；用防火玻璃墙时，其耐火隔热性和耐火完整性不小于 1.00 h；用耐火完整性不小于 1.00 h 的非隔热性防火玻璃墙时，应设置自动喷水灭火系统进行保护；用防火卷帘时，其耐火极限不小于 3.00 h，且满足规范的规定。

（3）高层建筑内的中庭回廊应设置自动喷水灭火系统和火灾自动报警系统。

（4）中庭、与中庭相连通的回廊及周围场所的排烟系统，应符合下列规定。

参考规范：《建筑防烟排烟系统技术标准》GB 51251—2017，4.1.3。

①中庭应设置排烟设施；周围场所应按规范要求设置排烟设施。

②当周围场所各房间均设置排烟设施时，回廊可不设排烟设施，但商店建筑的回廊应设置排烟设施；当周围场所任一房间未设置排烟设施时，回廊应设置排烟设施。

③当中庭与周围场所未采用防火隔墙、防火玻璃隔墙、防火卷帘时，中庭与周围场所之间应设挡烟垂壁。

4.3.2.6　地下建筑与排烟

相比地上建筑，地下建筑内设备更多，可燃隐患更多。地下空间无窗且无光线，无法通过门窗进行自然通风防排烟。地下建筑与外界连通的通气口较少，如烟热不能及时排出，易更快产生高温轰燃现象，同时伴随浓烟与有毒气体。停电后，无外部自然光引导，漆黑环境对人员疏散救援也会带来了极大困难。地下建筑内部烟气流动状况复杂，在地下建筑出入口甚至会产生喷烟现象。高温浓烟的扩散方向与人员疏散的方向一致，且烟的扩散速度比人群疏散速度更快，如地下建筑为多层则危险等级更大。因此地下建筑发生火灾时，其疏散时间更短。

除上述因素，消防人员还无法直接观察地下建筑中起火部位及燃烧情况，这给现场组织指挥灭火活动造成困难。

地下建筑由于条件限制，人员只有向上的疏散方向，且只能通过安全出口疏散，没有地上建筑的高空救援窗口。

1. 防火设计要求

1）地下建筑防火设计要求

相较于地上建筑，地下建筑是较特殊的防火区域，消防要求比地上建筑更高。

（1）地下、半地下建筑（室）的耐火等级应为一级（详见《建筑防火通用规范》GB 55037—2022，5.1.2）。相较于地上建筑，地下、半地下建筑防火构造与装修材料耐火极限的标准有所提高。

（2）地下建筑允许疏散时间应控制在 3 min 之内。控制特定场所的人员数量、人员密度、人员类型（如老年人）与布局楼层，如娱乐场所；控制地下建筑的层数与埋深，疏散出口距离地面越近越好；减少防火分区的面积与疏散距离，划分防烟分区，同时配置安全出口。有条件情况下，可采用下沉式室外开敞空间替代地下楼梯间作为安全出口。

①地下楼梯间防火设计要求。

参考规范：《建筑防火通用规范》GB 55037—2022，7.1.10。

参考图例：《〈建筑设计防火规范〉图示》18J811—1，6.4.4。

除住宅建筑套内的自用地下楼梯外，建筑的地下或半地下室、平时使用的人民防空工程、其他地下工程的疏散楼梯间应符合下列规定：

当埋深不大于 10 m 或层数不大于 2 时，应为封闭楼梯间；当埋深大于 10 m 或层数不小于 3 时，应为防烟楼梯间。地下楼层的疏散楼梯间与地上楼层的疏散楼梯间，应在直通室外地面的楼层采用耐火极限不低于 2.00 h 且无开口的防火隔墙分隔。在楼梯的各楼层入口处均应设置明显的标识。

②下沉式室外开敞空间（下沉式广场）防火设计要求。

参考规范：《建筑防火通用规范》GB 55037—202，4.3.17；《建筑设计防火规范》GB 50016—2014（2018年版），6.4.12，6.4.13。

参考图例：《〈建筑设计防火规范〉》图示 18J811—1，5.3.5，6.4.12。

当地下或半地下空间规模较大，按规范要求应划分多个防火分区时，可在防火分区之间或交叉处，设置下沉式室外开敞空间，此空间按要求设置安全出口，用于解决多个防火区域的安全疏散问题，也可作为救援入口同时兼顾自然通风与自然防排烟。此空间的长宽大小能防止相邻区域的烟火蔓延，设置要求如下。

a.分隔后的不同防火分区或区域通向下沉式室外开敞空间的开口最近边缘之间的水平距离不应小于13 m，其中用于疏散的净面积不应小于169 m²。

b.下沉式室外开敞空间内应设置不少于1部直通地面的疏散楼梯。当连接下沉式室外开敞空间的防火分区需利用下沉广场进行疏散时，疏散楼梯的总净宽度不应小于任一防火分区通向室外开敞空间的设计疏散总净宽度。

c.确需设置防风雨篷时，防风雨篷不应完全封闭，四周开口部位应均匀布置，开口的面积不应小于该空间地面面积的25%，开口高度不应小于1.0 m；开口设置百叶时，百叶的有效排烟面积可按百叶通风口面积的60%计算。

d.下沉式室外开敞空间不得用于其他商业或可能导致火灾蔓延的用途，即场所内无可燃火灾荷载。

下沉式室外开敞空间也可设置于防火分区内，即不作为多个防火分区的安全出口。

e.配置消防设施，其中防排烟、排热与送风设施是地下防火设计重点，能有效防止安全出口成为喷烟口。有条件情况下，开辟地下建筑的自然通风与采光设施，如地铁通风井（见图4-10）。

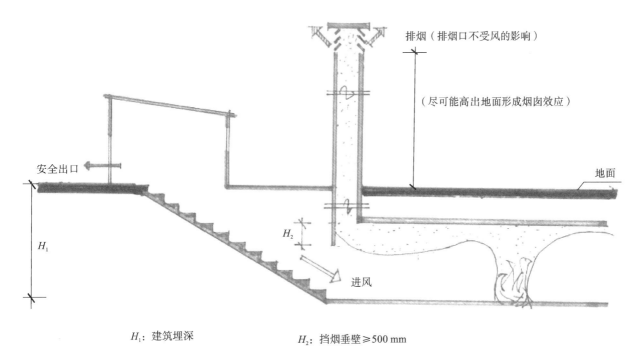

H_1：建筑埋深 　　　　　H_2：挡烟垂壁≥500 mm

图4-10　地下安全出口处自然排烟构造示意图

总之，地下防火设计要求应控制地下防火分区的规模与疏散人数，增加消防设施与提高防火材料的耐火性能，同时注意具体场所的疏散与布局。

2.地下具体场所

1）具体场所布局。

参考规范：《建筑防火通用规范》GB 55037—2022，4.1.3～4.1.8。

民用建筑各类型，根据其具体要求设置防火设施。如民用建筑内的设备房（如柴油发电机房等）宜布置在首层或地下一、二层，不应布置在人员密集场所的上一层、下一层或贴邻。

其他类型民用建筑设置防火设施详见本书第6章。

2）地下建筑安全出口设置。

参考规范：《建筑设计防火规范》GB 50016—2014（2018年版），5.5.5。

参考图例：《〈建筑设计防火规范〉图示》18J811—1，5.5.5。

除人员密集场所外，建筑面积不大于500 m²、使用人数不超过30且埋深不大于10 m的地下或半地下建筑（室），当需要设置2个安全出口时，其中1个安全出口可利用直通室外的金属竖向梯。

除歌舞娱乐放映游艺场所外，防火分区或场所的建筑面积不大于200 m²的地下或半地下设备间、防火分区或场所的建筑面积不大于50 m²且经常停留人数不超过15的其他地下或半地下建筑（室），可设置1个安全出口（疏散楼梯）或1个疏散门。

专业思考

1. 为何防火设计要把防烟排烟视为重要内容？

【答案】防火设计把防烟排烟视为重要内容的原因如下。

①从火灾实例伤亡数字统计来看，烟熏导致死亡的比例远高于着火烧死的比例，烟对人体伤害极大，主要是因为烟中含有毒物质与窒息物质。火灾中，烟雾扩散范围比火焰扩散大得多。

②烟气影响视线不利于疏散与扑救。

2. 简述吊顶的设计形式与挡烟垂壁的关系。

3. 简述自然通风设施、自然防烟设施、自然排烟设施的区别。

【答案】自然通风设施、自然防烟设施、自然排烟设施的区别如下。

①通过对流空气带走烟热，自然通风就可自然防排烟，只需通风口的面积大小满足自然防排烟口的面积大小即可。

②防烟口其可开启有效面积应大于或等于避难区地面面积的2%，且每个朝向的面积均应大于或等于2.0 m²；每个排烟口的排烟量不应大于最大允许排烟量，最大允许排烟量应按规范规定计算确定。

③自然通风口：门，窗，顶棚处的通风口。自然防烟口：门，窗。排烟口位置：门窗之处或顶棚处的自然排烟口。

4. 为何地下建筑相对地上建筑防火防烟设计要求更严？

5. 简述地上建筑与地下建筑在防火设计上的区别。

6. 简述地下防火分区与防烟分区的区别。

7. 简述防火分区在地上建筑与地下建筑的区别。

8. 地上建筑与地下建筑何时可只设1个安全出口？

9. 简述地下楼梯间的首层防火设计要求。

10.【判断题】通风设备不能作为防排烟设施使用。（　　）

【答案】错。

11.【判断题】机械排烟系统与通风或空气调节系统分别设置。（　　）

【答案】错。

12.【判断题】通风的场所可设置机械排烟系统。（　　）

【答案】对。如厨房抽油烟机。

13.【判断题】场所自然排烟窗（口）的大小与自然防烟窗（口）的大小一致。（　　）

【答案】错。排烟窗（口）的大小根据计算确定。

14.【判断题】防烟分区的长度与安全疏散距离没有关系。（　　）

【答案】对。但防烟分区的长度不可能超过防火分区的水平安全疏散距离。

15.【判断题】排烟的场所一定防烟。（　　）

【答案】错。机械排烟的场所不防烟，可通风；自然排烟的场所一般可自然防烟。

16.【判断题】建筑室内中庭处必须设置防排烟设备。（　　）

17.【判断题】中庭一定要设置机械排烟系统。（　　）

【答案】错。不具备自然排烟的，且中庭处高度12 m以上可设置机械排烟设备，如商业步行街的中庭常用自然排烟。

18.【判断题】防烟分区的设计，在地上建筑与地下建筑无区别。（　　）

【答案】对。划分防烟分区是为了在火灾初期阶段将烟气控制在一定范围内，同时有组织地将烟气排出室外，使人们在到达安全处之前所在空间的烟层高度和烟气浓度在安全允许值之内。防烟分区不应跨防火分区，地上建筑与地下建筑划分防烟分区的方式相同，只是采用排烟方式可能不同。

19.【判断题】地上与地下建筑防排烟设计无区别。（　　）

【答案】错。地上有窗，一般能直接开窗的、无特殊要求的房间，优先采用自然通风防排烟。受烟、热威胁最大的是防火分区内的安全分区。这些场所一般处于建筑中间，且是所有人员疏散的关键所在，若不能满足自然通风与防排烟需求，则采用机械通风或机械防排烟设施。

地下无窗，烟、热威胁程度大。一旦失火，疏散口易产生喷烟现象。因此除不需要的场所或有通风井能自然防排烟的场所外，其他场所根据要求，都应设置机械通风或机械防排烟设施。

20.【单选题】疏散走道的指示标志宜设在疏散走道及其转角处距地面（　　）m以下的墙面上，走道疏散指示灯的间距不应大于（　　）m。

A.1.5，20　　　　　B.1.2，20　　　　　C.1.0，20　　　　　D.1.0，10

【答案】C

21.【单选题】下列关于自然排烟的说法，错误的是（　　）。

A. 建筑面积为 800 m² 的地下车库可采用自然排烟方式

B. 采用自然排烟的场所可不划分防烟分区

C. 防烟楼梯间及其前室不应采用自然排烟方式

D. 建筑面积小于 50 m 的公共建筑，宜优先考虑采用自然排烟方式

【答案】B

【解析】划分防烟分区的目的是控制烟热的蔓延，与排烟方式无关。

22.【单选题】某多层商业建筑，营业厅净高 5.5 m，采用自然排烟方式。该营业厅的防烟分区内任一点与最近的自然排烟窗之间的水平距离不应大于（　　　）。

A. 37.5 m　　　　　B. 室内净高的 2.8 倍　　　　C. 室内净高的 3 倍　　　　D. 30 m

【答案】D

第5章

建筑用材的耐火性能、防火构造与配套设施——材料的被动式防火

根据城市建筑的耐火等级、使用性质等因素，为具体建筑匹配相应的防火构件、配件与防火构造，设置相应的装修，作为人员安全疏散与扑救的物质基础。

5.1 建筑构件的耐火性能

5.1.1 建筑用材的燃烧性能

建筑各部位构件（包含结构构件）与配件从受到火的作用起，到失去稳定性（承载能力）、完整性或隔热性（以其背火面温度升高到 220 ℃作为界限）为止的这段时间，称为建筑构件与配件的耐火极限，用小时（h）表示。

建筑材料及制品燃烧性能检测：详见《建筑材料不燃性试验方法》 GB/T 5464—2010；《建筑材料难燃性试验方法》 GB/T 8625—2005；《建筑材料可燃性试验方法》 GB/T 8626—2007；《建筑材料及制品燃烧性能分级》 GB 8624—2012。

1. 材料按燃烧性能的分类

建筑用材按燃烧性能分为三类：不燃材料，难燃材料，可燃材料。

装修用材按燃烧性能分为四类，相比建筑用材多一个易燃材料。建筑用材一般不会选用易燃材料。

2. 影响耐火极限的因素

受火高温作用下，建筑构件与配件的力学性能有不同程度的降低。影响其耐火极限的因素包含：材料的燃烧性能；建筑结构特点与构件的承载能力，如荷载比越大，其构件的耐火极限越小；火场温度和火灾持续时间，如钢结构在高温时承载能力迅速降低；材料性能老化与施工工艺的缺陷。

3. 提高耐火极限的方法

针对上述影响耐火极限的因素，提出了以下增强构件与配件耐火性能的措施：采用更高耐火极限的材料；适当增加整个构件的截面尺寸；进行耐火构造设计，即建筑构件与配件采用防火工法，如适当增加构件的保护层厚度或对构件表面进行耐火保护层阻燃处理。

防火工法分为现浇法、喷涂法、粘贴法、吊顶法或组合法（即采用两种及以上防火工法）。建筑各构件的防火工法通用，具体构件的防火构造应根据具体要求执行。

5.1.2 建筑构件与配件的耐火极限设定

建筑构件与配件的耐火极限：详见《建筑防火通用规范》GB 55037—2022，5.1.3；《建筑设计防火规范》GB 50016—2014（2018 年版），5.1.2；《住宅建筑规范》GB 50368—2005，9.2.1。

建筑耐火等级是衡量建筑物耐火程度的配套标准，指建筑物整体的耐火性能，由组成建筑物构件与配件的燃烧性能和耐火极限的最低值决定。

设定建筑的耐火等级后，即可确定建筑各部位防火构件与配件的耐火极限与耐火构造要求，再在建筑内外部匹配相应的装修材料与耐火构造，包含电器与家具等。建筑内的特定部位或场所的耐火极限不按此要求设置，如设备房等，一般应配置更高的耐火极限。

建筑物耐火等级的划分以楼板的耐火极限作为基准。一级耐火等级工业与民用建筑的上人平屋顶，屋面板的耐火极限不应小于 1.50 h，二级不应小于 1.00 h，三级不应小于 0.50 h；建筑高度大于 100 m 的工业与民用建筑楼板的耐火极限不应低于 2.00 h。不同耐火等级建筑相应构件的燃烧性能要求如下。

（1）除防火墙外，建筑各部位构件的耐火性能是整体成套的提升或降低，即水桶效应。

一级耐火等级建筑，主要建筑构件全部为不燃烧材料；二级耐火等级建筑，主要建筑构件除吊顶为难燃烧材料外，其他为不燃烧材料；三级耐火等级建筑，屋顶承重构件为可燃材料；四级耐火等级建筑，除防火墙为不燃烧材料外，其余为难燃材料和可燃材料。

（2）防火墙是相邻建筑之间或建筑内防火分区之间的分隔墙，其作用是保证建筑火灾不可跨防火分区蔓延，因此防火墙耐火性能最高，不可降低。

为减少人员与财产损失，同时维持消防设施的持续运作与救援，结构支撑体（如柱或承重墙）的材料耐火性能仅次于防火墙，再次是楼梯间、分户墙与梁等，楼板又次之，其他构件或配件对建筑整体的稳定性、完整性或隔热性影响较小，最次。

专业思考

1. 简述确立建筑耐火等级的目的与意义。

2. 简述影响建筑耐火等级的因素。

3. 简述城市消防规划对城市建筑的耐火等级要求。

4. 从防火角度分析木结构建筑为何在我国城市中较少建造。

【答案】材料特性：投资大，规模差，要求高。

虽然我国传统建筑大量使用木结构，但现代建筑尽量不采用木结构建筑作为主要建筑形式。

①虽然木材经过防火处理能达到难燃水平，但我国把木结构建筑在耐火等级上定为四级（详见《建筑设计防火规范》GB 50016—2014（2018 年版），5.1.2）。

②根据城市消防规划要求，城市建筑应以一、二级耐火等级建筑为主，控制三级耐火等级建筑，严格限制四级耐火等级建筑（详见《城市消防规划规范》GB 51080—2015，3.0.1～3.0.8）。

③我国森林覆盖面积总体较小，特殊地区（如山区）木材较多，因而才有少量木结构建筑。

木结构建筑应按要求重点防火，控制其高度、层数、规模（面积与长度）等。

木结构建筑设计防火规范要求：详见《建筑设计防火规范》GB 50016—2014（2018 年版），第 11 章。

5. 简述燃烧性能等级与耐火等级的区别和适用范围。

【答案】燃烧性能等级与耐火等级分别指燃烧下的燃烧能力与耐燃能力；燃烧性能等级一般指材料，耐火等级指建筑。

6.【判断题】建筑物的耐久等级（或建筑的使用年限）越大其建筑物的耐火等级越高。（   ）

【答案】错。

【解析】两者没有对应关系。耐久等级（一～四级）指建筑的使用年限，耐久时间为 5 年、25 年、50 年、100 年。建筑在使用年限内，不会崩塌，只需简单的维修。

耐火等级指一个建筑的耐火性能（一～四级），一级最高。一般重点建筑或百年建筑，如人民大会堂，耐火等级是一级；如中国百年木塔，使用年限长，耐火性能不好，耐火等级为四级。临时建筑，使用年限短，但耐火等级也可能很高，如火神山医院。

7.【判断题】不燃材料一定比难燃材料的耐火极限长。（　　）

【答案】错。如铁皮门对比木制乙级防火门，可能更快失去隔热性，其耐火极限更差。因此需具体情况具体比较。

8.【单选题】当建筑火灾的燃烧时间超过承重构件的（　　）时，建筑结构就要失去稳定性，就有倒塌的可能。

A.稳固程度　　　　　B.耐压极限　　　　　C.耐火极限　　　　　D.耐温极限

【答案】C

9.【单选题】以木柱承重且以不燃烧材料作为墙体的单层厂房，其耐火等级应按（　　）级确定。

A.一　　　　　B.二　　　　　C.三　　　　　D.四

【答案】D

【解析】详见《建筑设计防火规范》GB 50016—2014（2018年版），3.2.17。

10.【单选题】一、二级耐火等级厂房（仓库）的屋面板应采用不燃材料。屋面防水层宜采用不燃、难燃材料，当采用可燃防水材料且铺设在可燃、难燃保温材料上时，防水材料或可燃、难燃保温材料应采用（　　）作为防护层。

A.不燃材料　　　　　　　　　　　B.可燃烧材料

C.难燃烧体的轻质复合屋面板　　　D.易燃烧材料

【答案】A

【解析】详见《建筑设计防火规范》GB 50016—2014（2018年版），3.2.16。

11.【多选题】建筑耐火等级指建筑物整体的耐火性能，可分为一、二、三、四级。下列关于建筑构件的燃烧性能和耐火极限的检查要求正确的有（　　）。

A.一级耐火等级建筑的主要构件都是不燃烧体

B.二级耐火等级建筑的吊顶为不燃烧体

C.三级耐火等级建筑的吊顶和房间隔墙为难燃烧体

D.以木柱承重且以不燃烧材料作为墙体的建筑，其耐火等级按三级确定

E.四级耐火等级建筑的主要构件，除防火墙体外，其余构件可采用难燃烧体或可燃烧体

【答案】ACE

【解析】二级耐火等级的吊顶可以是难燃性体，所以B项错误。以木柱承重且以不燃烧材料作为墙体的建筑，其耐火等级按四级确定，故D项错误。

5.2　防火构件与配件的选材与防火构造

建筑防火构件与配件分类如表 5-1 所示。

表 5-1　建筑防火构件与配件分类

分类		重点	备注
竖向分隔构件	防火墙；防火隔墙（包含竖井的防火隔墙）；外墙的窗洞（包含外墙设置的消防救援窗口，外墙或屋顶设置的通风、防排烟窗洞）；窗洞之间墙体的防火构造	内墙体、楼板与外墙体相连接处，外墙体上的防火构造要求	建筑外部防火构造要求如下。 ①窗洞防火构造，保证通风排烟，同时兼顾作为室外救援的攀登入口。 ②屋顶等处，设置孔洞（包含门）或高侧窗，保证应急排烟、排热。 ③外墙上的防火分隔：如水平防火挑檐，竖向防火分隔，防火墙或配套外墙。 ④其他要求：细部或配件的防火构造要求；建筑的内、外保温系统材料防火构造要求
水平分隔构件	楼板（天桥、栈桥和管沟）；屋顶内的闷顶	屋顶上的防火构造；室内的闷顶	
细部或配件	吊顶；防火门、防火窗、电梯门与防火卷帘等；变形缝、管道、防火阀、构件的节点外露部位、防火封堵材料、电气线路的敷设部位；外墙或屋面的防水层与保温层；建筑外墙的装饰层与广告牌	吊顶构造形式与储烟池，报警器的设置	

5.2.1　常用结构

参考规范：《建筑防火通用规范》GB 55037—2022，2.1.3，5.1.1，5.1.4。

结构用材的耐火性能是一切防火设计的支撑基础，应与其火灾危险性、建筑高度、使用功能和重要性、火灾扑救难度等相适应。

建筑的承重结构应保证其在受到火或高温作用后，在设计耐火时间内仍能正常发挥其承载功能；建筑中承重的金属结构或构件、木结构或构件、组合结构或构件、钢筋混凝土结构或构件，应根据设计耐火极限和受力情况等进行耐火性能验算和防火保护设计（见表 5-2），或采用耐火试验验证其耐火性能。

表 5-2　钢结构与钢筋混凝土结构在高温下的力学性能与防火构造

结构类型	高温下的物理力学性能	防火工法下的防火构造	备注	
钢结构	①自重轻，承载力大。当温度小于 175 ℃时，受热钢材强度略有升高；大于 175 ℃后，强度随温度升高急剧下降；当温度为 500 ℃时，钢材强度只有原来的 30%；到 750 ℃时，钢材强度已全部丧失。因此，必须对裸钢进行防火保护。 ②钢结构对比钢筋混凝土结构，其防火工法在火灾中失效后，其结构强度急剧下降，由于建筑上部自重碾压，建筑结构会呈现陡然崩溃现象，如美国"9·11"事件中钢结构大厦的倒塌	①非膨胀型防火涂料保护构造； ②防火板保护钢柱与钢梁构造； ③柔性毡状隔热材料保护构造； ④外包混凝土或砌筑砌体保护构造； ⑤复合防火保护（即组合工法防火保护）的构造	新的防火材料（如纳米隔热材料）应用于钢结构防火构造中，可兼顾减轻钢结构的自重与提高防火施工工艺	《建筑钢结构防火技术规范》GB 51249—2017，3.1.4，3.1.5，4.1.1～4.1.6，4.2.1～4.2.5

续表

结构类型	高温下的物理力学性能	防火工法下的防火构造		备注
钢筋混凝土结构	混凝土抗压强度随温度升高呈直线下降。不大于 300 ℃时，抗压强度变化不大；600 ℃时，抗压强度仅是常温下的 45%；1000 ℃时，抗压强度变为 0。抗拉强度随温度升高呈直线下降。600 ℃时，混凝土的抗拉强度为 0。与抗压强度相比，抗拉强度对温度更敏感	①高温中，混凝土构件的内部温度，将由表到内呈递减状态。因此适当增加混凝土保护层的厚度（防火工法），是降低钢筋温度、提高构件耐火性能的重要措施之一。砖墙、钢筋混凝土墙或柱的耐火极限与混凝土保护层厚度成正相关。②从经济角度出发，保护层和抹灰厚度总和在 35 mm 以上，就能基本满足二级耐火等级的要求	其他常用防火工法：防火涂料、吊顶、组合法等	《建筑设计防火规范》GB 50016—2014（2018 年版），附录

5.2.2 竖向分隔构件

参考规范：《建筑设计防火规范》GB 50016—2014（2018 年版），附录；《建筑防火通用规范》GB 55037—2022，6.4.9。

建筑内的分隔墙体，因场所功能或部位不同，有不同的耐火极限要求，如公共建筑内厨房的隔墙的耐火极限不低于 2.00 h，住宅内的厨房与餐厅之间的装修隔断没有具体要求，大空间办公的临时装修轻质隔墙的耐火性能可以忽略。

防火隔墙因材料特性可分为砌块隔墙、轻质混凝土墙、轻质复合墙等，它们有着不同的耐火极限。如砌块隔墙，其耐火极限取决于材料自身耐火性能与材料厚度，厚度为 240 mm 的普通黏土砖的耐火极限为 5.5 h；厚度为 120 mm 的普通黏土砖的耐火极限为 2.5 h；用于防火分隔的防火玻璃墙，耐火性能不应低于所在防火分隔部位的耐火性能要求。

5.2.2.1 防火墙

参考规范：《建筑防火通用规范》GB 55037—2022，6.1，6.2，6.4；《建筑设计防火规范》GB 50016—2014（2018 年版），6.1.3，6.1.4，6.1.6。

参考图例：《〈建筑设计防火规范〉图示》18J811—1。

（1）防火墙与防火隔墙的防火构造比较如表 5-3 所示。

表 5-3 防火墙与防火隔墙的防火构造比较

防火构造方式	防火分区之间的防火墙	防火分区内场所的防火隔墙	对比	备注
防火原理	墙体任一侧的构件或物体受火作用发生破坏或倒塌并作用到防火墙体时，防火墙体应仍能在一定时间内阻止火灾蔓延至防火墙体的另一侧。防火隔墙的最高耐火极限等同于防火墙，如储油间的防火隔墙		原理相同	《建筑防火通用规范》GB 55037—2022，2.1.3、6.1

续表

防火构造方式		防火分区之间的防火墙	防火分区内场所的防火隔墙	对比	备注
墙体建造部位与防火构造要求		防火分区之间的墙体，应直接设置在建筑的基础或具有相应耐火性能的框架、梁等承重结构上，并应从楼地面基层隔断至结构梁、楼板或屋面板的底面	防火分区内的分隔墙体，应从楼地面基层隔断至梁、楼板或屋面板的底面基层，如住宅分户墙	防火墙建造于结构或基础上，防火隔墙不一定	《建筑防火通用规范》GB 55037—2022，6.2
自身材料耐火性能		耐火极限不小于 3.00 h，任何部位保持不变且不能崩溃（甲、乙类厂房和甲、乙、丙类仓库内的防火墙耐火极限不小于 4.00 h）	耐火极限与建筑耐火等级和部位相关，如耐火等级四级，非承重外墙为可燃性	防火墙耐火性能不变；防火隔墙耐火性能满足场所与部位要求，根据具体要求变化	防火墙的作用等同于中国古代封火山墙
防火墙体上的门窗与防火卷帘		防火墙上的门、窗等开口应采取防止火灾蔓延至防火墙另一侧的措施	与防火墙的防火构造原理相同	与墙体的耐火性能相匹配	详见本章 5.2.2.3 节
与建筑外表皮相交处	外墙	①提高相交处外墙的一段墙体的耐火性能；②伸出外墙，包括水平防火挑檐，竖向防火分隔墙，其耐火性能均不应低于该处外墙的耐火性能要求；③增加消防设施	与防火墙的防火构造原理相同，如住宅外墙的竖向防火分隔	因外墙材料耐火性能不同，防火构造不同；与外墙的耐火性能相匹配	详见《建筑设计防火规范》GB 50016—2014（2018 年版），6.1.3，6.1.4；本章 5.2.2.4 节
	外墙上的门、窗等开口	增大窗槛墙距离，或门、窗用防火门窗构造	与防火墙的防火构造原理相同	与外墙的耐火性能相匹配	详见本章 5.2.2.4 节
	屋顶与楼板	①提高相交处一段屋顶楼板的耐火性能；②防火墙凸出屋顶；③屋顶处开窗，与防火墙保证防火距离	与防火墙的防火构造原理相同	因屋顶材料耐火性能不同，防火构造不同；与屋顶的耐火性能相匹配	《建筑设计防火规范》GB 50016—2014（2018 年版），6.3
具体建筑与场所		任何部位耐火性能保持不变	具体部位或场所，因要求不同，设置具体防火构造，如住宅与非住宅功能合建的墙体应符合规范规定		《建筑设计防火规范》GB 50016—2014（2018 年版），4.3.2

（2）与防火墙相连构件和设施的防火构造如表 5-4 所示。

参考图例：《〈建筑设计防火规范〉图示》18J811—1，6.1。

表 5-4　与防火墙相连构件和设施的防火构造

与防火墙相连的部位和设施	防火墙处的构造要求	《建筑设计防火规范》GB 50016—2014（2018年版）条款
外墙为难燃性或可燃性墙体	防火墙应凸出墙的外表面 0.4 m 以上，且防火墙两侧的外墙均应为宽度不小于 2.0 m 的不燃性墙体，其耐火极限不应低于外墙的耐火极限	6.1.3
外墙为不燃性墙体	①防火墙可不凸出墙的外表面。②紧靠防火墙两侧的门窗、洞口之间最近边缘的水平距离不应小于 2.0 m；采取设置乙级防火窗等防止火灾水平蔓延的措施时，该距离不限	6.1.3
当防火墙设置在转角处时	转角两侧墙上的门窗、洞口之间最近边缘的水平距离不应小于 4.0 m；采取设置乙级防火门窗等措施时，该距离不限	6.1.4
除可燃气体或甲、乙、丙类液体的管道外的其他管道	不宜穿过，当确需穿过时，应采取防火封堵材料填缝；管道的保温材料为不燃材料；管道为难燃及可燃材料时，应在防火墙两侧的管道上采取防火措施	6.1.6

5.2.2.2　防火隔墙

（1）防火隔墙与相连构件的防火构造如表 5-5 所示。

参考图例：《〈建筑设计防火规范〉图示》18J811—1，6.2.4。

表 5-5　防火隔墙与相连构件的防火构造

设置部位或空间特点		建筑内隔墙材料耐火性能与耐火极限	隔墙上的门窗要求	楼板或屋面板材料耐火性能与耐火极限	备注	
					《建筑防火通用规范》GB 55037—2022 条款	《建筑设计防火规范》GB 50016—2014（2018年版）条款
民用或工业建筑	建筑高度大于 100 m 的工业与民用建筑			≥ 2.00 h	5.1.3	
	一级耐火等级工业与民用建筑			≥ 1.50 h；屋面板为不燃材料		5.1.5
	二级耐火等级工业与民用建筑			≥ 1.00 h；屋面板为不燃材料		5.1.5
	二级耐火等级建筑		难燃材料；≥ 0.75 h			5.1.6
		面积不大于 100 m²	难燃材料；≥ 0.50 h			
			不燃材料；≥ 0.30 h			

续表

设置部位或空间特点		建筑内隔墙材料耐火性能与耐火极限	隔墙上的门窗要求	楼板或屋面板材料耐火性能与耐火极限	备注	
					《建筑防火通用规范》GB 55037—2022 条款	《建筑设计防火规范》GB 50016—2014（2018年版）条款
民用或工业建筑	二级耐火等级多层住宅楼板			预应力钢筋混凝土楼板 ≥ 0.75 h		5.1.6
	金属夹芯板材屋面板（可用于其他建筑构件如非承重外墙、房间隔墙）	夹芯板材为不燃材料		夹芯板材为不燃材料	11.0.3	5.1.7
	天桥、栈桥和管沟			不燃材料		6.6.1、6.6.3、6.6.4
	除住宅建筑套内的自用楼梯外，建筑的地下或半地下室、平时使用的人民防空工程、其他地下工程的地下楼层的疏散楼梯间与地上楼层的疏散楼梯间，应在直通室外地面的楼层采用防火隔墙分隔	无开口的防火隔墙 ≥ 2.00 h			7.1.10	
	竖井的防火隔墙		详见本章 5.2.2.2 节			
	避难层内	避难区与设备间、管道井之间	≥ 3.00 h			7.1.15	
		管道井和设备间之间的防火隔墙	≥ 2.00 h				
设备用房（参考图例：《〈建筑设计防火规范〉图示》18J811—1 5.4.12～5.4.15，6.2.7）	燃油或燃气锅炉、可燃油油浸变压器、充有可燃油的高压电容器和多油开关、柴油发电机房等应独立建造的设备用房与民用建筑贴邻时，应采用防火墙分隔，且不应贴邻建筑中人员密集的场所（当位于人员密集的场所的上一层、下一层或贴邻时，应采取防止设备用房的爆炸作用危及上一层、下一层或相邻场所的措施）	≥ 2.00 h	设备用房的疏散门应直通室外或安全出口；采用甲级防火门、窗	不燃材料；≥ 1.50 h	4.1.4	
	储油间（储存量不应大于 1 m³）与发电机间、锅炉间的防火隔墙	≥ 3.00 h			4.1.5	
	变压器之间、变压器室与配电室之间分隔墙（变压器室应位于建筑的靠外侧部位，不应设置在地下二层及以下楼层）	≥ 2.00 h	变压器室之间、变压器室与配电室之间设防火门；耐火极限不小于 2.00 h		4.1.6	
	消防水泵房，消防控制室	≥ 2.00 h	采用防火门、窗	≥ 1.50 h	4.1.7、4.1.8	

续表

设置部位或空间特点		建筑内隔墙材料耐火性能与耐火极限	隔墙上的门窗要求	楼板或屋面板材料耐火性能与耐火极限	备注	
					《建筑防火通用规范》GB 55037—2022 条款	《建筑设计防火规范》GB 50016—2014（2018年版）条款
工业或民用建筑内场所	①甲、乙类生产部位和建筑内使用丙类液体的部位；②厂房内有明火和高温的部位，甲、乙、丙类厂房（仓库）内布置有不同火灾危险性类别的房间；③民用建筑内的附属库房，剧场后台的辅助用房	≥ 2.00 h	采用乙级防火门、窗			6.2.3
	与其他区域分隔时：①住宅建筑中的汽车库和锅炉房；②建筑内的厨房（居住建筑中的套内自用厨房可不分隔的除外）；③医疗建筑中的手术室或手术部、产房、重症监护室、贵重精密医疗装备用房、储藏间、实验室、胶片室等；④建筑中的儿童活动场所、老年人照料设施；⑤除消防水泵房与消防控制室外，其他消防设备或器材用房	≥ 2.00 h	采用防火门、窗	≥ 1.00 h	4.1.3	
住宅部分与非住宅之间	除汽车库的疏散出口外，住宅部分与非住宅部分之间	无开口的防火隔墙≥ 2.00 h		不燃材料；≥ 2.00 h	4.3.2	
	住宅与商业设施合建的建筑，其商业设施中每个独立单元之间	无开口的防火隔墙≥ 2.00 h				
医疗建筑	医疗建筑中住院病房内相邻护理单元之间	≥ 2.00 h	采用甲级防火门		4.3.6	
娱乐场所	歌舞娱乐放映游艺场所房间之间的防火隔墙；与建筑的其他部位之间	≥ 2.00 h		不燃性楼板；≥ 1.00 h	4.3.7	
地铁	地铁车站的站厅、站台、出入口通道、换乘通道、换乘厅与非地铁功能设施之间		采取防火分隔措施		4.4.2	

设置部位或空间特点		建筑内隔墙材料耐火性能与耐火极限	隔墙上的门窗要求	楼板或屋面板材料耐火性能与耐火极限	备注	
					《建筑防火通用规范》GB 55037—2022 条款	《建筑设计防火规范》GB 50016—2014（2018年版）条款
地铁	地铁工程中的下列场所应分别独立设置，并应与其他部位分隔：①车站控制室（含防灾报警设备室）、车辆基地控制室（含防灾报警设备室）、环控电控室、站台门控制室；②变电站、配电室、通信及信号机房；③固定灭火装置设备室、消防水泵房；④废水泵房、通风机房、蓄电池室；⑤车站和车辆基地内火灾时需继续运行的其他房间	≥ 2.00 h	采用防火门、窗	≥ 1.50 h	4.4.3	
	在地铁车辆基地建筑的上部建造其他功能的建筑时：①车辆基地建筑与其他功能的建筑之间；②车辆基地建筑中承重的柱、梁和墙体	≥ 3.00 h		≥ 2.00 h	4.4.4	
交通隧道	交通隧道内的变电站、管廊、专用疏散通道、通风机房及其他辅助用房等，与车行隧道之间应设防火隔墙	≥ 2.00 h			4.4.5	
物流建筑	物流作业区域与辅助办公区域之间防火隔墙（丙、丁类物流建筑的耐火等级不应低于二级，物流作业区域和辅助办公区域应分别设置独立的安全出口或疏散楼梯）	≥ 3.00 h		≥ 2.00 h	5.2.4	
飞机库	飞机库的外围护结构、内部隔墙和屋面保温隔热层，均应采用燃烧性能为 A 级的材料	不燃材料	飞机库大门及采光材料的燃烧性能不小于 B_1 级		6.6.3	
厂房内的辅助用房	设置在丙类厂房内的辅助用房	≥ 2.00 h	应设置至少1个独立的安全出口	≥ 1.00 h	4.2.2	
厂房内的仓库	设置在厂房内的甲、乙、丙类中间仓库	防火墙		不燃材料；≥ 1.50 h	4.2.3	

设置部位或空间特点		建筑内隔墙材料耐火性能与耐火极限	隔墙上的门窗要求	楼板或屋面板材料耐火性能与耐火极限	备注	
					《建筑防火通用规范》GB 55037—2022 条款	《建筑设计防火规范》GB 50016—2014（2018 年版）条款
仓库内的辅助用房	丙、丁类仓库内的办公室、休息室等辅助用房	≥ 2.00 h	采用防火门、窗；设置独立的安全出口	≥ 1.00 h	4.2.7	

（2）竖井用耐火材料四面围合，为保护其内的设备（如电梯）或功能（如作为垃圾道、烟道、通风道），构成相对周边较高的防火区域。因其保护的设备与功能的不同，其四面墙体的材料耐火极限不同（见表 5-6）。

参考图例：《〈建筑设计防火规范〉图示》18J811—1，6.2.9。

表 5-6　竖井的防火构造

竖井名称	防火构造	门	备注	
			《建筑防火通用规范》GB 50016—2022 条款	《建筑设计防火规范》GB 50016—2014（2018 年版）条款
电梯井	①应独立设置，电梯井内不应敷设或穿过可燃气体或甲、乙、丙类液体管道及与电梯运行无关的电线或电缆等；②消防电梯井和机房应采用耐火极限不低于 2.00 h 且无开口的防火隔墙与相邻井道、机房及其他房间分隔；③电梯井的井壁除设置电梯门、安全逃生门和通气孔洞外，不应设置其他开口	电梯层门的耐火完整性不小于 2.00 h；电梯门不应采用栅栏门	2.2.9，6.3.1	
电气竖井、管道井、排烟或通风道、垃圾井等	应分别独立设置，井壁的耐火极限均不应低于 1.00 h	对于埋深大于 10 m 的地下建筑或地下工程或建筑高度大于 100 m 的建筑，检查门应为甲级防火门	6.3.2，6.4.4	
		对于层间无防火分隔的竖井和住宅建筑的合用前室，检查门的耐火性能不应低于乙级防火门的要求		
		对于其他建筑，检查门的耐火性能不应低于丙级防火门的要求，当竖井在楼层处无水平防火分隔时，检查门的耐火性能不应低于乙级防火门的要求		

续表

竖井名称	防火构造		门	备注	
				《建筑防火通用规范》GB 55037—2022 条款	《建筑设计防火规范》GB 50016—2014（2018年版）条款
垃圾道（国内住宅基本淘汰）	①宜靠外墙独立设置，不宜设在楼梯间内； ②垃圾斗宜设在垃圾道前室内，前室门采用丙级防火门，垃圾斗应用不燃材料制作并能自动关闭； ③垃圾道排气口应直接开向室外				6.2.9
通风管道井、送风管道井、排烟管道井、必须通风的燃气管道竖井及其他有特殊要求的竖井	水平防火隔断	可不在层间的楼板处分隔		6.3.3	
除上述竖井外，其他竖井		其他竖井应在每层楼板处采取防火分隔措施，且防火分隔组件的耐火性能不应低于楼板的耐火性能		每层的水平防火分隔通常施工时直接在楼板处预留套管组件	

注：（1）电气线路和各类管道穿过防火墙、防火隔墙、竖井井壁、建筑变形缝处和楼板处的孔隙应采取防火封堵措施。防火封堵组件的耐火性能不应低于防火分隔部位的耐火性能要求。详见《建筑防火通用规范》GB 55037—2022，6.3.4。

（2）通风和空气调节系统的管道、防烟与排烟系统的管道穿过防火墙、防火隔墙、楼板、建筑变形缝处，建筑内未按防火分区独立设置的通风和空气调节系统中的竖向风管与每层水平风管交接的水平管段处，均应采取防止火灾通过管道蔓延至其他防火分区区域的措施。详见《建筑防火通用规范》GB 55037—2022，6.3.5。

（3）水平管道的防火构造：详见本章5.2.4.2节。

5.2.2.3 防火门、防火窗、电梯门与防火卷帘等的防火构造

防火门、防火窗、电梯门与防火卷帘等的防火构造如表5-7所示。

表 5-7　防火门、防火窗、电梯门与防火卷帘等的防火构造

建筑防火构件	构件的耐火极限与耐火性能	使用场所与材料要求	设置要求	备注	
				《建筑防火通用规范》GB 55037—2022 条款	
民用防火门（参考图例：《〈建筑设计防火规范〉图示》18J811—1，6.5.1）	甲级，≥1.5 h，主要采用钢材构造	①设置在防火墙上的门、疏散走道在防火分区处设置的门；设置在耐火极限要求不小于3.00 h的防火隔墙上的门，如油库；设置在变形缝附近的防火门（应设置在楼层较多的一侧，并应保证防火门开启时门扇不跨越变形缝）。②电梯间、疏散楼梯间与汽车库连通的门。③室内开向避难走道前室的门、避难间的疏散门；防火隔间的门。④多层乙类仓库和地下、半地下及多、高层丙类仓库中从库房通向疏散走道或疏散楼梯间的门。⑤对于埋深大于10 m的地下建筑或地下工程以及建筑高度大于100 m的建筑，其电气竖井、管道井、排烟道、排气道、垃圾道等竖向井壁上的检查门。⑥平时使用的人民防空工程中代替甲级防火门的防护门、防护密闭门、密闭门。⑦高层建筑主体与裙房之间可采用防火墙和甲级防火门分隔。⑧燃油或燃气锅炉、可燃油油浸变压器、充有可燃油的高压电容器和多油开关、柴油发电机房等应采用耐火极限不低于2.00 h的防火隔墙和耐火极限不低于1.50 h的不燃性楼板与其他部位分隔，防火隔墙上的门、窗应为甲级防火门、窗。⑨医疗建筑中住院病房内相邻护理单元之间应采用耐火极限不低于2.00 h的防火隔墙和甲级防火门分隔。⑩室外电缆沟或电缆隧道在进入建筑、工程或变电站处应采取防火分隔措施，防火分隔部位的耐火极限不应低于2.00 h，门应采用甲级防火门。⑪在建筑高度不大于100 m时，用乙级防火门的部位，在建筑高度大于100 m的建筑相应部位的门应为甲级防火门	①设置在建筑内经常有人通行处的防火门宜采用常开防火门。常开防火门应能在火灾时自行关闭，并应具有信号反馈的功能。②除允许设置常开防火门的位置外，其他位置的防火门均应采用常闭防火门。常闭防火门应在其明显位置设置"保持防火门关闭"等提示标识。③除管井检修门和住宅的户门外，防火门应具有自行关闭功能。双扇防火门应具有按顺序自行关闭的功能。④防火门应能在其内外两侧手动开启；门的开启方向：见本书第3章3.1.6.3节。⑤在关闭后应具有烟密闭的性能。⑥特殊情况，要求提高部分构件的耐火等级。如建筑外部防火间距不足；建筑内部场所原耐火等级不够，改造装修，提高门窗等防火要求（推闩式外开门是门闩具有锁的功能的门。当在房间里向外推门时，门闩会自动打开，门也会被推开。如果没有钥匙，门无法从外向内打开。这些门通常用于消防通道）	4.1.2，4.1.4，4.3.6，6.4.1～6.4.5，7.1.15，10.2.3	《建筑设计防火规范》GB 50016—2014（2018年版），6.4.14，6.5.1；《防火门》GB 12955，4.4

续表

建筑防火构件	构件的耐火极限与耐火性能	使用场所与材料要求	设置要求	备注	
				《建筑防火通用规范》GB 55037—2022条款	
民用防火门（参考图例:《〈建筑设计防火规范〉图示》18J811—1, 6.5.1）	乙级，≥1.0 h，主要采用钢材或经过防火处理的难燃木材构造	①甲、乙类厂房，多层丙类厂房，人员密集的公共建筑和其他高层工业与民用建筑中封闭楼梯间的门；歌舞娱乐放映游艺场所中的房间疏散门；地下、半地下及多、高层丁类仓库中从库房通向疏散走道或疏散楼梯的门。②防烟楼梯间及其前室的门；消防电梯前室或合用前室的门；前室开向避难走道的门；从室内通向室外疏散楼梯的疏散门。③设置在耐火极限要求不低于2.00 h的防火隔墙上的门。如甲、乙类生产部位和建筑内使用丙类液体的部位；厂房内有明火和高温的部位；甲、乙、丙类厂房（仓库）内布置有不同火灾危险性类别的房间；民用建筑内的附属库房，剧场后台的辅助用房；除居住建筑中套内的厨房外，宿舍、公寓建筑中的公共厨房和其他建筑内的厨房；附设在住宅建筑内的机动车库。④电气竖井、管道井、排烟道、排气道、垃圾道等竖井井壁上的检查门，在层间无防火分隔的竖井，门的耐火性能不应低于乙级防火门的要求		6.4.3, 6.4.4	《建筑设计防火规范》GB 50016—2014（2018年版），6.2.3；本章5.2.2.2节
	丙级，≥0.5 h，主要采用经过防火处理的难燃木材	丙级防火门主要用于电气竖井、管道井、排烟道、排气道、垃圾道等竖井井壁上的检查门；当竖井在楼层处无水平防火分隔时，门的耐火性能不应低于乙级防火门的要求		6.4.4	本章5.2.2.2节
普通门	无防火要求	直通室外和屋面的门可采用普通门	注意特殊要求除外	6.4.3	

续表

建筑防火构件	构件的耐火极限与耐火性能	使用场所与材料要求	设置要求	备注	
				《建筑防火通用规范》GB 55037—2022 条款	
民用防火窗（参考图例：《〈建筑设计防火规范〉图示》18J811—1，6.5.2）	甲级，≥1.5 h	设置在防火墙和要求耐火极限不低于3.00 h 的防火隔墙上的窗应为甲级防火窗	①民用防火窗由窗框、防火玻璃、防火封堵材料构成。主要由防火玻璃的耐火性能确定防火窗的耐火性能。②一般采用固定防火窗，如必须开启，当火灾发生时应有自行关闭功能。其耐火极限与周边墙体配套	6.4.6	《建筑设计防火规范》GB 50016—2014（2018年版），6.5.2；《防火窗》GB 16809，4.2.2
	乙级，≥1.0 h	①设置不低于乙级防火窗的位置，如歌舞娱乐放映游艺场所中房间开向走道的窗；设置在避难间或避难层中避难区对应外墙上的窗；其他要求耐火极限不低于2.00 h 的防火隔墙上的窗。②特殊要求的窗：详见本书5.2.2.4 节		6.4.7	
	丙级，≥0.5 h	特殊要求的窗：详见本书5.2.2.4 节			
		防火玻璃墙：详见本书5.2.2.4 节	用于防火分隔的防火玻璃墙，耐火性能不应低于所在防火分隔部位的耐火性能要求	6.4.9	
普通窗	无防火要求	直面室外和屋顶窗可采用普通窗			
民用防火卷帘（参考图例：《〈建筑设计防火规范〉图示》18J811—1，6.5.3）		①建筑内的下列部位应采用耐火极限不低于2.00 h 的防火隔墙与其他部位分隔，墙上的门、窗应采用乙级防火门、窗，确有困难时，可采用防火卷帘：甲、乙类生产部位和建筑内使用丙类液体的部位；厂房内有明火和高温的部位；甲、乙、丙类厂房（仓库）内布置有不同火灾危险性类别的房间；民用建筑内的附属库房，剧场后台的辅助用房；附设在住宅建筑内的机动车库，除居住建筑中套内的厨房外，宿舍、公寓建筑中的公共厨房和其他建筑内的厨房。（参考图例：《〈建筑设计防火规范〉图示》18J811—1，5.3.3，6.2.3）②常见开敞的电梯厅、百货大楼的营业厅、自动扶梯等部位的封隔。③当兼作消防电梯的货梯前室无法设置防火门作为开口时，可采用防火卷帘分隔。	①防火卷帘是一种专门开发的、活动的防火分隔构件，耐火性能不应低于防火分隔部位的耐火性能要求。②防火卷帘应在关闭后具有烟密闭的性能。防火卷帘应具有防烟性能，与楼板、梁、墙、柱之间的空隙应采用防火封堵材料封堵。③防火卷帘应具有在火灾时不需要依靠电源等外部动力源而依靠自重自行关闭的功能。需在火灾时自动降落的防火卷帘，应具有信号反馈的功能。	2.2.8，6.4.8	《建筑设计防火规范》GB 50016—2014（2018年版），6.2.3，6.5.3；《防火卷帘》GB 14102—2005，5.4

续表

建筑防火构件	构件的耐火极限与耐火性能	使用场所与材料要求	设置要求	备注	
				《建筑防火通用规范》GB 55037—2022 条款	
民用防火卷帘（参考图例：《〈建筑设计防火规范〉图示》18J811—1，6.5.3）		注：民用防火卷帘有隔热与非隔热类型，是否设置自动喷水灭火系统保护，取决于防火卷帘的耐火极限是否符合《门和卷帘的耐火试验方法》GB/T 7633—2008 有关耐火完整性和耐火隔热性的判定条件。只具备耐火完整性时，应设置自动喷水灭火系统保护，且时间不应小于该防火卷帘的耐火极限	④在同一防火分隔区域的界限处采用多樘防火卷帘分隔时，防火卷帘应具有同步降落封闭开口的功能。⑤除中庭外，当防火分隔部位的宽度不大于30 m时，防火卷帘的宽度不应大于10 m；当防火分隔部位的宽度大于30 m时，防火卷帘的宽度不应大于该部位宽度的1/3，且不应大于20 m	2.2.8、6.4.8	《建筑设计防火规范》GB 50016—2014（2018年版），6.2.3、6.5.3；《防火卷帘》GB 14102—2005，5.4
民用电梯门	30 min、60 min、90 min、120 min 共四级	一般电梯层门的耐火完整性不小于2.00 h，与周边配套墙体保持一致		6.3.1	《电梯层门耐火试验完整性、隔热性和热通量测定法》GB/T 27903—2011，4.2
防火幕	不燃材料	如舞台防火幕	能阻止火灾产生的烟和热通过的活动式的幕		《建筑设计防火规范》GB 50016—2014（2018年版），8.3.6
防火堤	不燃材料		防止可燃液体外流和火灾蔓延的构筑物		《建筑设计防火规范》GB 50016—2014（2018年版），4.2.5

5.2.2.4 外墙与窗洞

参考规范：《建筑防火通用规范》GB 55037—2022，6.2.3；《建筑设计防火规范》GB 50016—2014（2018年版），6.2.5；《汽车库、修车库、停车场设计防火规范》GB 50067—2014，5.1.6；《住宅建筑规范》GB 50368—2005，9.4.1 ～ 9.4.2。

火势从外墙窗洞向上层或左右窗洞蔓延，是建筑火灾蔓延的一个重要途径。因此要求上下窗槛墙与左右窗间墙要有一定的耐火极限，且有一定的防火距离，即上下窗槛墙的防火距离不小于1200 mm（窗台高900 mm，梁高不小于 300 mm），左右窗间墙的防火距离不小于 1000 mm（如住宅）。

（1）窗槛墙距离不能达到防火要求时的措施。

参考图例：《〈建筑设计防火规范〉图示》18J811—1，6.2.5，6.2.6。

①当其建筑室内配置有自动喷水灭火系统时，上下窗槛墙高度可适当降低，但不应小于 800 mm。

②上下窗槛墙距离不足，或火灾危险等级较大的场所，如锅炉房、汽车库、修车库等，窗槛墙上设突出外墙的水平防火分隔隔板，即设防火挑檐。其耐火极限同外墙的耐火极限，一般为不小于 1.00 h 的不燃实体，长度不应小于开口宽度。

对于住宅，当上下窗口距离不大于 800 mm 时，应设防火挑檐，其宽度不小于 500 mm。

③改变上下窗槛墙的设计方式，即凹陷式窗，使窗上的水平出挑墙体起防火挑檐作用。相同作用的还有阳台、开敞走道、水平遮阳板等，这些是防止火灾竖向蔓延的措施之一。

④窗槛墙防火距离不足时，可把窗洞设置为防火窗洞，如商业建筑造型。具体措施如下。

a. 采用普通玻璃窗，内设防火墙裙，墙裙高度不小于 0.8 m。

b. 内不加防火墙裙，采用由窗框、防火玻璃、防火封墙材料构成的防火窗。防火窗耐火极限，在高层建筑中不低于 1.00 h，在多层建筑中不低于 0.50 h。

⑤外墙设置玻璃幕墙时，其防火构造原理同防火窗洞。玻璃幕墙按防火材料可分为普通玻璃与防火玻璃。当建筑使用防火玻璃作为玻璃幕墙时，可不用在其内设立防火墙裙。

整块防火玻璃不宜跨越防火分区，即防火墙不应与玻璃直接连接，而应与其框架连接。建筑幕墙应在每层楼板外沿处，采取防止火灾通过幕墙空腔等构造竖向蔓延的措施。

参考规范:《建筑防火通用规范》GB 55037—2022,6.2.4;《建筑设计防火规范》GB 50016—2014(2018 年版)，6.2.5 ～ 6.2.6；《玻璃幕墙工程质量检验标准》JGJ/T 139—2020，2.4；《玻璃幕墙工程技术规范》JGJ 102—2003，4.4.6 ～ 4.4.12 。

（2）窗间墙距离不能达到防火要求时的措施。

①设置突出外墙的竖向防火分隔隔板。其原理等同防火墙突出外墙。如住宅相邻套房之间的外墙窗口防火距离不足时，或住宅套房窗口与楼梯间窗口的防火距离不足时，或疏散楼梯间及其前室上的开口与建筑外墙上的其他相邻开口最近边缘之间的水平距离不足时，即左右窗间墙的水平距离不大于 1000 mm，外墙加设竖向防火分隔墙体，其突出墙体为 600 mm，其耐火极限不应低于附着外墙的耐火等级要求。

②设置防火窗洞。设置方式同窗槛墙上下的防火窗洞。

（3）窗洞内的人员安全防护措施。

外窗窗台高度不足时，其内应设人员保护栏杆。如阶梯教室后排的外窗，其窗台与地面的高度一般没有达到 900 mm，窗在开启时，易产生危险，应在外窗内侧安装距离地面高度不小于 1100 mm 的栏杆。

（4）外墙设置消防救援窗口：详见本书第 2 章，2.3.5 节。

（5）外墙或屋顶设置通风、防排烟窗洞：详见本书第 4 章，4.3.2 节。

5.2.3　水平分隔构件

（1）楼板、天桥、栈桥和管沟的防火构件详见本书 5.2.2.2 节。

（2）屋顶内的闷顶部位的防火构造如表 5-8 所示。

参考图例：《〈建筑设计防火规范〉图示》18J811—1，6.3.1 ~ 6.3.3，6.6.1 ~ 6.6.4。

表 5-8　屋顶内的闷顶部位的防火构造

耐火等级与层数	建筑部位	范围	材料燃烧性能	防火构造要求	《建筑设计防火规范》GB 50016—2014（2018 年版）条款
三、四级	闷顶		用可燃材料作绝热层	屋顶不应采用冷摊瓦	6.3.1
	闷顶内的烟囱周边	非金属烟囱周围 0.5 m、金属烟囱 0.7 m 范围内	用不燃材料作绝热层		
三级，层数大于 2	闷顶上的老虎窗	每个防火隔断范围内应设置老虎窗		老虎窗的间距不大于 50 m	6.3.2
	闷顶（内有可燃物）	每个防火隔断范围内，应设置闷顶入口		闷顶入口的净宽度和净高度均不小于 0.7 m；公共建筑的闷顶入口不少于 2 个；闷顶入口宜布置在走廊中靠近楼梯间的部位	6.3.3

注：建筑屋顶上的开口与邻近建筑或设施之间，应采取防止火灾蔓延的措施，详见《建筑设计防火规范》GB 50016—2014（2018 年版），6.3.7。

5.2.4　细部或配件

5.2.4.1　吊顶

参考规范：《建筑设计防火规范》GB 50016—2014（2018 年版），5.1.8；《建筑内部装修设计防火规范》GB 50222—2017，3.0.4 ~ 3.0.6。

参考图例：《〈建筑设计防火规范〉图示》18J811—1，5.1.8。

吊顶（见表 5-9）常采用轻钢（A 级不燃材料）龙骨；吊顶的防火能力取决于吊顶面板的耐火极限，面板主要采用 A 级不燃材料，少量采用 B_1 级难燃材料。安装在金属龙骨上燃烧性能达到 B_1 级的纸面石膏板、矿棉吸声板，可作为 A 级装修材料使用；复合型装修材料的燃烧性能等级应进行整体检测确定。

表 5-9　不同构造方式的吊顶

吊顶构造方式	作用	防火、烟、热的能力	面板材料	火灾探测器在吊顶内外的设置	备注
格栅吊顶	美观；不能保护吊顶内的设备；能观察到吊顶内的火灾，如电线阴燃	吊顶中的结构梁可作为挡烟垂壁控制烟、热的流动；不能防火	可无面板	楼板处	常见于超市，教学楼的走廊等

吊顶构造方式	作用	防火、烟、热的能力	面板材料	火灾探测器在吊顶内外的设置	备注
面板开孔的吊顶	美观；不能保护吊顶内的设备；根据不同情况，能抬高储烟仓的位置	吊顶开孔率的不同，防烟、热的能力不同，不能防火。挡烟分隔设施的深度：当吊顶开孔率不大于25％或开孔不均匀时，吊顶内空间高度不得计入储烟仓厚度；开孔率大于25％时，吊顶内空间高度计入储烟仓厚度	A级，常用有孔金属吊顶	①镂空面积与总面积的比例不大于15％时，探测器应设置在吊顶下方；镂空面积与总面积的比例大于30％时，探测器应设置在吊顶上方；镂空面积与总面积的比例为15％～30％时，探测器的设置部位应根据实际试验结果确定。②探测器设置在吊顶上方且火警确认灯无法观察时，应在吊顶下方设置火警确认灯。③地铁站台等有活塞风影响的场所，镂空面积与总面积的比例为30％～70％时，探测器宜同时设置在吊顶上方和下方	《火灾自动报警系统设计规范》GB 50116—2013，6.2.18；《建筑防烟排烟系统技术标准》GB 51251—2017，4.2.2
实体吊顶	美观；保护吊顶内的设施；吊顶内的阴燃不易被发现且易通过管井蔓延	烟、热会在吊顶下蔓延；能防火	A级，常用石膏板吊顶、石棉型硅酸钙板吊顶、不锈钢板材吊顶等	实体吊顶面板下，同时吊顶内宜增设一氧化碳火灾探测器	常见于教室、营业厅、住宅

二级耐火等级建筑内采用不燃材料吊顶，且其耐火极限不限；三级耐火等级建筑，应采用不燃材料吊顶或难燃材料吊顶（耐火极限不小于0.25 h）。二、三级耐火等级建筑内门厅、走道应采用不燃材料吊顶。

5.2.4.2　变形缝、管道、防火阀、构件的节点外露部位、防火封堵材料、电气线路的敷设、挡烟垂壁

参考图例：《〈建筑设计防火规范〉图示》18J811—1，6.3.4～6.3.6。

建筑变形缝、管道、防火阀、构件的节点外露部位、防火封堵材料、电气线路的敷设、挡烟垂壁的防火构造如表5-10所示。

表5-10　建筑变形缝、管道、防火阀、构件的节点外露部位、防火封堵材料、电气线路的敷设、挡烟垂壁的防火构造

细部或配件	设置部位与要求	备注	《建筑设计防火规范》GB 50016—2014（2018年版）条款
变形缝：宜在变形缝处，划分防火分区	①应采取防火保护措施；变形缝盖板为不燃材料，耐火极限同周边构件，常用不锈钢；变形缝内填充材料为不燃材料。②不应被电线、电缆、管道（可燃气体和甲、乙、丙类液体）等穿过；确需被穿过时，其外加装不燃套管，或采取其他防变形措施，并应采用防火封堵材料封堵	《建筑防火通用规范》GB 55037—2022，6.3.4，6.3.5	6.3.4

续表

细部或配件	设置部位与要求	备注	
			《建筑设计防火规范》GB 50016—2014（2018年版）条款
通风和空气调节系统、防烟与排烟系统的管道	排除有燃烧或爆炸危险性物质的风管，不应穿过防火墙，或爆炸危险性房间、人员聚集的房间、可燃物较多的房间的隔墙。水平管道为不燃材料，常用钢材。设置要求如下： ①排烟管道及其连接部件应在 280 ℃时连续 30 min 保证其结构完整性。 ②竖向设置的排烟管道应设置在独立的管道井内，排烟管道的耐火极限不应低于 0.50 h。 ③水平设置的排烟管道应设置在吊顶内，其耐火极限不应低于 0.50 h；当确有困难时，可直接设置在室内，但管道的耐火极限不应小于 1.00 h。 ④设置在走道部位吊顶内的排烟管道，以及穿越防火分区的排烟管道，其管道的耐火极限不应小于 1.00 h，但设备用房和汽车库的排烟管道耐火极限可不低于 0.50 h。 ⑤建筑内受高温或火焰作用易变形的管道，在贯穿楼板部位和穿越防火隔墙的两侧宜采取阻火措施。 ⑥排除和输送温度超过 80 ℃的空气或其他气体以及易燃碎屑的管道，与可燃或难燃物体之间的间隙不应小于 150 mm，或采用厚度不小于 50 mm 的不燃材料隔热；当管道上下布置时，表面温度较高者应布置在上面。 ⑦管道穿过各类构件处，建筑内未按防火分区独立设置的通风和空气调节系统中的竖向风管与每层水平风管交接的水平管段处，均应采取防止火灾通过管道蔓延至其他防火分隔区域的措施	《建筑防火通用规范》GB 55037—2022，6.3.5，9.1.3；《建筑防烟排烟系统技术标准》GB 51251—2017，4.4.8	6.3.6，9.3.10
防火阀	防火阀设置部位： ①垂直主排烟管道与每层水平排烟管道连接处的水平管段上； ②一个排烟系统负担多个防烟分区的排烟支管上； ③排烟风机入口处； ④排烟管道穿越防火分区处	《消防设施通用规范》GB 55036—2022，11.3.5	9.3.12～9.3.13
	防火阀为不燃材料，常用钢材。设置要求如下： ①公共建筑的浴室、卫生间和厨房的竖向排风管，应采取防止回流措施并宜在支管上设置公称动作温度为 70 ℃的防火阀；公共建筑内厨房的排油烟管道宜按防火分区设置，且在与竖向排风管连接的支管处应设置公称动作温度为 150 ℃的防火阀；排烟管道及其连接部件应能在 280 ℃时连续 30 min 保证其结构完整性。 ②防火阀暗装时，应在安装部位设置方便维护的检修口。 ③在防火阀两侧各 2.0 m 范围内的风管及其绝热材料应采用不燃材料		
构件节点的外露部位	应采取防火保护措施。如预制钢筋混凝土构件的节点外露部位的耐火极限不应低于相应构件的耐火极限		5.1.9

续表

细部或配件	设置部位与要求	备注	《建筑设计防火规范》GB 50016—2014（2018 年版）条款
防火封堵材料	防火构件之间的孔隙应采取防火保护措施。防火封堵材料为不燃材料，耐火极限同周边构件匹配	《建筑防火通用规范》GB 55037—2022，6.3.4，6.3.5	
电气线路的敷设和管道配置	宜采用燃烧性能不低于 B$_2$ 级的耐火铜芯电线电缆；穿过各类构件的孔隙应采取防火封堵措施，防火封堵组件的耐火性能不应低于防火分隔部位的耐火性能要求。电气线路的敷设和管道配置相关要求如下：①电线路不得穿越通风管道内腔或直接敷设在通风管道外壁上，穿金属导管保护的配电线路可紧贴通风管道外壁敷设。②电气线路敷设应避开炉灶、烟囱等高温部位及其他可能受高温作业影响的部位，不应直接敷设在可燃物上。③室内明敷的电气线路，在有可燃物的吊顶、闷顶或难燃性、可燃性墙体内敷设的电气线路，应采取穿金属导管、采用封闭式金属槽盒等防火保护措施。④室外电缆沟或电缆隧道在进入建筑、工程或变电站处应采取防火分隔措施，防火分隔部位的耐火极限不应低于 2.00 h，门应采用甲级防火门。⑤电力电缆不应和输送甲、乙、丙类液体管道、可燃气体管道、热力管道敷设在同一管沟内	《建筑防火通用规范》GB 55037—2022，10.2.3，12.0.7；《消防设施通用规范》GB 55036—2022，12.0.16	10.2.2，10.2.3
挡烟垂壁	材料燃烧性能 A 级，常用材料有玻璃、防火板材、钢板、无机防火布等。根据排烟风机与排烟管道应满足 280 ℃时连续工作 30 min 的要求，挡烟垂壁同样应满足 280 ℃时连续工作 30 min 的要求	《建筑防烟排烟系统技术标准》GB 51251—2017，4.4.5～4.4.8	

5.2.4.3 （外墙或屋面的）防水层与保温层

参考规范：《建筑防火通用规范》GB 55037—2022，6.6；《建筑设计防火规范》GB 50016—2014（2018 年版），5.1.5，6.7.1～6.7.9。

参考图例：《〈建筑设计防火规范〉图示》18J811—1，6.2.8，6.7.2，6.7.3，6.7.7～6.7.11。

屋面防水层或保温层宜采用不燃、难燃材料，当防水层或保温层用可燃或难燃材料时，其外部防护层用不燃材料。

从设置部位来看，外墙保温系统可分为外墙内保温系统与外墙外保温系统；从保温系统构造方式来看，外墙保温系统可分为空腔保温系统或无空腔保温系统（见表 5-11）。

表 5-11　建筑的内、外保温系统的防火构造

设置建筑或场所		具体部位的保温系统类型	内、外保温系统材料与制品的耐火性能	防火构造要求	备注	
					《建筑防火通用规范》GB 55037—2022 条款	《建筑设计防火规范》GB 50016—2014（2018 年版）条款
所有建筑或场所		保温系统	外保温系统应采用不小于 B₂ 级的保温材料或制品	当采用 B₁ 级或 B₂ 级的保温材料或制品时，应采取防止火灾通过保温系统在建筑的立面或屋面蔓延的措施或构造	6.6.1	6.7.1
所有建筑或场所		无空腔复合保温结构体		建筑的外围护结构采用保温材料与两侧不燃性结构构成无空腔复合保温结构体时，该复合保温结构体的耐火极限不应低于所在外围护结构的耐火性能要求。当保温材料的燃烧性能为 B₁ 级或 B₂ 级时，保温材料两侧不燃性结构的厚度均不应小于 50 mm	6.6.2	6.7.3
飞机库		屋面保温隔热层	A 级		6.6.3	
老年人照料设施	独立建造的老年人照料设施	内、外保温系统和屋面保温系统	A 级		6.6.4	
	与其他建筑合建，且老年人照料设施部分的总建筑面积大于 500 m²					
人员密集场所或人员密集场所的建筑		外墙外保温系统	A 级		6.6.5	
住宅建筑中，保温材料与基层墙体、装饰层之间		无空腔的外墙外保温系统	高度大于 100 m 时，应为 A 级		6.6.6	
			建筑高度大于 27 m，不大于 100 m 时，不应低于 B₁ 级			

续表

设置建筑或场所	具体部位的保温系统类型	内、外保温系统材料与制品的耐火性能	防火构造要求	备注	
				《建筑防火通用规范》GB 55037—2022 条款	《建筑设计防火规范》GB 50016—2014（2018 年版）条款
除飞机库、老年人照料设施、人员密集场所、住宅建筑外的其他建筑中，保温材料与基层墙体、装饰层之间	无空腔的外墙外保温系统	大于 50 m 时，应为 A 级		6.6.7	6.7.9
		大于 24 m、不大于 50 m 时，不应低于 B₁ 级			
除飞机库、老年人照料设施、人员密集场所外，其他建筑中，保温材料与基层墙体、装饰层之间	有空腔的外墙外保温系统	大于 24 m 时，应为 A 级	外墙外保温系统与基层墙体、装饰层之间的空腔，应在每层楼板处采取防火分隔与封堵措施	6.6.8	
		不大于 24 m 时，不应低于 B₁ 级			
人员密集场所；使用明火、燃油、燃气等有火灾危险的场所；疏散楼梯间及其前室；避难走道、避难层、避难间；消防电梯前室或合用前室	内保温系统	应为 A 级		6.6.9	
除飞机库、人员密集场所，使用明火、燃油、燃气等有火灾危险的场所，疏散楼梯间及其前室，避难走道、避难层、避难间，消防电梯前室或合用前室外的其他场所或部位		不应低于 B₁ 级	当采用 B₁ 级燃烧性能的保温材料时，保温系统的外表面应采取不燃材料设置的防护层	6.6.10	
建筑外墙	外墙外保温系统	采用 B₁、B₂ 级	①除采用 B₁ 级保温材料且建筑高度不大于 24 m 的公共建筑或建筑高度不大于 27 m 的住宅建筑外，外墙上门、窗的耐火极限不应小于 0.50 h。②应在保温系统中每层设置水平防火隔离带。防火隔离带应采用燃烧性能为 A 级的材料，防火隔离带的高度不应小于 300 mm。③应采用不燃材料在保温系统表面设置防护层，防护层应将保温材料完全包覆。采用 B₁、B₂ 保温材料时，防护层厚度首层不应小于 15 mm，其他层不应小于 5 mm		6.7.7 ~ 6.7.8

续表

设置建筑或场所		具体部位的保温系统类型	内、外保温系统材料与制品的耐火性能	防火构造要求	备注	
					《建筑防火通用规范》GB 55037—2022 条款	《建筑设计防火规范》GB 50016—2014（2018年版）条款
建筑的屋面	屋面板的耐火极限不小于 1.00 h 时	外保温系统	不应低于 B₂ 级	采用 B₁、B₂ 级保温材料的外保温系统应采用不燃材料作防护层，防护层的厚度不应小于 10 mm；当建筑的屋面和外墙外保温系统均采用 B₁、B₂ 级保温材料时，屋面与外墙之间应采用宽度不小于 500 mm 的不燃材料设置防火隔离带进行分隔		6.7.10
	屋面板的耐火极限小于 1.00 h 时		不应低于 B₁ 级			
电气线路敷设：不应穿越或敷设在燃烧性能为 B₁ 或 B₂ 级的保温材料中；确需穿越或敷设时，应采取穿金属管并在金属管周围采用不燃隔热材料进行防火隔离等防火保护措施；设置开关、插座等电器配件的部位周围应采取用不燃隔热材料进行防火隔离等防火保护措施					12.0.7	6.7.11

5.2.4.4　外墙的装饰层与广告牌

参考规范：《建筑设计防火规范》GB 50016—2014（2018 年版），6.2.10，6.7.12；《建筑防火通用规范》GB 55037—2022，6.5.8。

参考图例：《〈建筑设计防火规范〉图示》18J811—1，6.2.10，6.7.12。

外墙的装饰层材料应为 A 级；建筑高度小于 50 m 时，可用 B₁ 级。

建筑的外部装修和户外广告牌不应直接设在可燃或难燃材料外墙上，应满足防止火灾通过建筑外立面蔓延的要求，且不应妨碍建筑的消防灭火、救援或火灾时建筑的排烟与排热，不应遮挡或减小消防救援口。

专业思考

1. 简述窗槛墙距离不能达到要求时的防火构造。

2. 简述窗间墙距离不能达到要求时的防火构造。

3. 简述玻璃幕墙的防火构造。

4. 从防火角度看建筑立面设计要注意哪些要点？

【答案】根据建筑性质、耐火等级、防火间距、建筑高度、风压等因素，需注意的要点如下。

①外墙材料与防火构造（如是否采用防火墙、防火门窗），外墙防火构造，幕墙防火构造。

②是否在适当位置设置消防通道穿过建筑；立面设计与登高救援窗口设置，登高操作场地匹配安全出口与疏散楼梯；对面建筑门窗对自身外墙与门窗影响；上下左右门窗防火、洞口间距。

③外墙是否有突出物（如突出的防火隔断），悬挂物，防火挑檐，阳台，突出屋面防火墙（马头墙）。

④消防设施、水幕、排烟设施等。

⑤外墙立体植物配置，建筑物外植物配置，障碍物。

5.3　内部装修与配套设施

内部装修除满足场所内部环境的生理与心理需求外，一定要与建筑耐火等级相匹配，同时具体重点场所的内部装修应按具体要求设置。

不是所有的内部装修标准都能增加场所的防火能力，如住宅毛毯就会增加火灾风险。

5.3.1　内部装修

5.3.1.1　装修材料的燃烧性能

1. 燃烧性能

参考规范：《建筑内部装修设计防火规范》GB 50222—2017，3.0.1 ～ 3.0.7。

装修材料按其燃烧性能分为四类：不燃材料 A，难燃材料 B_1，可燃材料 B_2，易燃材料 B_3（不检验）。易燃材料一般不会用于建筑构件，除非经过防火处理，如防火木门、防火毯等。

建筑材料及制品燃烧性能检测：详见《建筑材料不燃性试验方法》GB/T 5464—2010；《建筑材料难燃性试验方法》GB/T 8625—2005；《建筑材料可燃性试验方法》GB/T 8626—2007；《建筑材料及制品燃烧性能分级》GB 8624—2012。

2. 不同防火构造下，装修材料的燃烧性能

（1）安装于金属龙骨上的纸面石膏板（B_1 级）或矿棉吸声板（B_1 级），可视为 A 级装修材料；布质或纸质壁纸（质量小于 300 g/ m^2）粘贴在基层（A 级）上，可视为 B_1 级装修材料。

（2）建筑装修材料常在其表面涂抹防火涂料，用来增加装修材料的耐火性能，如无机装修涂料施涂于基层（A 级）上，可视为 A 级装修材料；有机装修涂料（湿涂覆比小于 1.5 kg/ m^2，且涂层干膜厚度不大于 1.0 mm）施涂于基层（A 级）上，可视为 B_1 级装修材料。

（3）多层装修，其各层材料燃烧性能等级均应满足相应装修防火规范要求。复合型装修材料的燃烧性能等级应进行整体检测确定。

常用建筑内部装修材料燃烧性能等级划分举例：详见《建筑内部装修设计防火规范》GB 50222—2017，3.0.2（条文说明）。

5.3.1.2　装修后的场所内火灾特点

大量可燃、易燃材料的内装，增加了室内火灾荷载与建筑火灾发生的概率；易燃材料的燃点低，如纸张燃点约为 130 ℃，布料燃点约为 200 ℃，棉花燃点约为 210 ℃等。现代高分子材料的燃烧，能快速产生大量有毒烟气，加速火灾到达轰燃的时间，同时蔓延迅速，如毛毯，即初期火灾的时间变短，允许疏散时间减少。

因此，根据建筑的耐火等级，建筑室内各部位的装修材料的选择，应尽可能使用不燃或难燃材料，减少可燃、易燃材料使用，增加防火构造（如吊顶）、消防设施的配套与施工管理。特别是重点建筑与场所的改造与更新，具体问题要具体分析。

5.3.1.3　场所装修标准要求

1. 影响装修的因素

（1）根据室内的火灾燃烧与蔓延特点，在同一时间与空间，虽然顶棚、墙面、地面同时直面火焰，但顶棚所受火焰温度最高，墙面次之，地面再次。即房间各部位的选材耐火性能不同。

同时在顶棚处，不光有结构梁与楼板，还通常设置有大量电气线路、消防设施等，因此要求顶棚处选择最好的防火装修材料与防火构造（如吊顶），确保此处的阻燃效果。墙面也设置有电气设施，应同理处理。

（2）根据场所使用性质、规模、设置部位、人群性质与危险等级等因素，配置具体装修标准，即使是同一建筑内，如合建建筑内，老年人照料设施的客房与其他的客房的装修标准就不同。

最终确定此场所的室内装修各处用材的燃烧性能等级与防火构造。场所各部位选材规格依次是顶棚、墙面、地面、隔断、固定家具、装饰织物、其他装修装饰材料七类，其他装修装饰材料指楼梯扶手、挂镜线、踢脚板、窗帘盒、暖气罩等。

2. 重点场所装修要求

对于一般场所，其内的装修标准随着场所的具体要求不同而发生变化。但对于重点场所与部位，在最有利条件下，其内装修已采用了最高的耐火性能材料与防火构造，但只达到场所装修标准的最低防火要求。因此重点场所在任何放宽条件下，装修标准保持不变（见表5-12）。

表5-12　重点场所与部位的装修要求

重点场所与部位		防火设计装修要求	《建筑内部装修设计防火规范》GB 50222—2017条款	
场所内部装修	壁挂、布艺等	不宜设置采用B_3级装饰材料制成的壁挂、布艺等，当需要设置时，不应靠近电气线路、火源或热源，或采取隔离措施	4.0.19	
	消防设施或器材	不应擅自减少、改动、拆除、遮挡消防设施或器材及其标识、疏散指示标志、疏散出口、疏散走道或疏散横通道，不应擅自改变防火分区或防火分隔、防烟分区及其分隔，不应影响消防设施或器材的使用功能和正常操作		《建筑防火通用规范》GB 55037—2022，6.5.1
	线路	火灾自动报警系统的供电线路、消防联动控制线路应采用燃烧性能不低于B_2级的耐火铜芯电线电缆，报警总线、消防应急广播和消防专用电话等传输线路应采用燃烧性能不低于B_2级的铜芯电线电缆		《消防设施通用规范》GB 55036—2022，12.0.16
	照明灯具及电气设备、线路的高温部位	当靠近非A级装修材料或构件时，应采取隔热、散热等防火保护措施，与窗帘、帷幕、幕布、软包等装修材料的距离不应小于500 mm；灯饰应采用不低于B_1级的材料	4.0.16	

续表

重点场所与部位		防火设计装修要求	《建筑内部装修设计防火规范》GB 50222—2017 条款	
场所内部装修	建筑内部的配电箱、控制面板、接线盒、开关、插座等	不应直接安装在低于 B₁ 级的装修材料上；用于顶棚和墙面装修的木质类板材，当内部含有电器、电线等物体时，应采用不低于 B₁ 级的材料	4.0.17	
	当室内顶棚、墙面、地面和隔断装修材料内部安装电加热供暖系统时	室内采用的装修材料和绝热材料的燃烧性能等级应为 A 级。当室内顶棚、墙面、地面和隔断装修材料内部安装水暖（或蒸汽）供暖系统时，其顶棚采用的装修材料和绝热材料的燃烧性能应为 A 级，其他部位的装修材料和绝热材料的燃烧性能不应低于 B₁ 级，且尚应符合本规范有关公共场所的规定	4.0.18	
避难走道、避难层、避难间；疏散楼梯间及其前室；消防电梯前室或合用前室		场所顶棚、墙面和地面内部装修材料的燃烧性能均应为 A 级		《建筑防火通用规范》GB 55037—2022，6.5.3
疏散出口的门；疏散走道及其尽端、疏散楼梯间及其前室的顶棚、墙面和地面；供消防救援人员进出建筑的出入口的门、窗；消防专用通道、消防电梯前室或合用前室的顶棚、墙面和地面		场所不应使用影响人员安全疏散和消防救援的镜面反光材料		《建筑防火通用规范》GB 55037—2022，6.5.2
建筑内部变形缝（包括沉降缝、伸缩缝、抗震缝等）		两侧基层的表面装修应采用不低于 B₁ 级的装修材料	4.0.7	
消防控制室		地面装修材料的燃烧性能不应低于 B₁ 级，顶棚和墙面内部装修材料的燃烧性能均应为 A 级		《建筑防火通用规范》GB 55037—2022，6.5.4
消防水泵房、机械加压送风机房、排烟机房、固定灭火系统钢瓶间等消防设备间；配电室、油浸变压器室、发电机房、储油间；通风和空气调节机房；锅炉房		场所的顶棚、墙面和地面内部装修材料的燃烧性能均应为 A 级		《建筑防火通用规范》GB 55037—2022，6.5.4
住宅建筑		①不应改动住宅内部烟道、风道。②厨房内的固定橱柜采用不低于 B₁ 级的装修材料。③卫生间顶棚宜采用 A 级装修材料。④阳台装修宜采用不低于 B₁ 级的装修材料	4.0.15	
歌舞娱乐放映游艺场所		顶棚装修材料的燃烧性能应为 A 级；其他部位装修材料的燃烧性能均不应低于 B₁ 级；设置在地下或半地下的歌舞娱乐放映游艺场所，墙面装修材料的燃烧性能应为 A 级		《建筑防火通用规范》GB 55037—2022，6.5.5

续表

重点场所与部位	防火设计装修要求	《建筑内部装修设计防火规范》GB 50222—2017 条款	
电视塔等特殊高层建筑	装饰织物应采用不低于 B_1 级的材料，其他均应采用 A 级装修材料	5.2.4	
汽车客运站、港口客运站、铁路车站的进出站通道、进出站厅、候乘厅；地铁车站、民用机场航站楼、城市民航值机厅的公共区；交通换乘厅、换乘通道	场所设置在地下或半地下时，室内装修材料不应使用易燃材料、石棉制品、玻璃纤维、塑料类制品，顶棚、墙面、地面的内部装修材料的燃烧性能均应为 A 级		《建筑防火通用规范》GB 55037—2022，6.5.6
除有特殊要求的场所外，其他生产场所和仓库：有明火或高温作业的生产场所；甲、乙类生产场所；甲、乙类仓库；丙类高架仓库、丙类高层仓库；地下或半地下丙类仓库	顶棚、墙面、地面和隔断内部装修材料的燃烧性能均应为 A 级		《建筑防火通用规范》GB 55037—2022，6.5.7

注：具体建筑类型或场所的装修要求，应参考具体规范，如老年人照料设施建筑以《老年人照料设施建筑设计标准》JGJ 450—2018 为准。

参考规范：《建筑内部装修设计防火规范》GB 50222—2017，5.1.2，5.1.3，5.2.2，5.2.3，5.3.2。

除储藏有重要物资场所、歌舞娱乐放映游艺场所、电信电气类场所、设备用房等外，其他类型地上建筑内的场所，如满足下列条件之一，可放宽场所内部装修材料的燃烧性能等级。但无论是否采用允许放宽条件的装修，场所在发生火灾时，都不得对周边场所产生额外的威胁。

（1）场所面积控制在一定范围内，如单层、多层民用建筑内面积小于 100 m^2 的房间；高层民用建筑的裙房内面积小于 500 m^2 的房间，且构筑场所的建筑防火构件耐火性能较高，当采用耐火极限不低于 2.00 h 的防火隔墙和甲级防火门、窗与其他部位分隔时，可酌情降低场所各部位的防火装修标准一级。

（2）场所设置有消防设施，如火灾自动报警装置和自动灭火系统，可酌情降低场所各部位的防火装修标准一级。但大于 400 m^2 的观众厅、会议厅和建筑高度 100 m 以上的高层民用建筑除外。

（3）某些地下建筑的地上部分，相对地下装修，其地上的门厅、休息室、办公室等，可在地下的装修标准基础上降低一级。

场所内部装修的允许放宽条件将成为建筑内部场所改变使用功能后，改造装修的重要依据（详见本书第 7 章的 7.3 节）。

注：各类型建筑与场所的装修标准等，虽然在《建筑内部装修设计防火规范》GB 50222—2017 中，5.1.1，5.2.1 条例已被废除，但本书成书时，并未有新的规范对此进行约束，故沿用部分原规范。

现代建筑内配置有大量的燃气与电气设施，虽然提高了工作、学习与生活质量，但同时也增加了各种潜在风险。

这些设施的合理选择与安全维护，将大大减少火灾中的人员伤亡与财产损失。

5.3.2.1 外观材料

参考规范：《建筑材料及制品燃烧性能分级》GB 8624—2012，5.2.3，5.2.4。

燃气与电气设施外观材料的耐火性能，应根据建筑耐火等级与场所装修标准制定，从而减少室内的火灾荷载。因此燃气与电气设备外壳及附件的燃烧性能等级不应低于 B_2。对于一些特殊建筑或场所，如文物藏品间，所配电气设施要求最高的耐火性能等级。

5.3.2.2 燃气设施的安全使用与防火要求

参考规范：《建筑防火通用规范》GB 55037—2022，4.3.11，4.3.12，12.0.3～12.0.5。

燃气调压用房、瓶装液化石油气瓶组用房应独立建造，不应与居住建筑、人员密集的场所及其他高层民用建筑贴邻；地下、半地下场所内不应使用或储存闪点低于 60 ℃ 的液体、液化石油气及其他相对密度不小于 0.75 的可燃气体，不应敷设输送上述可燃液体或可燃气体的管道。燃气设施的安全使用与防火要求如表 5-13 所示。

表 5-13　燃气设施的安全使用与防火要求

类型	设备组成	火灾或爆炸形成的主要原因	泄漏后的特点	安装、使用与防火	问题处置
瓶装液化石油气	①储气设备，即钢瓶，瓶口处装有作为开关的角阀；②减压、输气设备，包括减压阀和胶管；③用气设备，即燃具、灶具	①灶具漏气，如连接不实、老化开裂。②残液处理不当，随意倾倒。③冬季长期烧气取暖，易失去控制而着火	①爆炸下限较低、燃点低，漏出的气体与空气混合能形成爆炸性气体；②液化石油气比空气重，泄漏时易沉积在低洼处，不易飘散，浓度高时会形成漂浮的白色云雾，遇明火时即会爆炸爆燃	①在高层建筑内不应使用瓶装液化石油气。②瓶装液化石油气应与其他化学危险物品分开存放；液化石油气容器不应超量罐装，不应使用超量罐装的气瓶；当与所服务建筑贴邻布置时，液化石油气瓶组的总容积不应大于 1 m³，并应采用自然气化方式供气；充装量不小于 50 kg 的液化石油气容器应设置在所服务建筑外的单层专用房间内，并应采取防火措施；贴邻其他民用建筑的，应采用防火墙分隔，门、窗应向室外开启。③瓶组用房的总出气管道上应设置紧急事故自动切断阀。④安装使用于良好通风处，禁止将燃气热水器安装在洗浴室等相对密封的房间里；液化石油气钢瓶应避免受到日光直射或火源、热源的直接辐射作用，与灶具的间距不应小于 0.5 m；附近不存放可燃物。⑤瓶组用房内应设置可燃气体探测报警装置；存放瓶装液化石油气和使用可燃气体、可燃液体的房间，应防止可燃气体在室内积聚。⑥先点火，再打开气阀；点火后不离人；使用完毕，首先拧紧钢瓶角阀，而后再关灶具气阀；钢瓶必须远离灶具（0.5 m 以上）；钢瓶在使用时应直立放置，严禁卧放、倒放或碰、砸、拖等；不得直接对钢瓶加热，如开水烫、火烧。⑦定期检查	漏气处置方法：①禁止用明火检漏与使用电器（如用电扇吹），同时开门窗通风换气；及时关闭钢瓶角阀后检查泄漏部位；②严禁随意拆动或自行修理，应找专业人员修理更换；③妥善处置残留液体，切忌随意倾倒；或私自灌气。灶具着火处置方法：①在 3 min 内（钢瓶角阀内的尼龙垫、橡胶垫圈和用于密封接头的环氧树脂胶合剂会被高温熔化），先迅速拧紧钢瓶角阀上的手轮，断绝气源，再灭火；②如不能关闭，则把钢瓶移到屋外，让其直立燃烧，同时报警并尽快通知邻里、人员迅速撤离

续表

类型	设备组成	火灾或爆炸形成的主要原因	泄漏后的特点	安装、使用与防火	问题处置
煤气、天然气	①煤气管道；②减压、输气设备，包括减压阀和胶管；③用气设备，即燃具、灶具	①灶具漏气，如连接不实、老化开裂。②冬季长期烧气取暖，易失去控制而着火	①煤气易使人发生一氧化碳中毒；②两种气体遇空气都能形成爆炸性的混合气体，遇火源会发生爆炸燃烧	①安装场所应保持良好的通风防爆泄压。②先点火，再打开气阀；点火后不离人。③不用时切断气源。④附近不存放可燃物。⑤定期检查	漏气处置方法：①禁止用明火检漏与使用电器（如用电扇吹），同时开门窗通风换气；及时关闭管道上的进气旋塞阀后检查泄漏部位；②严禁随意拆动或自行修理，应找专业人员修理更换；③如不能关闭泄漏点，报警并尽快通知邻里，人员迅速撤离

注：（1）天然气灶具与液化石油气灶具在日常使用中不能互换使用，原因如下：

①两种燃气的热值不同；

②两种燃气的燃烧速度、理论空气用量、压力、比重均不同。

（2）检查泄漏点方式如下：用软毛刷或牙刷蘸肥皂水涂抹管道和灶具，凡有气泡泛起的部位便是漏气点。

5.3.2.3　用电设施的安全使用与防火要求

日常必需电器分类如下。

（1）照明类灯具。

（2）电子类，如电视机、音响、路由器等。

（3）电动类，如洗衣机、电冰箱、空调器、电风扇等。

（4）电热类，如电磁炉、电热杯、电热毯、电熨斗、电炉、电饭煲等。

（5）电池类，如手机、电脑、电动车等。

（6）线路、插座、开关、插线板等。

这些电器设备除质量原因外，如果选择、安装、使用或维护不当，都会引起火灾，甚至爆炸。特别是电热类电器（一般功率较大，产生的温度较高），必须加以重视。

参考规范：《建筑防火通用规范》GB 55037—2022，12.0.7。

照明设备的安全使用与防火要求如表 5-14 所示，家用电器使用要求如表 5-15 和表 5-16 所示。

表 5-14　照明设备的安全使用与防火要求

照明灯具	发光特点	缺点	潜在危险	安全使用与防火要求	备注
白炽灯（电灯泡的通称）	热辐射形式发光，灯泡表面可产生很高的温度（200～300 ℃）	光效低，寿命短，发热严重	安装在可燃构件上，没有采取隔热、散热的任何措施	检查与其相连的线路与插头；不要使电灯泡靠近可燃物（如可燃材料制作的灯罩、天花板或顶棚）。电灯泡与可燃物的距离大于 0.5 m，距离地面不小于 2 m	普通照明用的白炽灯已淘汰出市场，特殊灯具除外
日光灯（又称荧光灯，属于低压汞灯）	灯管内的气体放电激发荧光物质发光	废弃后会污染环境（灯管内含汞）	日光灯引发火灾的罪魁祸首是镇流器，其升温过高，使周围的可燃物灼烤后自燃	①镇流器不能安装在可燃的建筑构件上，否则应采取隔热散热措施。②不要长时间连续使用，人离开时要随手关灯。③购买合格镇流器，正确安装接线，正确使用。如禁止把镇流器用棉絮或纸张等可燃物包裹；镇流器发出异响、异味或感觉到温度过高时，立即断电检查	逐渐淘汰
LED灯（发光二极管）	健康、环保、高节能、坚固耐用		开关、插座和照明灯具靠近可燃物时，应采取隔热、散热等防火措施	冷光源，可以安全触摸。与白炽灯、荧光灯相比，LED灯在安全使用与防火方面有无与伦比的优势。只要注意灯具与线路的安检即可，对可燃物的距离基本无要求	带动灯具"二次"设计革命，逐渐替换白炽灯与日光灯

表 5-15　家用电器使用要求 1

质量合格的家用电器	使用环境设置要求	安装要求	使用事项		灾难特点	备注
			不可控	人为可控		
电视机	通风散热；防止雨水淋湿和灰尘侵入；不能放置在有汽油、酒精、油漆和液化气等易燃易爆物品的房间内收看	正确安装线路与电压；加装过电压保护器	未断电源，电压不稳，高压放电，雷击等	控制连续收视时间不大于 6 h	起火爆炸	发现异常，关机待修复后使用
电冰箱（自然对流换热）	远离热源、通风干燥处	安装电冰箱全自动保护器	电压不稳，高压放电	①绝对不要存放易燃易爆、易挥发的化学物品（如酒精、乙醚、汽油）、丁烷气瓶及摩丝、发胶等含可燃液体的物品。②电冰箱停止供电后，必须等待 5 min 才能再次接通电源。避免电动机负荷过重，烧毁电动机，发生事故	起火爆炸	①易燃易爆等物品在瓶口封闭和低温条件下也极易挥发，加上电冰箱的电气控制开关是非防爆型的，温度控制采用的是自控系统，当冰箱内温度高于或低于事先所设定的温度值时，电源就会自动接通或断开。在瞬间开关内的金属触点上会迸发出电火花，其能量足以引起冰箱内的可燃气体爆炸燃烧。②高温高压汽化状态下制冷剂在制冷系统中需要经过 3～5 min 才能降温降压

质量合格的家用电器	使用环境设置要求	安装要求	使用事项		灾难特点	备注
			不可控	人为可控		
空调器（强迫对流换热）	通风干燥处	正确安装线路与电压	电压过高或受潮漏电使电容器被击穿；风扇电机被卡导致过热起火		起火	①非消防电气线路与设备要求：详见《建筑防火通用规范》GB 55037—2022，10.2.1；②空气调节系统的电加热器应与送风机连锁，并应具有无风断电、超温断电保护装置
洗衣机	通风干燥处	正确安装线路与电压	洗衣机的定时器、联锁开关、传动皮带	①凡是刚用汽油、苯、酒精、香蕉水等易燃液体洗刷过的衣物，绝不能马上放入洗衣机洗涤。以免易燃液体蒸气遇到洗衣机电路上的微小电气火花，而导致爆炸或起火。②不能超重或被小物件（如细绳等）卡住停转，防止电机超负荷运转。③检查洗衣机波轮轴是否漏水	摩擦产生电火花和静电	
电风扇	通风干燥处	正确安装线路与电压	电机温升过高，电机线圈冒烟起火	①不要在存放油漆、酒精、香蕉水、汽油等易燃易爆物品的房间内使用。②擦拭电机，加注机油。③控制使用时间	起火	出现转速减慢、有焦烟味、冒黑烟和外壳"麻手"等不正常现象时，断电检查修理

表 5-16　家用电器使用要求 2

质量合格的家用电器	使用环境设置要求	安装要求	使用事项		灾难特点	备注
			不可控	人为可控		
电热毯	通风干燥处	在沙发床、钢丝床、弹簧床、席梦思等伸缩性较大的床上，不能使用直线型电热线的电热毯，但可敷设螺旋型电热丝的电热毯		①绝不能折叠使用。②接通电源 30 min 后温度就可上升到 38 ℃左右，应将调温开关拨至低温档，或关掉电热毯，否则温度会继续升高，长时间加热，就有可能使电热毯的外包棉布碳化起火。③禁止在有尖锐突起物的物体上使用，避免人员蹦跳、尿湿、揉搓洗涤	起火	电热毯的平均使用寿命为 5 年左右。修好后的电热毯，最好通电观察 2～3 h 后再用

质量合格的家用电器	使用环境设置要求	安装要求	使用事项		灾难特点	备注
			不可控	人为可控		
电熨斗	使用时，放于安全保险的熨斗支架上；使用后，正常温度时放于通风干燥处	正确安装线路与电压		①忘了拔电源插头。②发热的电熨斗直接放入可燃物中	起火	通电8～12min温度就能升达200℃，长时间继续通电则温度可升至400～500℃；过热及时断电
电热杯（壶）	使用时禁止液体沸腾后溢出	正确安装线路与电压		①禁止将电热杯（壶）泡在水中洗刷；禁止给无水的电热杯（壶）直接通电。②通电时，不要用手触摸杯（壶）中水或杯（壶）的金属外壳，谨防漏电	起火	不能让刚使用过的电热杯（壶）干燥，应立即向杯（壶）内注入凉水
手机	①通风干燥处；②禁止充电时玩手机；有水或潮湿状态不要用手机或操作充电器	①充电时一定要先插充电器再插手机口。②不要带壳充电		①充完电记得拔下插头；不要将充电器长期插在插座上，容易老化，可能造成火灾。②不同手机充电器不要混用。③一般充电只要2～3h；不要电量过充，勿整夜充电	起火爆炸	①手机壳厚，充电时电池散热不好。长期如此易引起的电池爆炸。②发现手机很烫时，应尽快停止充电，爆炸前大多会过热
电动车	①通风干燥处；②勿在室内充电，特别是住宅内或楼梯间等	安全的充电方式是使用共享充电桩	毗邻建筑放置或在建筑内部放置时，应与其他功能区域进行有效的防火防烟分隔，并配备消防设施器材	①勿飞线充电，天气突变等情况下，易酿成火灾。②严禁在室外烈日下充电或放置。③刚结束骑行不要立即充电，应让车静置半小时左右。④勿盲目改装或买非标、超期或超标电动车	起火爆炸	①合理控制充电时间。按电瓶容量大小，一般在8～10h就能充完。②避免将电动车放置在室内或电梯中上下；不得停放在逃生通道或安全出口处；不得占用消防车通道
开关、插座	①开关、插座应尽量安装在干燥、清洁、无尘的位置，以免受潮腐蚀造成胶木击穿短路而引发火灾。②湿度较大的场所应选用防火开关和拉线开关。	开关、插座的额定电流及额定电压均应与用电实际相符。不可任意超负荷，以免线路过载烧坏胶木造成短路引起火灾		①闸刀式开关应选用相匹配的保险丝，不允许任意更改，尤其是加粗熔体，更不允许用铜、铝、铁等金属丝代替保险丝。②单极开关应控制火（相）线，不可接在零线上。否则人体若接触地线同样会引起触电事故。一旦火（相）线接地，还会发生短路甚至引起火灾。	起火	

续表

质量合格的家用电器	使用环境设置要求	安装要求	使用事项		灾难特点	备注
			不可控	人为可控		
开关、插座	③有腐蚀性物品或灰尘较大的室内不可安装开关、插座，而应安装于室外。 ④具有燃烧、爆炸危险的场所，应选用防火或防爆的开关和插座			③灯头插座在过载时极易发生事故。因此不可将电熨斗、电炉、空调等大功率电器接入灯头插座使用，以免引发火灾		

注：处于潮湿环境内的消防电气设备，外壳的防尘与防水等级详见《建筑防火通用规范》GB 55037—2022，10.1.12。

专业思考

1. 建筑构件耐火材料与建筑装修材料有何异同？

【答案】建筑构件耐火材料：包含不燃材料，难燃材料，可燃材料，不能用易燃材料。建筑装修材料：包含 A 级不燃材料，B₁ 级难燃材料，B₂ 级可燃材料，B₃ 级易燃材料。

根据建筑等级、性质、特殊要求等，建筑必须要有一定的耐火能力，使建筑保持稳定，装修才可在一定范围用易燃材料。

2. 简述场所内部装修中（以候机厅例）各部位选取不同燃烧性能等级的装修材料的原因。

3. 场所内装中何时允许放宽防火条件？哪些场所需要特殊对待而从严？为什么？

4. 简述重点场所在任何条件下装修标准保持不变的原因。

【答案】从安全疏散角度来看，重点场所（如候机厅）的要求与危险等级不会随着装修与加装消防设施而降低。

5. 为什么在华中科技大学西 12 教学楼中，教室用实体吊顶，走道用格栅吊顶？

【答案】房间的安全等级不及第一安全空间（走道），格栅吊顶增加了储烟仓的深度；实体吊顶上下都可安装报警器，实体吊顶美观、耐火，可更好地保护实体吊顶内的设施。

6. 简述超市中采用格栅吊顶的好处。

【答案】商业空间（如营业厅）对吊顶美观有要求，故采用实体吊顶；超市对顶棚无美观要求，采用格栅吊顶。防火分区面积较大时，采用格栅吊顶可增加储烟仓的深度，利于人员安全疏散。

7. 我国禁止在楼梯间或电梯放置电动车或在室内给电动车充电，那么在（地下或半地下）车库是否能给车辆充电？

8. 为何不能在顶楼进行搭建与破坏？

【答案】①增加结构自重；②破坏了建筑屋顶的防火保温防水等；③防火要求，如果突破了建筑高度 50 m，建筑耐火等级不同，消防设施也不同；④建筑高度的突破，会导致消防能力不足；⑤天台作为高层竖向逃生的安全平台；⑥在住宅中，若消防通道堵塞，可以一个防火分区通过天台向另一个防火分区疏散。

9.绘图说明建筑高度不大于100 m全玻璃幕墙高层的外墙防火设计要点。

【答案】①建筑耐火等级不同。建筑高度大于50 m一类公共建筑高层或建筑高度大于54 m一类住宅的外墙的耐火能力应提高。

②玻璃幕墙的防火设计要求与防火构造，绘图略。

③注意建筑外墙开窗后，楼梯间的风压与防排烟要求，如一类公共建筑高层要求机械排烟。

10.建筑首层大厅（含周边走道与楼梯）的防火设计受什么因素影响？以大厅为例绘图说明。

【答案】建筑首层大厅是建筑的主要进出枢纽。从防火角度来看，受建筑性质与类型，耐火等级，楼上、首层、地下的人流数量，人群通行能力，疏散时间，疏散速度，疏散宽度/百人等因素影响，主要注意以下几点。

（1）安全疏散设计。

①防火分区的疏散方向，大厅内的疏散距离，地面起伏状况；疏散宽度，周边走道与大厅的关系；是否有中庭与庭院；大厅内的主要楼梯、电梯（消防电梯）与大门距离；疏散楼梯首层形式（开敞或封闭）、数量、宽度、位置；大厅的安全出口的数量、宽度、布置，首层入口大门（内外疏散，台阶高差，形状，长宽）的设计要求。

②空间：形状（如烟囱），是否开口（如侧窗、玻璃幕墙），是否设有设火挑檐；是否设有屋顶采光，或设有中庭（排烟）。高度：层高（如防烟，报警）。

（2）材料、结构、防火构造。

结构变形缝；建筑防火构造；装修材料与方式，地面材料。

（3）消防设施。

是否加消防消防控制中心与监控预警系统、灭火设施（自动喷淋等与消火栓）、安全疏散辅助设施（防排烟、应急照明，疏散标志安全指示灯）。

（4）无障碍设计。

略。

11.【单选题】建筑内设有上下层相连通的中庭、走马廊、开敞楼梯、自动扶梯时，其连通部位的顶棚、墙面应采用（　　）装修材料。

A.A级　　　　　　B.B$_1$级　　　　　　C.B$_2$级　　　　　　D.B$_3$级

【答案】A

6

具体建筑或场所的防火设计

我国建筑防火设计伴随着国家经济实力的提升（如电梯的普及）、消防设施的发展与现代化、施工能力的提高而逐渐发展与不断完善。

第一阶段，解决了各类型建筑防火设计的有无问题，即有规范可遵循。因消防设备与消防能力的不足，对于高层建筑建设进行严格控制。历年版本如下。

《建筑设计防火规范》TJ16—1974。《建筑设计防火规范》GBJ16—1987，局部修订：1995年、1997年、2001年。《建筑设计防火规范》GB 50016—2006；

《高层民用建筑设计防火规范》GBJ45—82；《高层民用建筑设计防火规范》GB 50045—95（突破了建筑高度100 m的消防限制），局部修订：1997年、1999年、2001年、2005年。

其他相关防火规范：《乡村建筑设计防火规范》GBJ39—90。

第二阶段，深入城市化，城乡一体化阶段，统一了防火设计的相关规范，即《建筑设计防火规范》GB 50016—2014，废除了《建筑设计防火规范》GB 50016—2006和《高层民用建筑设计防火规范》GB 50045—95（2005年版）。内容覆盖了不同高度的民用建筑、工业建筑等城市各种类型建筑的防火要求。

后经过不断的探索与经验总结，同时为适应我国社会发展需求，在"2018年版"中，对于某些专用建筑类型或场所提出了新的防火要求。如《老年人照料设施建筑设计标准》JGJ 450—2018的提出与《老年人居住建筑设计规范》GB50340—2016的废止。

最新的《建筑防火通用规范》GB 55037—2022中的规范内容，针对《建筑设计防火规范》GB 50016—2014（2018年版）中各类型建筑的防火间距、安全疏散距离与装修标准等关键条例进行修正（本书成书时，已经废除但未有新的规范列出）。

由于我国城市化中社会需求与城市容积率的不断提升，造成城市民用建筑个体规模化、功能复合化，如超高层、特大（地下）商业设施、"产学研宣"一体大楼（如华中科技大学光电大楼）等功能复合型建筑，使统一的规范面临许多具体的问题。

参考规范：《大型商业综合体消防安全管理规则》XF/T 3019—2023。

大型商业建筑中包含商业购物、娱乐餐饮、表演与展示、儿童场所、美容健身场所、住宿与商务办公以及人防、停车库、物流仓库、地铁、地下建筑、设备房等。原本应独立设置的场所（如电影院、设备房等），被迫合建，从而产生了合建建筑应遵循哪些条例以及以哪些条例为主的问题。此外，还产生彼此功能场所（相邻场所的危险等级不同等因素影响）的布局与定位，相邻场所的防火分隔构造以及安全疏散等问题，而非一个商业建筑防火规范就能解决。

具体建筑或具体场所防火设计呈现具体化倾向，即必须根据建筑内不同的功能、布局、人群性质、规模等因素，针对性地在具体建筑或具体场所中采取具体的防火设计要求。

展望第三阶段，一个全新的阶段，即未来信息化、人工智能与消防设施的结合，现已正在探索。如消防无人机、爬墙机械人、灭火弹的运用，将会对于建筑防火与建筑设计产生前所未有的改变。

通过梳理上述我国建筑防火设计与规范的发展脉络，能更好地帮助建筑设计从业者把握今后防火规范发展的趋势与重点。

注：下列各类型建筑的防火间距、安全疏散距离与装修标准等，虽然在《建筑设计防火规范》GB 50016—2014（2018年版）中已被废除，但本书成书时，并未有新的规范对此进行约束，故沿用部分原规范。

6.1　居住建筑

参考规范:《建筑设计防火规范》GB 50016—2014(2018 年版),5.1.1。

居住建筑可分为住宅建筑类和非住宅建筑类(包含宿舍、公寓等)。

在防火设计方面,除住宅建筑外,其他类型居住建筑的火灾危险性与公共建筑接近,其防火要求需按公共建筑的有关规定执行,但旅馆与民宿中的客房应根据具体情况,选择其应遵循的防火规范。

6.1.1　住宅

住宅建筑区别于其他建筑类型,其内部的安全疏散设计随着建筑高度的提升而显著变化。

1. 耐火等级与高度(层数)

参考图例:《〈建筑设计防火规范〉图示》18J811—1,附录 A.0.2。

住宅的耐火等级、规模(面积、高度)、安全出口数量等对住宅的防火设计有所影响。住宅的耐火等级与设置高度(层数)如表 6-1 所示。

表 6-1　住宅耐火等级与设置高度(层数)

住宅要求		低层	多层		二类高层		一类高层		备注
					小高层			超高层	
控制高度与一般建造层数	控制高度		≤ 21 m	≤ 27 m	≤ 33 m	> 33 m,≤ 54 m	> 54 m,≤ 100 m	> 100 m	住宅以不小于 10 层为高层分界线(详见《住宅建筑规范》GB 50368—2005,9.3.2)
	一般层数	1 ~ 3	4 ~ 7	8 ~ 9	10 ~ 11	12 ~ 18	19 ~ 34	≥ 35	
耐火等级与匹配层数		一~四级	一~三级		一~二级	一~二级	一级	一级	详见《住宅建筑规范》GB 50368—2005,9.2.1 ~ 9.2.2
		四级,最多为 3 层	三级,最多 9 层		二级,最多 18 层		不限		允许建造层数
自然层数的计算	设置在建筑底部且室内高度不大于 2.2 m 的空间	不计算此楼层,且可不计入建筑高度,如自行车库、储藏室、敞开空间							《建筑设计防火规范》GB 50016—2014(2018 年版)附录 A;2.2.2

续表

住宅要求		低层	多层	二类高层		一类高层		备注
				小高层			超高层	
自然层数的计算	室内顶板面高出室外设计地面的高度不大于1.5 m的地下或半地下室	不计算此楼层，且可不计入建筑高度						《建筑设计防火规范》GB 50016—2014(2018年版)附录A；2.2.2
	楼顶上突出的局部设备用房、出屋面的楼梯间等	不计算此楼层						
	跃层或跃廊式住宅	无论在楼顶或中间，住宅按实际楼层计算						

2. 安全疏散设计

安全疏散设计如表6-2～表6-5所示。

参考图例：《〈建筑设计防火规范〉图示》18J811—1，5.5.25～5.5.32，6.4.1。

表6-2　住宅建筑直通疏散走道的户门至最近安全出口的直线距离　　　　　　　　（单位：m）

住宅建筑类型	位于两个安全出口之间的户门			位于两个袋形走道两侧或尽端的户门		
	一、二级	三级	四级	一、二级	三级	四级
单、多层	40	35	25	22	20	15
高层	40			20		

注：（1）表中住宅的安全疏散距离，虽然在《建筑设计防火规范》GB 50016—2014（2018年版）中，5.5.29条例已被废除，但本书成书时，并未有新的规范对此进行约束，故沿用部分原规范。

（2）跃廊式住宅与跃层式住宅的户内外小楼梯可按其水平投影长度的1.50倍计算。

表6-3　水平疏散设计

住宅要求	低层	多层	二类高层		一类高层		备注
			小高层			超高层	
控制高度	≤21 m	≤27 m	≤33 m	＞33 m，≤54 m	＞54 m，≤100 m	＞100 m	《建筑设计防火规范》GB 50016—2014（2018年版），5.5.25～5.5.32

住宅要求	低层	多层	二类高层		一类高层		备注
			小高层			超高层	
每个单元每层的安全出口应不小于2个	规模：每个单元任一层建筑面积大于650 m²的住宅单元						《住宅设计规范》GB 50096—2011，6.2；《住宅建筑规范》GB 50368—2005，9.5；《建筑防火通用规范》GB 55037—2022，7.3.1
	建筑高度不大于27 m，但任一户门至最近安全出口的疏散距离大于15 m的住宅单元		高度大于27 m且不小于54 m，但任一户门至最近安全出口的疏散距离大于10 m的住宅单元		高度大于54 m的住宅单元		
每层的安全出口为1个	单元面积不大于650 m²时，且距离不小于15 m时，安全出口可设1个		单元面积不大于650 m²时，且距离不大于10 m时，安全出口可设1个				
剪刀楼梯作为疏散楼梯时	住宅单元的疏散楼梯，当分散设置确有困难且任一户门至最近疏散楼梯间入口的距离不大于10 m时，可采用剪刀楼梯间						本书第3章，3.1.5.3节
任何住宅建筑	住宅建筑中直通室外地面的住宅户门的净宽度不应小于0.80 m，当住宅建筑高度不大于18 m且一边设置栏杆时，室内疏散楼梯的净宽度不应小于1.0 m，其他住宅建筑室内疏散楼梯的净宽度不应小于1.1 m；疏散通道、疏散走道、疏散出口的净高度均不应小于2.1 m						《建筑防火通用规范》GB 55037—2022，7.1.4
首层出口	在楼梯间的首层应设置直接对外的出口，或将对外出口设置在距离楼梯间不超过15 m处						《住宅建筑规范》GB 50368—2005，9.5.3

表6-4　竖向疏散设计

住宅单元	低层	多层	二类高层		一类高层		备注	
			小高层			超高层	《建筑设计防火规范》GB 50016—2014（2018年版）条款	《建筑防火通用规范》GB 55037—2022 条款
控制高度	≤21 m	≤27 m	≤33 m	>33 m，≤54 m	>54 m，≤100 m	>100 m		

续表

住宅单元		低层	多层	二类高层		一类高层		备注	
				小高层			超高层	《建筑设计防火规范》GB 50016—2014（2018年版）条款	《建筑防火通用规范》GB 55037—2022 条款
疏散楼梯间	疏散楼梯形式	建筑高度不小于21 m时：①当户门的耐火完整性低于1.00 h时，可采用敞开楼梯间，但与电梯井相邻布置的疏散楼梯应采用封闭楼梯间；②当户门采用乙级防火门时，无论何种情况，仍可采用敞开楼梯间		建筑高度大于21 m且不小于33 m时：应采用封闭楼梯间，当户门采用乙级防火门时，可采用敞开楼梯间；多个单元的住宅建筑中通至屋面的疏散楼梯应能通过屋面连通		建筑高度大于33 m时：应采用防烟楼梯间，户门不宜直接开向前室，确有困难时，每层开向同一前室的户门不应大于3樘且应采用乙级防火门		5.5.27	7.3.2
	一个疏散楼梯时			高度大于27 m、不大于54 m且每层仅设置1部疏散楼梯的住宅单元，户门的耐火完整性不应低于1.00 h，疏散楼梯应通至屋面		高度大于54 m时，应设置2部楼梯双向疏散；但当一个单元只有一个楼梯时，可设廊道连接相邻单元的楼梯间，形成双向疏散			
		多个单元的住宅建筑中通至屋面的疏散楼梯应能通过屋面连通							
普通电梯		1层以上都可设置，但从商品房开发现状看，常在多层建筑配置							
		辅助人员疏散的电梯：①应具有在火灾时仅停靠特定楼层和首层的功能。②电梯附近的明显位置应设置标示电梯用途的标志和操作说明。③应符合规范有关消防电梯的规定，设置在前室内的非消防电梯，防火性能不应低于消防电梯的防火性能。④应设置无障碍电梯（应为担架电梯）						本书第3章，3.2.3.1节	7.1.12，7.1.13
消防电梯						建筑高度大于33 m时，设置消防电梯		本书第3章，3.2.3.1节	2.2.6
避难间						高住宅度大于54 m时，每户应有一间房间；应靠外墙设置，并应设置可开启外窗；内、外墙体的耐火极限不小于1.00 h，该房间宜采用乙级防火门，外窗的耐火完整性不小于1.00 h		5.5.32；本书第3章，3.2.2.3节	7.1.16

续表

住宅单元	低层	多层	二类高层		一类高层		备注	
			小高层			超高层	《建筑设计防火规范》GB 50016—2014（2018年版）条款	《建筑防火通用规范》GB 55037—2022 条款
安全处与避难层	地面	地面	地面	地面或屋顶	地面或屋顶	地面，屋顶或避难层		7.1.14 ～ 7.1.16

表 6–5　住宅单元交通空间的防火设计变化（即安全分区的划分）

住宅要求	低层	多层	二类高层		一类高层
			小高层		超高层
公共交通空间可拆分数量	当户门为乙级防火门时，空间数量1个，即出户空间与楼梯间合二为一		当户门为乙级防火门时，出户空间与楼梯间可合二为一；否则，应拆分为出户空间（兼前室）与楼梯间2个空间	拆分为出户空间（兼前室）与楼梯间2个空间	拆分为出户空间、楼梯间、前室3个空间
每个单元楼梯间与电梯的最少个数	1 部楼梯		1 部楼梯＋1 部电梯（无消防电梯）	1 部楼梯＋2 部消防电梯（其中1 部为消防电梯）	2 部楼梯＋2 部电梯（其中1 部为消防电梯）
楼梯间形式	户门为乙级防火门时为开放楼梯间，否则封闭楼梯间		应封闭		防烟
楼梯间是否是平时人员上下主要交通方式	是（兼顾疏散）		不是（仅疏散）		
疏散方向	单一疏散		单一疏散；宜楼顶连通相邻单元	楼顶连通相邻单元	2 部楼梯双向疏散
水电气等管道	必设于出户空间（老旧多层住宅曾设置在户内或外墙外）		必设于出户空间		
可燃或助燃气体管道	在住宅建筑的疏散楼梯间内设置可燃气体管道和可燃气体计量表时，应采用敞开楼梯间，并应采取防止燃气泄漏的防护措施；其他建筑的疏散楼梯间及其前室内不应设置可燃或助燃气体管道（详见《建筑防火通用规范》GB 55037—2022，7.1.8）				

3. 建筑防火构件与装修

住宅建筑构件的燃烧性能和耐火极限：详见《住宅建筑规范》GB 50368—2005，9.2.1。

建筑防火构件与装修如表 6-6 所示。

表 6-6　建筑防火构件与装修

住宅各部位			防火设计要求	《建筑设计防火规范》GB 50016—2014（2018 年版）条款	《建筑防火通用规范》GB 55037—2022 条款
建筑构件的耐火性能要求	隔墙	住宅分户墙、住宅单元之间的墙体、防火隔墙与建筑外墙、楼板、屋顶相交处	应采取防止火灾蔓延至另一侧的防火封堵措施；住宅建筑外墙上相邻套房开口之间的水平距离或防火措施应满足防止火灾通过相邻开口蔓延的要求		6.2.2，6.2.3
		单元之间隔墙	应采用耐火极限不低于 2.00 h 的防火隔墙和不低于 1.00 h 的楼板与其他场所或部位分隔，墙上必须设置的门、窗应采用乙级防火门、窗（详见本书第 5 章，5.2.2.2 节）		4.1.3
		合建时，住宅内的机动车库、商业网点等与住宅之间隔墙			
	住宅墙体上窗、防火挑檐、窗槛墙、窗间墙		详见本书第 5 章，5.2.2.4 节		6.2.3
	楼板与屋面板		详见本书第 5 章，5.2.2.2 节		
	烟道竖井（F 类火灾）				
	屋顶与闷顶、烟囱				
	出户门、楼梯间与前室的防火门		出户门：当多层住宅时，对耐火极限无要求；当封闭前室时，用乙级防火门（详见本书第 5 章，5.2.2.3 节）		
	避难间		详见本书第 3 章，3.2.2.3 节	5.5.32	7.1.16
装修的耐火性能要求			住宅建筑装修设计尚应符合下列规定： ①不应改动住宅内部烟道、风道。 ②厨房内的固定橱柜宜采用不低于 B₁ 级的装修材料。 ③卫生间顶棚宜采用 A 级装修材料。 ④阳台装修宜采用不低于 B₁ 级的装修材料	4.0.15	
	轻质隔墙		详见本书第 5 章，5.2.2.2 节		
	外墙保温系统		详见本书第 5 章，5.2.4.3 节		
	吊顶（如厨房）		详见本书第 5 章，5.2.4.1 节		

4. 消防设施

消防设施如表 6-7 所示。

表 6-7　消防设施

住宅要求	住宅消防设施	设置要求	备注
消防设施	火灾自动报警系统	详见本书第 4 章，4.1.4 节	《建筑设计防火规范》GB 50016—2014（2018 年版），8.4.2
	灭火器、消火栓系统或自动喷水灭火系统	住宅从低层到高层，消防灭火设施不同，如干式或湿式消火栓系统；详见本书第 4 章，4.2 节	
	轻便消防水龙	高层住宅建筑的户内宜配置轻便消防水龙	《建筑设计防火规范》GB 50016—2014（2018 年版），8.2.4
	消防水池与消防水箱	详见本书第 2 章，2.4.4 节	
	消防控制室	详见本书第 4 章，4.1.3 节	
	防烟和排烟设施	详见本书第 4 章，4.3.2 节	
建筑外周边防火设计要求	防火间距	详见《建筑防火通用规范》GB 55037—2022，3.3.1，3.3.2；本书第 2 章，2.1.2.3 节	
	消防车道	详见本书第 2 章，2.3.3 节	
	市政消火栓系统	详见本书第 2 章，2.4.3 节	《建筑防火通用规范》GB 55037—2022，8.1.4

5. 合建住宅

合建住宅防火要求（见表 6-8）详见《建筑防火通用规范》GB 55037—2022，4.3.2；《建筑设计防火规范》GB 50016—2014（2018 年版），5.1.1，5.4.10。

参考图例：《〈建筑设计防火规范〉图示》18J811—1，5.4.10。

表 6-8　合建住宅防火要求

住宅部分与非住宅部分之间（除商业服务网点外）	防火设计要求	备注
隔墙耐火极限	耐火极限不小于 2.00 h 且无开口的防火隔墙	除汽车库的疏散出口外
楼板耐火极限	耐火极限不小于 2.00 h 的不燃性楼板	
外墙上、下层开口之间的防火措施		
疏散楼梯或安全出口	应分别独立设置	
地上车库	为部分住宅服务的地上车库应设置独立的疏散楼梯或安全出口	
地下车库	疏散楼梯应按规范设置	《建筑防火通用规范》GB 55037—2022，7.1.10

住宅部分与非住宅部分之间 （除商业服务网点外）		防火设计要求	备注
合建住宅内的商业设施	商业设施中每个独立单元之间	应采用耐火极限不小于 2.00 h 且无开口的防火隔墙分隔	
	层数与面积	每个独立单元的层数不应大于 2 层，且 2 层的总建筑面积不大于 300 m²	
	面积与疏散出口	每个独立单元中建筑面积大于 200 m² 的任一楼层均应设置至少 2 个疏散出口	

6.1.2 旅馆客房与宿舍

参考规范：《宿舍、旅馆建筑项目规范》GB 55025—2022。

旅馆客房与宿舍的防火要求（见表 6-9 及表 6-10）可根据建筑的实际要求来确定：其一，按照住宅建筑防火规范的要求，如度假山庄中的家庭式套房或独栋式客房（见图 6-1）；其二，按照公共建筑的防火设计要求，如城市酒店客房（见图 6-2）；其三，混合式，两类规范都应考虑。类似建筑类型，如老年人照料设施中的客房、疗养院建筑中的住院病房、学生公寓等。

表 6-9　旅馆客房的防火设计要求

旅馆客房要求	各部位特殊要求	防火设计要求	备注	
			《建筑设计防火规范》GB 50016—2014（2018年版）条款	《建筑防火通用规范》GB 55037—2022 条款
场所要求		交通车站、码头和机场的候车（船、机）建筑乘客公共区、交通换乘区和通道不应设置经营性住宿等场所		4.3.14
建筑材料的耐火性能	防火门、防火窗	旅馆建筑的客房开向公共内走廊或封闭式外走廊的疏散门，应具有自动关闭的功能，在关闭后应具有烟密闭的性能		6.4.1
消防设施	火灾自动报警系统	应设置火灾自动报警系统		8.3.2
	室内消火栓系统	建筑体积大于 5000 m³ 单、多层建筑的旅馆设置室内消火栓系统		8.1.7
	自动灭火系统	旅馆的客房，任一层建筑面积大于 1500 m² 或总建筑面积大于 3000 m² 的单、多层旅馆建筑应设置自动灭火系统		8.1.9
	自动灭火装置	餐厅建筑面积大于 1000 m² 的餐馆或食堂，其烹饪操作间的排油烟罩及烹饪部位应设置自动灭火装置，并应在燃气或燃油管道上设置与自动灭火装置联动的自动切断装置。 食品工业加工场所内有明火作业或高温食用油的食品加工部位宜设置自动灭火装置	8.3.11	

续表

旅馆客房要求	各部位特殊要求	防火设计要求	备注	
			《建筑设计防火规范》GB 50016—2014（2018年版）条款	《建筑防火通用规范》GB 55037—2022 条款
防火分区设计	室内疏散楼梯或疏散楼梯间	宜与敞开式外廊直接连通，不能与敞开式外廊直接连通的室内疏散楼梯应采用封闭楼梯间		7.4.5
	一、二级高层旅馆	安全疏散距离：位于两个安全出口之间的疏散门至最近安全出口的直线距离为 30 m；位于袋形走道两侧或尽端的疏散门至最近安全出口的直线距离为 15 m	5.5.17	

注：表中旅馆的安全疏散距离，虽然在《建筑设计防火规范》GB 50016—2014（2018年版）中，5.5.17条例已被废除，但本书成书时，并未有新的规范对此进行约束，故沿用部分原规范。

表 6-10　宿舍的防火设计要求

宿舍要求	各部位特殊要求	防火设计要求	备注
			《建筑防火通用规范》GB 55037—2022 条款
场所要求		厂房、仓库内不应设置宿舍	4.2.2，4.2.7
建筑材料的耐火性能要求	防火门、防火窗	宿舍的居室开向公共内走廊或封闭式外走廊的疏散门，应具有自动关闭的功能，在关闭后应具有烟密闭的性能	6.4.1

图 6-1　日本大分县的星野度假村

图 6-2　斯洛文尼亚波多若斯的王宫饭店

专业思考

1.【判断题】在住宅中，5层与25层的住宅防火设计相同。（　　　）

【答案】错。楼梯间的形式不同；自然防排烟与机械防排烟设计不同。

2.【判断题】塔式高层住宅（见图6-3），建筑高度 54 m 以下且每层不超过 8 户，建筑面积不超过 650 m²，

设有一座防烟楼梯间和消防电梯，可设一个安全出口。（　　）

【答案】错。须同时满足建筑高度大于 27 m 且不小于 54 m，任一户门至最近安全出口的疏散距离不大于 10 m。

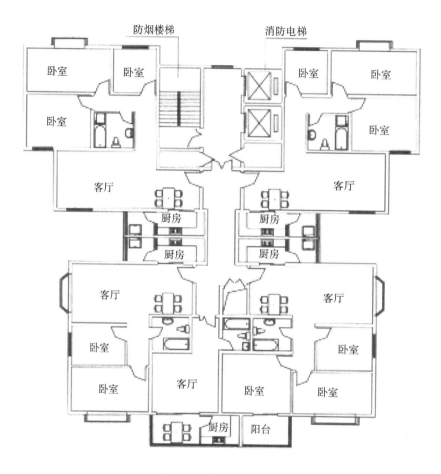

图 6-3　塔式高层住宅

3.【判断题】高度小于 54 m 的单元式住宅（见图 6-4），每个单元设有一座通向屋顶的疏散楼梯，单元之间的楼梯通过屋顶连通，单元与单元之间设有防火墙，户门为乙级防火门，窗间墙宽度、窗槛墙高度大于 1.2 m 且为不燃烧体墙，可设一个安全出口。

【答案】对。

4.【判断题】高度大于 54 m 小于 100 m 的单元式住宅，每个单元设有一座通向屋顶的疏散楼梯，18 层以上部分每层相邻单元楼梯通过阳台或凹廊连通，可设一个安全出口。（　　）

【答案】错。每层每个单元有 2 个以上的安全出口，即 2 个疏散楼梯间。

5.【判断题】如图 6-5 所示的高层住宅，疏散没有问题。（　　）

【答案】错。每层每户出户门后，应立即有 2 个以上的安全疏散方向，即 2 个疏散楼梯间。

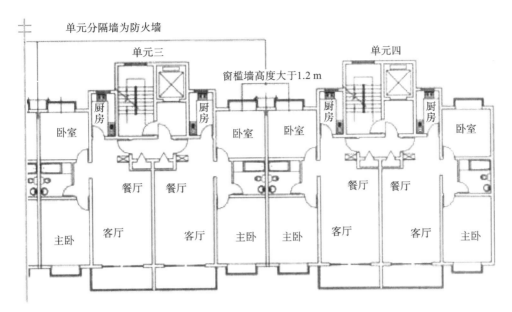

图 6-4　高度小于 54 m 的单元式住宅

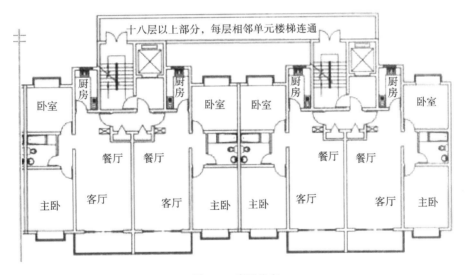

图 6-5　高层住宅

6.2　公共建筑

6.2.1　特殊人群建筑

特殊人群建筑指建筑的使用人群主体为老弱病残类，其人群特点是在建筑或场所的允许疏散时间内，行动能力缓慢，甚至缺失，如老、残、病；或行动能力、辨别能力较弱，如儿童。

针对可能无法自主安全疏散的人员，必须在疏散流线上配置避难间；针对儿童，主要措施为控制场所安全疏散距离。同时都应设置独立于其他人群的安全出口。

6.2.1.1 老年人照料设施

建筑内床位总数（可容纳老年人总数）不少于20，为老年人提供集中照料服务（包含住宿、生活照料服务及其他服务项目）的设施，即称为老年人照料设施（见表6-11～表6-16），属于公共建筑。

表6-11 室外安全设计要求

场所与部位	室外安全设计要求	《老年人照料设施建筑设计标准》JGJ 450—2018条款
交通出入口	①道路系统应保证救护车辆能停靠在建筑的主要出入口处；全部老年人用房与救护车辆停靠的建筑物出入口之间的通道，应满足紧急送医需求。紧急送医通道的设置应满足担架抬行和轮椅推行的要求，且应连续、便捷、畅通。 ②建筑的主要出入口至机动车道路之间应留有满足安全疏散需求的缓冲空间	4.2.4，6.3.5～6.3.6
老年人使用的室外活动场地	①应有满足老年人室外休闲、健身、娱乐等活动的设施和场地条件。 ②位置应避免与车辆交通空间交叉，且应保证能获得日照，宜选择在向阳、避风处。 ③地面应平整防滑、排水畅通，当有坡度时，坡度不应大于2.5%	4.3.1
老年人使用的出入口和门厅	①宜采用平坡出入口，平坡出入口的地面坡度不应大于1/20，有条件时不宜大于1/30。 ②出入口严禁采用旋转门。 ③出入口的地面、台阶、踏步、坡道等均应采用防滑材料铺装，应有防止积水的措施，严寒、寒冷地区宜采取防结冰措施。 ④出入口附近应设助行器和轮椅停放区	5.6.2

表6-12 耐火等级与设置楼层

建造性质与部位	耐火等级	建筑高度或层数	防火分隔	面积要求	备注		《建筑防火通用规范》GB 55037—2022条款
①宜独立建造； ②当与其他建筑合建时，宜设置在建筑的下部； ③合建或设置在其他建筑内，其老年人照料设施应位于独立的建筑分区内，且有独立的交通系统和对外出入口（详见《老年人照料设施建筑设计标准》，3.0.3）	一、二级	不宜大于32 m；不应大于54 m	合建时，应采用耐火极限不低于2.00 h的防火隔墙和1.00 h的楼板与其他场所或部位分隔，墙上必须设置的门、窗应采用乙级防火门、窗		独立建造的老年人照料设施为一类公共建筑	《建筑设计防火规范》GB 50016—2014（2018年版），5.4.4A，5.3.1A，5.1.1	4.1.3，4.3.5
	Ⅰ级木结构建筑	不应大于3层					4.3.8
	三级	不大于2层			耐火等级不应低于三级	《建筑设计防火规范》GB 50016—2014（2018年版），5.3.1A	4.3.5，5.3.3
	Ⅱ级木结构建筑	不应大于2层					4.3.9

建造性质与部位	耐火等级	建筑高度或层数	防火分隔	面积要求	备注	
						《建筑防火通用规范》GB 55037—2022 条款
居室和休息室			不应与电梯井道、有噪声振动的设备机房等相邻布置		《老年人照料设施建筑设计标准》JGJ 450—2018,6.5.3	
		不应布置在地下或半地下			《老年人照料设施建筑设计标准》JGJ 450—2018,5.1.2	4.3.5
设施中的老年人公共活动用房、康复与医疗用房		应布置在地下一层及以上楼层				4.3.5
		当布置在半地下或地下一层、地上四层及以上楼层时		每间用房的建筑面积不大于200 m² 且使用人数不大于 30		4.3.5

参考图例:《〈建筑设计防火规范〉图示》18J811—1,5.3.1A,5.4.4A,5.4.4B,6.2.2。

表 6-13　水平疏散设计 1

设置部位	耐火等级	安全疏散距离 /m		场所面积	备注	
					《建筑设计防火规范》GB 50016—2014(2018 年版)条款	《建筑防火通用规范》GB 55037—2022 条款
直通疏散走道的房间疏散门至最近安全出口的直线距离		位于两个安全出口之间的疏散门	位于袋形走道两侧或尽端的疏散门	公共建筑内房间的疏散门数量应经计算确定且不小于2。包含位于走道尽端时	5.5.17	7.4.2
	一、二级	25	20			
	三级	20	15			
	四级	15	10			
走道尽端两侧的房间				建筑面积不大于 50 m² 时,可设置 1 个疏散门		7.4.2
位于两个安全出口之间的房间						

注:表中老年人照料设施的安全疏散距离,虽然在《建筑设计防火规范》GB 50016—2014(2018 年版)中,5.5.17 条例已被废除,但本书成书时,并未有新的规范对此进行约束,故沿用部分原规范。

表 6-14 水平疏散设计 2

设置部位	老年人照料设施水平疏散要求	备注	
			《建筑防火通用规范》GB 55037—2022 条款
每个照料单元的用房	均不应跨越防火分区	《老年人照料设施建筑设计标准》JGJ 450—2018,6.3.2	
老年人使用的走廊	通行净宽不应小于 1.80 m,确有困难时不应小于 1.40 m;当走廊的通行净宽大于 1.40 m 且小于 1.80 m 时,走廊中应设通行净宽不小于 1.80 m 的轮椅错车空间,错车空间的间距不宜大于 15.00 m	《老年人照料设施建筑设计标准》JGJ 450—2018,5.6.3	
老年人使用的门	①老年人照料设施的老年人居室开向公共内走廊或封闭式外走廊的疏散门,应在关闭后具有烟密闭的性能。 ②老年人用房的门开启净宽不应小于 0.80 m,有条件时,不宜小于 0.90 m。 ③护理型床位居室的门开启净宽不应小于 1.10 m。 ④建筑主要出入口的门开启净宽不应小于 1.10 m。 ⑤含有 2 个或多个门扇的门,至少应有 1 个门扇的开启净宽不小于 0.80 m。 ⑥向老年人公共活动区域开启的门不应阻碍交通。 ⑦老年人的居室门、居室卫生间门、公用卫生间厕位门、盥洗室门、浴室门等,均应选用内外均可开启的锁具及方便老年人使用的把手,且宜设应急观察装置	《老年人照料设施建筑设计标准》JGJ 450—2018,5.7.3,6.3.3,6.3.7	6.4.1
避难间	①不小于 3 层且总建筑面积大于 3000 m^2(包括合建建筑的建筑),应在二层及以上各层老年人照料设施部分的每座疏散楼梯间的相邻部位设置 1 间避难间,且其内可供避难的净面积不小于 12 m^2。避难间可利用疏散楼梯间的前室或消防电梯的前室。 ②供失能老年人使用且层数大于 2 的老年人照料设施,应按核定使用人数配备简易防毒面具。	《建筑设计防火规范》GB 50016—2014(2018 年版),5.5.24A	7.1.16
	可不设置避难间的条件: 当老年人照料设施设置与疏散楼梯或安全出口直接连通的开敞式外廊、与疏散走道直接连通且符合人员避难要求的室外平台等时,可不设置避难间		
外墙部位的连廊	建筑高度大于 32 m 的老年人照料设施,除室内疏散走道外,宜在 32 m 以上部分的外墙部位再增设能连通老年人居室和公共活动场所的连廊,各层连廊应直接与疏散楼梯、安全出口或室外避难场地连通	《建筑设计防火规范》GB 50016—2014(2018 年版),5.5.13A	

参考图例:《〈建筑设计防火规范〉图示》18J811—1,5.5.24A。

表 6-15　竖向疏散设计

设置部位	老年人照料设施竖向疏散要求	备注	
			《建筑防火通用规范》GB 55037—2022 条款
安全出口	建筑面积不大于 200 m² 且人数不超过 50 的单层老年人照料设施可设置 1 个安全出口		7.4.1
室内疏散楼梯或疏散楼梯间	①宜与敞开式外廊直接连通，不能与敞开式外廊直接连通的室内疏散楼梯应采用封闭楼梯间。 ②建筑高度大于 24 m 的老年人照料设施，其室内疏散楼梯应采用防烟楼梯间。 ③建筑高度大于 32 m 的老年人照料设施，宜在 32 m 以上部分增设能连通老年人居室和公共活动场所的连廊，各层连廊应直接与疏散楼梯、安全出口或室外避难场地连通	《建筑设计防火规范》GB 50016—2014（2018 年版）5.5.13A	7.4.5
	老年人使用的楼梯严禁采用弧形楼梯和螺旋楼梯。老年人使用的楼梯应符合下列规定。 ①梯段通行净宽不应小于 1.20 m，各级踏步应均匀一致，楼梯缓步平台内不应设置踏步。 ②踏步前缘不应突出，踏面下方不应透空。 ③应采用防滑材料饰面，所有踏步上的防滑条、警示条等附着物均不应突出踏面	《老年人照料设施建筑设计标准》JGJ 450—2018，5.6.6，5.6.7	
电梯要求	老年人照料设施内的非消防电梯应采取防烟措施，当火灾情况下需用于辅助人员疏散时，该电梯及其设置应符合消防电梯的相关要求	《建筑设计防火规范》GB 50016—2014（2018 年版），5.5.14	7.1.12 ～ 7.1.13
	①二层及以上楼层、地下室、半地下室设置老年人用房时应设电梯，电梯应为无障碍电梯，且至少 1 台电梯能容纳担架。 ②电梯的数量应综合设施类型、层数、每层面积、设计床位数或老年人数、用房功能与规模、电梯主要技术参数等因素确定。为老年人居室使用的电梯，每台电梯服务的设计床位数不应大于 120。 ③电梯的位置应明显易找，且宜结合老年人用房和建筑出入口位置均衡设置	《老年人照料设施建筑设计标准》JGJ 450—2018，5.6.4，5.6.5	
消防电梯	不小于 5 层且总建筑面积不小于 3000 m²（包括不小于 5 层的合建建筑内）的老年人照料设施，应设置消防电梯		2.2.6

参考图例：《〈建筑设计防火规范〉图示》18J811—1，5.5.13A，5.5.14。

表 6-16　材料与消防设施

老年人照料设施的材料与消防设施	设置部位	防火设计要求	备注	
				《建筑防火通用规范》GB 55037—2022 条款
建筑材料	内隔墙（老年人照料设施的厨房）	应采用耐火极限不低于 2.00 h 的防火隔墙和耐火极限不低于 1.00 h 的楼板与其他场所或部位分隔，墙上必须设置的门、窗应采用乙级防火门、窗		4.1.3
	合建时，与其他区域分隔			
	防火门、防火窗	老年人照料设施的老年人居室开向公共内走廊或封闭式外走廊的疏散门，应具有自动关闭的功能，在关闭后应具有烟密闭的性能		6.4.1
装修材料	室内装修	顶棚 A 级、墙面 A 级、地面 B_1 级、隔断 B_1 级、固定家具 B_2 级、装饰织物 B_1 级、其他装修装饰材料 B_1 级	《老年人照料设施建筑设计标准》JGJ 450—2018，6.2	
	吊顶	详见本书第 5 章，5.2.4.1 节		
	老年人用房的厅、廊、房间	如设置休息座椅或休息区、布设管道设施、挂放各类物件等形成的突出物应有防刮碰的保护措施	《老年人照料设施建筑设计标准》JGJ 450—2018，6.3.4	
	外墙保温系统	独立建造，或与其他建筑组合建造且老年人照料设施部分的总建筑面积大于 500 m^2 的老年人照料设施的内、外墙体和屋面保温材料应采用燃烧性能为 A 级的保温材料（除无空腔复合保温结构体外）	《〈建筑设计防火规范〉图示》18J811—1，6.7.4A	6.6.4
消防设施	火灾自动报警系统	应设置火灾自动报警系统		8.3.2
	电气的监控	为防止老年人照料设施形成因电气过载、短路等造成的建筑火灾，老年人照料设施的非消防用电负荷应设置电气火灾监控系统	《建筑设计防火规范》GB 50016—2014（2018 年版），10.2.7；《火灾自动报警系统设计规范》GB 50116—2013，9.1.1	
	室内消火栓系统	①建筑体积大于 5000 m^3 单、多层建筑的老年人照料设施设置室内消火栓系统；②老年人照料设施内应设置与室内供水系统直接连接的消防软管卷盘，消防软管卷盘的设置间距不大于 30.0 m	《建筑设计防火规范》GB 50016—2014（2018 年版），8.2.4	8.1.7
	自动灭火系统	应设置自动灭火系统		8.1.9

续表

老年人照料设施的材料与消防设施	设置部位	防火设计要求	备注
			《建筑防火通用规范》GB 55037—2022 条款
消防设施	备用电源	消防应急照明和灯光疏散指示标志的备用电源的连续供电时间不小于 1.0 h	10.1.4
	疏散照明	所有公共建筑相同； 疏散楼梯间、疏散楼梯间的前室或合用前室、避难走道及其前室、避难层、避难间、消防专用通道，最低水平照度为 10.0 lx； 疏散走道、人员密集的场所，最低水平照度为 3.0 lx	10.1.10

从时间上来看，老年人照料设施可分为老年人全日照料设施（24 小时）和老年人日间照料设施。全日照料设施可分为养老院、老人院、福利院、敬老院、老年养护院等；日间照料设施可分为托老所、日托站、老人日间照料室、老年人日间照料中心等。

老年人照料设施不包括专供老年人使用的、非集中照料的设施和场所，如老年活动中心、老年大学等不属于老年人照料设施。

参考规范:《建筑设计防火规范》GB 50016—2014（2018年版）;《建筑防火通用规范》GB 55037—2022;《老年人照料设施建筑设计标准》JGJ 450—2018;《建筑与市政工程无障碍通用规范》GB 55019—2021;《无障碍设计规范》GB 50763—2012。

6.2.1.2 儿童活动场所

儿童活动场所包含托儿所、幼儿园的儿童用房和儿童游乐厅等，其防火设计如表 6-17 ～表 6-20 所示。

表 6-17 耐火等级与设置楼层

建造性质与部位	耐火等级	建筑高度或层数	防火分隔	防火要求	备注	
					《建筑设计防火规范》GB 50016—2014（2018 年版）条款	《建筑防火通用规范》GB 55037—2022 条款
宜独立建造；当与其他建筑合建时，应设置在建筑的下部	一、二级	不应大于 3 层	合建时，应采用耐火极限不低于 2.00 h 的防火隔墙和 1.00 h 的楼板与其他场所或部位分隔，墙上必须设置的门、窗应采用乙级防火门、窗		5.4.4	4.1.3, 4.3.4
	Ⅰ 级木结构建筑					4.3.8
	三级	不应大于 2 层			5.4.4	4.3.4
	Ⅱ 级木结构建筑					4.3.9
	四级	单层			5.4.4	4.3.4
	Ⅲ 级木结构建筑					4.3.10

续表

建造性质与部位	耐火等级	建筑高度或层数	防火分隔	防火要求	备注	
					《建筑设计防火规范》GB 50016—2014（2018年版）条款	《建筑防火通用规范》GB 55037—2022 条款
宜独立建造；当与其他建筑合建时，应设置在建筑的下部		在合建的高层建筑内		应设置独立的安全出口和疏散楼梯		7.4.3
		在合建的单、多层建筑内		宜设置独立的安全出口和疏散楼梯	5.4.4	
		不应设置在地下或半地下			5.4.4	4.3.4

参考图例：《〈建筑设计防火规范〉图示》18J811—1，5.4.4，6.2.2。

表 6-18　水平疏散设计

设置部位	耐火等级	安全疏散距离 /m		场所面积	备注		
		位于两个安全出口之间的疏散门	位于袋形走道两侧或尽端的疏散门			《建筑设计防火规范》GB 50016—2014（2018年版）条款	《建筑防火通用规范》GB 55037—2022 条款
托儿所、幼儿园内直通疏散走道的房间疏散门					公共建筑内房间的疏散门数量应经计算确定，且不应少于2个；当位于走道尽端时，不应少于2个		7.4.2
	一、二级	25	20			5.5.17	
	三级	20	15				
	四级	15	10				
走道尽端两侧的房间				不大于50 m²时，可设置1个疏散门	仅设置1个疏散门时		7.4.2
位于两个安全出口之间的房间							

注：表中儿童活动场所的安全疏散距离，虽然在《建筑设计防火规范》GB 50016—2014（2018年版）中，5.5.17条例已被废除，但本书成书时，并未有新的规范对此进行约束，故沿用部分原规范。

表 6-19　竖向疏散设计

设置部位	儿童活动场所竖向疏散要求	《建筑防火通用规范》GB 55037—2022 条款
安全出口和疏散楼梯	除托儿所、幼儿园外，建筑面积不大于 200 m² 且人数不超过 50 人的单层儿童活动场所可设置 1 个安全出口	7.4.1
	位于高层建筑内的儿童活动场所，安全出口和疏散楼梯应独立设置	7.4.3

表 6-20　材料与消防设施

儿童活动场所的材料与消防设施	设置部位	防火设计要求	《建筑设计防火规范》GB 50016—2014（2018 年版）条款	《建筑防火通用规范》GB 55037—2022 条款
建筑材料	内隔墙（儿童活动场所的厨房）	应采用耐火极限不低于 2.00 h 的防火隔墙和耐火极限不低于 1.00 h 的楼板与其他场所或部位分隔，墙上必须设置的门、窗应采用乙级防火门、窗		4.1.3
	合建时，与其他区域分隔			
装修材料	吊顶	详见本书第 5 章，5.2.4.1 节	5.1.8	
消防设施	火灾自动报警系统	托儿所、幼儿园，任一层建筑面积大于 500 m² 或总建筑面积大于 1000 m² 的其他儿童活动场所		8.3.2
	自动灭火系统	中型和大型幼儿园		8.1.9

6.2.1.3　医疗建筑中住院病房

医疗建筑中住院病房的防火设计如表 6-21 ～表 6-24 所示。

表 6-21　耐火等级与设置楼层

建造性质与部位	耐火等级	建筑高度或层数	防火分隔	备注		
					《建筑设计防火规范》GB 50016—2014（2018 年版）条款	《建筑防火通用规范》GB 55037—2022 条款
医疗建筑中住院病房	一、二级		建筑内相邻护理单元之间应采用耐火极限不低于 2.00 h 的防火隔墙和甲级防火门分隔	医疗建筑耐火等级不应低于三级		4.3.6
	Ⅰ 级木结构建筑	不应大于 3 层				4.3.8
	三级	不应大于 2 层				4.3.6，5.3.3
	Ⅱ 级木结构建筑					4.3.9
		不应设置在地下或半地下				4.3.6

参考图例：《〈建筑设计防火规范〉图示》18J811—1，5.4.5。

表 6-22 水平疏散设计

设置部位		住院病房要求	耐火等级	安全疏散距离 /m		场所面积	备注		
				位于两个安全出口之间的疏散门	位于袋形走道两侧或尽端的疏散门			《建筑设计防火规范》GB 50016—2014（2018年版）条款	《建筑防火通用规范》GB 55037—2022 条款
直通疏散走道的房间疏散门	单、多层住院病房						公共建筑内房间的疏散门数量应经计算确定，且不少于2个。医疗建筑中的治疗室和病房位于走道尽端时，疏散门不应少于2个	5.5.17	7.4.2
			一、二级	35	20				
			三级	30	15				
			四级	25	10				
	高层住院病房		一、二级	24	12				
走道尽端两侧的房间						不大于 75 ㎡时，可设置 1 个疏散门			7.4.2
位于两个安全出口之间的房间									
医疗建筑的避难间（且应符合规范中一般避难间的规定）		①高层病房楼应在第二层及以上的病房楼层和洁净手术部设置避难间。②楼地面距室外设计地面高度大于 24 m 的洁净手术部及重症监护区，每个防火分区应至少设置 1 间避难间。③每间避难间服务的护理单元不应大于 2 个，每个护理单元的避难区净面积不小于 25.0 ㎡							7.1.16，7.4.8

　　注：表中医疗建筑中住院病房的安全疏散距离，虽然在《建筑设计防火规范》GB 50016—2014（2018年版）中，5.5.17条例已被废除，但本书成书时，并未有新的规范对此进行约束，故沿用部分原规范。

　　参考图例：《〈建筑设计防火规范〉图示》18J811—1，5.5.24。

表 6-23　竖向疏散设计

设置部位	住院病房竖向疏散要求	备注
		《建筑防火通用规范》GB 55037—2022 条款
安全出口	建筑面积不大于 200 m² 且人数不超过 50 的住院病房可设置 1 个安全出口	7.4.1
室内疏散楼梯间	多层医疗建筑宜与敞开式外廊直接连通，不能与敞开式外廊直接连通的室内疏散楼梯应采用封闭楼梯间	7.4.5

表 6-24　材料与消防设施

医疗建筑中住院病房的材料与消防设施	设置部位	防火设计要求	备注	
			《建筑设计防火规范》GB 50016—2014（2018年版）条款	《建筑防火通用规范》GB 55037—2022 条款
建筑材料	内隔墙	住院病房内相邻护理单元之间应采用耐火极限不低于 2.00 h 的防火隔墙和甲级防火门分隔		4.3.6
	内隔墙	医疗建筑中的手术室或手术部、产房、重症监护室、贵重精密医疗装备用房、储藏间、实验室、胶片室等场所，采用防火门、防火窗、耐火极限不低于 2.00 h 的防火隔墙和耐火极限不低于 1.00 h 的楼板与其他区域分隔		4.1.3
装修材料	吊顶	详见本书第 5 章，5.2.4.1 节	5.18	
消防设施	火灾自动报警系统	疗养院的病房楼，床位数不少于 100 的医院的门诊楼、病房楼、手术部等应设置火灾自动报警系统		8.3.2
	室内消火栓系统	建筑体积大于 5000 m³ 的医疗建筑应设置室内消火栓系统		8.1.7
	自动灭火系统	任一层建筑面积大于 1500 m² 或总建筑面积大于 3000 m² 的单、多层病房楼、门诊楼和手术部应设置自动灭火系统		8.1.9
	备用电源	建筑高度不大于 100 m 的医疗建筑，备用电源的连续供电时间不小于 1.0h		10.1.4

参考图例：《〈建筑设计防火规范〉图示》18J811—1，6.2.2。

6.2.2　商业建筑

参考规范：《建筑防火通用规范》GB 55037—2022，4.3.1，4.3.14，4.4.1；《大型商业综合体消防安全管理规则》XF/T 3019—2023。

商业建筑为人员密集的经营性场所，其内有大量的火灾荷载且防火分区面积较大。因此在民用建筑内不应设置经营、存放或使用甲、乙类火灾危险性物品的商店、作坊或储藏间等。民用建筑内除可设置为满足建筑使用功能的附属库房外，不应设置生产场所或其他库房，不应与工业建筑组合建造。

交通车站（含地铁车站）、码头和机场的候车（船、机）建筑乘客公共区内的商业设施不应经营或储存甲、乙类火灾危险品或可燃性液体，且所设商业设施内不应使用明火。乘客通行的区域，包含站厅的乘客疏散区、站台层、出入口通道和其他用于乘客疏散的专用通道内，不应布置商业设施。

6.2.2.1　商店

商店的防火设计如表 6-25 ～表 6-28 所示。

表 6-25　耐火等级与设置楼层

建造性质与部位	耐火等级	建筑高度或层数	防火分隔	防火分区	备注		
						《建筑设计防火规范》GB 50016—2014（2018年版）条款	《建筑防火通用规范》GB 55037—2022 条款
建筑内的商店营业厅，公共展览厅等	一、二级	应布置在地下二层及以上的楼层	合建时，应采用耐火极限不低于2.00h 的防火隔墙和耐火极限不低于1.00h 的楼板与其他场所或部位分隔，墙上必须设置的门、窗应采用乙级防火门、窗	当设置自动灭火系统和火灾自动报警系统，并采用不燃或难燃装修材料时，每个防火分区的最大允许建筑面积应符合下列规定：①设置在高层建筑内时，不应大于 4000 m²；②设置在单层建筑内或仅设置在多层建筑的首层时，不应大于 10000 m²		5.4.4A，5.3.1A，5.1.1	4.3.3，4.3.15
	Ⅰ级木结构建筑	不应大于3 层			Ⅰ级木结构建筑对应二级耐火等级		4.3.8
	三级	不应大于2 层					4.3.3
	Ⅱ级木结构建筑						4.3.9
	四级	首层					4.3.3
	Ⅲ级木结构建筑						4.3.10
	一级	地下或半地下		对于一、二级耐火等级建筑，营业厅、展览厅等应布置在地下二层及以上的楼层。当设置自动灭火系统和火灾自动报警系统并采用不燃或难燃装修材料时，其每个防火分区的面积不大于 2000 m²			4.3.3，4.3.15
地下商店	一级	地下或半地下		总建筑面积大于 20000 m² 的特大型地下或半地下商店，应分隔为多个建筑面积不大于 20000 m² 的区域且防火分隔措施应可靠、有效			4.3.17

参考图例：《〈建筑设计防火规范〉图示》18J811—1，5.3.4，5.3.5，5.4.3。

表 6-26 水平疏散设计

设置部位	商店要求	耐火等级	安全疏散距离 /m		备注		
			位于两个安全出口之间的疏散门	位于袋形走道两侧或尽端的疏散门		《建筑设计防火规范》GB 50016—2014（2018年版）条款	《建筑防火通用规范》GB 55037—2022 条款
直通疏散走道的房间疏散门	单、多层商店	一、二级	40	22	公共建筑内房间的疏散门数量应经计算确定，且不少于 2 个	5.5.17	7.4.2
		三级	35	20			
		四级	25	15			
	高层商店	一、二级	40	20			

注：表中商店的安全疏散距离，虽然在《建筑设计防火规范》GB 50016—2014（2018年版）中，5.5.17条例已被废除，但本书成书时，并未有新的规范对此进行约束，故沿用部分原规范。

表 6-27 竖向疏散设计

设置部位	商店竖向疏散要求	备注
室内疏散楼梯间	多层商店建筑与敞开式外廊不直接连通的室内疏散楼梯均应设为封闭楼梯间	《建筑防火通用规范》GB 55037—2022，7.4.5

表 6-28 材料与消防设施

商店的材料与消防设施	设置部位	防火设计要求	备注	
			《建筑设计防火规范》GB 50016—2014（2018年版）条款	《建筑防火通用规范》GB 55037—2022 条款
建筑材料	内隔墙（商店内的厨房）	应采用耐火极限不低于 2.00 h 的防火隔墙和耐火极限不低于 1.00 h 的楼板与其他场所或部位分隔，墙上必须设置的门、窗应采用乙级防火门、窗		4.1.3
	合建时，与其他区域分隔			
消防设施	火灾自动报警系统	商店建筑应设置火灾自动报警系统；其他二类高层公共建筑内建筑面积大于 500 m² 的商店营业厅应设置火灾自动报警系统	8.3.2	
	市政消火栓系统	城镇中商业区应沿可通行消防车的街道设置市政消火栓系统	8.1.4	

续表

商店的材料与消防设施	设置部位	防火设计要求	备注	
			《建筑设计防火规范》GB 50016—2014(2018年版)条款	《建筑防火通用规范》GB 55037—2022条款
消防设施	室内消火栓系统	①建筑体积大于5000 m³的单、多层建筑商店设置室内消火栓系统。②建筑面积大于200 m²的商业服务网点内应设置消防软管卷盘或轻便消防水龙	8.2.4	8.1.7
	自动灭火系统	①任一层建筑面积大于1500 m²或总建筑面积大于3000 m²的单、多层商店建筑应设置自动灭火系统。②总建筑面积大于500 m²的地下或半地下商店应设置自动灭火系统		8.1.9
	消防用电负荷等级	任一层建筑面积大于3000 m²的商店和展览建筑或总建筑面积大于3000 m²的地下、半地下商业设施的消防用电负荷等级不应低于二级		10.1.3
	应急排烟排热设施	任一层建筑面积大于2500 m²的商店营业厅、展览厅以及这些建筑中长度大于60 m的走道,如无可开启外窗,应在其每层外墙和(或)屋顶上设置应急排烟排热设施,且该应急排烟排热设施应具有手动、联动或依靠烟气温度等方式自动开启的功能		2.2.5

特大型地下商店防火设计要求如下。

（1）划分防火区域。

总建筑面积大于20000 m²的地下或半地下商店，要求使用面积巨大，且是连续的大空间。因此按规范要求，把特大型地下商店首先划分为多个建筑面积不大于20000 m²的防火区域，再在防火区域内划分营业厅等防火分区。防火区域按防火要求采取较防火分区更严格的防火分隔措施，如采用无门窗洞口的防火墙、耐火极限不低于2.00 h的楼板进行防火分隔，即对整个特大型地下商店进行水平空间的多层防火划分。

（2）防火区域之间设置非安全疏散的互通设施。

相邻防火区域间确需局部人员互通，保证彼此沟通交流而非人员安全疏散时，应在需要设置处，设置防火隔间，且应具有防止烟火蔓延的构造。

（3）竖向疏散设计。

针对如地下特大型地下商店，为保证其地下防火区域的安全疏散，特采用下沉式室外开敞空间、避难走道、防烟楼梯间等方式进行人员安全疏散设计。

6.2.2.2 商业服务网点

参考规范：《建筑设计防火规范》GB 50016—2014（2018年版），5.1.1。

参考图例：《〈建筑设计防火规范〉图示》18J811—1，2.1.4，5.4.11。

　　商业服务网点为便民点，设置于民用建筑（多为合建住宅建筑）的下部（首层或一至二层）或独立建造（如商业步行街），且每个分隔单元的建筑面积不大于 300 m²，是小型营业性用房，如商店、邮政所、储蓄所、理发店等。商业服务网点的防火设计要求如表 6-29 所示。

表 6-29　商业服务网点的防火设计要求

设计内容	商业服务网点部位	防火设计要求	备注	
			《建筑设计防火规范》GB 50016—2014（2018 年版）条款	《建筑防火通用规范》GB 55037—2022 条款
防火分区	疏散楼梯或安全出口	商业服务网点与其他区域应分别独立设置		4.3.2
建筑材料	合建时，与其他区域分隔	应采用耐火极限不小于 2.00 h 且无开口的防火隔墙（除汽车库的疏散出口外）和耐火极限不小于 2.00 h 的不燃性楼板分隔		4.3.2
合建建筑内的商业网点	层数与面积	每个独立单元的层数不应大于 2，且 2 层的总建筑面积不小于 300 m²		4.3.2
	内隔墙	商业设施中每个独立单元之间应采用耐火极限不小于 2.00 h 且无开口的防火隔墙分隔		4.3.2
	面积与疏散出口	每个独立单元中建筑面积大于 200 m² 的任一楼层均应设置至少 2 个疏散出口		4.3.2
	消防设施	建筑面积大于 200 m² 的商业服务网点内应设置消防软管卷盘或轻便消防水龙	8.2.4	

6.2.2.3　商业步行街

　　商业步行街由餐饮、商店等商业设施组成（即商业服务网点，超过商业服务网点面积的商业设施应不向有顶棚商业步行街疏散）。当步行街上空配有顶棚时，步行街有全新的防火设计要求（见表 6-30）：①保证步行街与其内的商铺的人员疏散安全；②顶棚设置方式应满足步行街的自然通风排烟要求。

　　参考规范：《建筑设计防火规范》GB 50016—2014（2018 年版），5.3.6。

　　参考图例：《〈建筑设计防火规范〉图示》18J811—1，5.3.6。

表 6-30　配有顶棚的商业步行街的防火设计要求

设计内容	设置部位	防火设计要求
安全疏散设计	步行街的长度	不大于 300 m
	每间商铺	建筑面积不宜大于 300 m²
	两侧建筑相对面的最近距离	均不应小于防火间距要求，且不小于 9 m
	步行街内任一点的疏散距离	首层商铺的疏散门可直接通至步行街，步行街内任一点到达最近室外安全地点的步行距离不大于 60 m

设计内容	设置部位	防火设计要求
安全疏散设计	二层及以上的疏散距离	二层及以上各层商铺的疏散门至该层最近疏散楼梯口或其他安全出口的直线距离不大于 37.5 m
	两侧建筑内的疏散楼梯	应靠外墙设置并宜直通室外,确有困难时,可在首层直接通至步行街
建筑材料与防火构造	两侧建筑耐火等级	不低于二级。步行街内不应布置可燃物
	顶棚材料	应采用不燃或难燃材料,其承重结构的耐火极限不小于 1.00 h
	商铺之间防火隔墙	应设置耐火极限不小于 2.00 h 的防火隔墙
	步行街两侧建筑的商铺,其面向步行街一侧的围护构件	耐火极限不小于 1.00 h,并宜采用实体墙,其门、窗应采用乙级防火门、窗;当采用防火玻璃墙(包括门、窗)时,其耐火隔热性和耐火完整性不小于 1.00 h;采用耐火完整性不小于 1.00 h 的非隔热性防火玻璃墙(包括门、窗)时,应设置闭式自动喷水灭火系统进行保护。相邻商铺之间面向步行街一侧应设置宽度不小于 1.0 m、耐火极限不小于 1.00 h 的实体
消防设施	灭火设施	两侧建筑的商铺外应每隔 30 m 设置 DN65 的消火栓,并应配备消防软管卷盘或消防水龙,商铺内应设置自动喷水灭火系统和火灾自动报警系统;每层回廊均应设置自动喷水灭火系统。步行街内宜设置自动跟踪定位射流灭火系统
	排烟方式 顶棚	顶棚下檐距地面的高度不小于 6.0 m
		顶棚应设置自然排烟设施并宜采用常开式的排烟口,且自然排烟口的有效面积不应小于步行街地面面积的 25%。常闭式自然排烟设施应能在火灾时手动和自动开启
	步行街的端部	在各层均不宜封闭,确需封闭时,应在外墙上设置可开启的门窗,且可开启门窗的面积不应小于该部位外墙面积的一半
	两侧的建筑为多个楼层,其竖向防火要求	每层面向步行街一侧的商铺均应设置防止火灾竖向蔓延的措施,并应符合规范的规定。设置回廊或挑檐时,其出挑宽度不小于 1.2 m。步行街两侧的商铺在上部各层需设置回廊和连接天桥时,应保证步行街上部各层的开口面积不小于步行街地面面积的 37%,且开口宜均匀布置(详见本书第 5 章,5.2.2.4 节)
	疏散照明、标志与广播	两侧建筑的商铺内外均应设置疏散照明、灯光疏散指示标志和消防应急广播系统

6.2.2.4 餐饮类建筑

餐饮类建筑的防火设计要求如表 6-31 所示。

表 6-31 餐饮类建筑的防火设计要求

设置部位	设置要求	备注
餐饮类建筑	任一层建筑面积大于 1500 m² 或总建筑面积大于 3000 m² 的单、多层餐饮建筑应设置自动灭火系统	《建筑防火通用规范》GB 55037—2022,8.1.9

设置部位	设置要求	备注
餐饮类建筑	餐厅建筑面积大于 1000 m² 的餐馆或食堂，其烹饪操作间的排油烟罩及烹饪部位应设置自动灭火装置，并应在燃气或燃油管道上设置与自动灭火装置联动的自动切断装置	《建筑设计防火规范》GB 50016—2014（2018 年版），8.3.11
	建筑面积大于 200 m² 的餐厅等人员密集的场所及其疏散口应设置疏散照明	《建筑防火通用规范》GB 55037—2022，10.1.9

6.2.2.5　娱乐建筑

娱乐建筑为人员密集的场所，包含歌舞、放映、游艺等类型。

不应设置公共娱乐、演艺等场所的区域，如交通车站（包含地铁车站）、码头和机场的候车（船、机）建筑乘客公共区、交通换乘区和通道（详见《建筑防火通用规范》4.3.14，4.4.1）。

娱乐建筑的防火设计如表 6-32～表 6-35 所示。

表 6-32　耐火等级与设置楼层

建造性质与部位	耐火等级	建筑高度或层数	防火分隔	防火要求	备注		
						《建筑设计防火规范》GB 50016—2014（2018年版）条款	《建筑防火通用规范》GB 55037—2022 条款
地上	一、二级	不应大于 3 层	①娱乐用房之间应采用耐火极限不小于 2.00 h 的防火隔墙分隔。②与建筑的其他部位之间应采用防火门、耐火极限不小于 2.00 h 的防火隔墙和耐火极限不小于 1.00 h 的不燃性楼板分隔	场所布置在建筑内靠外墙部位，不宜布置在袋形走道的两侧或尽端		5.4.9	4.3.7，4.1.3
	Ⅰ 级木结构建筑	不应大于 3 层			Ⅰ 级木结构建筑对应二级耐火等级		4.3.8
地下		布置在地下一层及以上且埋深不大于 10 m 的楼层					4.3.7
		布置在地下一层或地上四层及以上楼层		每个房间的建筑面积不大于 200 m²			4.3.7

参考图例：《〈建筑设计防火规范〉图示》18J811—1，5.4.9。

表 6-33　水平疏散设计

设置部位	耐火等级	安全疏散距离 /m		场所面积	备注		
						《建筑设计防火规范》GB 50016—2014（2018 年版）条款	《建筑防火通用规范》GB 55037—2022 条款
直通疏散走道的房间疏散门		位于两个安全出口之间的疏散门	位于袋形走道两侧或尽端的疏散门		公共建筑内房间的疏散门数量应经计算确定，且不小于2。包含位于走道尽端时	5.5.17	7.4.2
	一、二级	25	9				
	三级	20					
	四级	15					
仅设置 1 个疏散门的房间				不大于 50 m² 且经常停留人数不大于 15			7.4.2

注：表中娱乐建筑的安全疏散距离，虽然在《建筑设计防火规范》GB 50016—2014（2018 年版）中，5.5.17 条例已被废除，但本书成书时，并未有新的规范对此进行约束，故沿用部分原规范。

表 6-34　竖向疏散设计

设置部位	娱乐建筑竖向疏散要求	备注
		《建筑防火通用规范》GB 55037—2022 条款
安全出口	建筑面积不大于 200 m² 且人数不超过 50 的单层歌舞娱乐放映游艺场所可设置 1 个安全出口	7.4.1
室内疏散楼梯或疏散楼梯间	设置歌舞娱乐放映游艺场所的多层建筑的室内疏散楼梯宜与敞开式外廊直接连通，不能与敞开式外廊直接连通的室内疏散楼梯应采用封闭楼梯间	7.4.5
地下或半地下楼层	①疏散出口、疏散走道和疏散楼梯每 100 人所需最小疏散净宽度不小于 1.00 m。②录像厅的疏散人数，按不小于 1.0 人 / m² 计算；其他用途房间的疏散人数，按不小于 0.5 人 / m² 计算	7.4.7

表 6-35　材料与消防设施

娱乐建筑的材料与消防设施	设置部位与措施	防火设计要求	备注
			《建筑防火通用规范》GB 55037—2022 条款
建筑材料	娱乐用房之间的内隔墙	娱乐用房之间应采用耐火极限不低于 2.00 h 的防火隔墙	4.3.7
	合建时，与其他区域分隔	与建筑的其他部位之间，应采用防火门、耐火极限不低于 2.00 h 的防火隔墙和耐火极限不低于 1.00 h 的不燃性楼板分隔	

续表

娱乐建筑的材料与消防设施	设置部位与措施	防火设计要求	备注《建筑防火通用规范》GB 55037—2022 条款
建筑材料	防火门、防火窗	除建筑直通室外和屋面的门可采用普通门外，歌舞娱乐放映游艺场所中的房间疏散门的耐火性能不应低于乙级防火门的要求，且其中建筑高度大于 100 m 的建筑相应部位的门应为甲级防火门	6.4.3
		歌舞娱乐放映游艺场所中房间开向走道的窗的耐火性能不应低于乙级防火窗的要求	6.4.7
装修材料	地上	顶棚装修材料的燃烧性能应为 A 级，其他部位装修材料的燃烧性能均不应低于 B_1 级	6.5.5
	地下	设在地下或半地下，墙面装修材料的燃烧性能应为 A 级	
消防设施	火灾自动报警系统	应设置火灾自动报警系统	8.3.2
	自动灭火系统	地下或半地下、多层建筑的地上第四层及以上楼层、高层民用建筑内的歌舞娱乐放映游艺场所，设置在多层建筑第一层至第三层且楼层建筑面积大于 300 m² 的地上歌舞娱乐放映游艺场所应设置自动灭火系统	8.1.9
	排烟等烟气控制措施	设置在地下或半地下、地上第四层及以上楼层的歌舞娱乐放映游艺场所，设置在其他楼层且房间总建筑面积大于 100 m² 的歌舞娱乐放映游艺场所应采取排烟等烟气控制措施	8.2.2
	应急排烟排热设施	总建筑面积大于 1000 m² 的歌舞娱乐放映游艺场所中的房间和走道，如无可开启外窗，应在其每层外墙和（或）屋顶上设置应急排烟排热设施，且该应急排烟排热设施应具有手动、联动或依靠烟气温度等方式自动开启的功能	2.2.5

6.2.2.6　剧场、电影院、礼堂、体育馆等

参考图例：《〈建筑设计防火规范〉图示》18J811—1，5.4.7，5.5.16，5.5.20。

剧场、电影院、礼堂、体育馆等建筑是人员密集的场所，特别是其内的观众大厅（包含表演场地与观众席），因其场所空间巨大与人员密度过大，必须在观众厅内进行人员安全疏散的组织与流线的规划，如每片观众席的座位数与排距，各片观众席周边疏散走道、安全出口的布局，特别是随着观众席人数的增加，观众席地面有视线升起设计，最终形成一个跨楼层的定制阶梯空间，即其内的安全疏散流线为跨楼层的阶梯地形与阶梯走道，从而形成剧场、体育馆等建筑独有的安全疏散设计。剧场、电影院、礼堂、体育馆的防火设计如表 6-36～表 6-40 所示。

同时此类建筑在规模巨大时，一般应独栋建造，即从观众厅的安全出口出来后，应直接疏散到室外。如安全出口不能直通室外地面或疏散楼梯间，应采用长度不大于 10 m 的疏散走道通至最近的安全出口。

表 6-36 耐火等级与设置楼层

建筑或场所		建筑耐火等级	防火要求		备注
			设置部位	安全疏散	
独立建造		一、二级		宜独立建造	
		三级	不应超过 2 层		
合建	观众厅	一、二级	宜布置在首层、二层或三层	确需设置在其他民用建筑内时，至少应设置 1 个独立的安全出口和疏散楼梯；应采用耐火极限不低于 2.00 h 的防火隔墙和甲级防火门与其他区域分隔	《建筑设计防火规范》GB 50016—2014（2018年版），5.4.7
			确需布置在四层及以上楼层时，一个厅、室的疏散门不应少于 2 个，且每个观众厅的建筑面积不宜大于 400 m²		
			设置在高层建筑内时，应设置火灾自动报警系统及自动喷水灭火系统等自动灭火系统		
		一级	在地下或半地下时，宜设置在地下一层，不应设置在地下三层及以下楼层		
		三级	不应布置在三层及以上楼层		

表 6-37 安全疏散设计

场所部位		安全疏散设计要求				备注
		疏散走道宽度	横走道之间的座位排数	纵走道之间的座位数		
剧场、电影院、礼堂等	观众厅内	走道净宽度应按每 100 人不小于 0.60 m 计算，且不小于 1.00 m；边走道的净宽度不小于 0.80 m	不宜大于 20	每排不大于 22	①前后排座椅的排距不小于 0.90 m 时，座位数可增加 1.0 倍，但不应大于 50；②仅一侧有纵走道时，座位数应减少一半	《建筑设计防火规范》GB 50016—2014（2018年版），5.5.20
体育馆				每排不大于 26		
剧场、电影院、礼堂等	供观众疏散的所有内门、外门、楼梯和走道	各自总净宽度：应根据疏散人数按每 100 人的最小疏散净宽度计算确定（见表 6-38）				
体育馆		各自总净宽度：应根据疏散人数按每 100 人的最小疏散净宽度计算确定（见表 6-39）				

注：（1）建筑有等场需要的入场门，不应作为观众厅的疏散门。

（2）安全出口的疏散人数详见本书第 3 章，3.1.6.1 节。

（3）观众厅内较大座位数范围按规定计算的疏散总净宽度，不应小于对应相邻较小座位数范围按其最多座位数计算的疏散总净宽度。

（4）对于观众厅座位数少于 3000 个的体育馆，计算供观众疏散的所有内门、外门、楼梯和走道的各自总净宽度时，每 100 人的最小疏散净宽度不应小于规范的规定。

表 6-38　剧场、电影院、礼堂等场所每 100 人所需最小疏散净宽度　　　　（单位：m/ 百人）

观众座位数			≤ 2500	≤ 1200
耐火等级			一、二级	三级
疏散部位	门和走道	平坡地面	0.65	0.85
		阶梯地面	0.75	1.00
	楼梯		0.75	1.00

表 6-39　体育馆每 100 人所需最小疏散净宽度　　　　（单位：m/ 百人）

观众厅座位数范围			3000 ～ 5000	5001 ～ 10000	10001 ～ 20000
疏散部位	门和走道	平坡地面	0.43	0.37	0.32
		阶梯地面	0.50	0.43	0.37
	楼梯		0.50	0.43	0.37

表 6-40　剧场内分隔墙的防火构造

剧场内部位	防火分隔墙的耐火极限	隔墙上的门或孔洞	备注
舞台与观众厅之间的隔墙	≥ 3.00 h		《建筑设计防火规范》GB 50016—2014（2018 年版），6.2.1；《〈建筑设计防火规范〉图示》18J811—1，6.2.1
舞台上部与观众厅闷顶之间的隔墙	≥ 1.50 h	乙级防火门	
舞台下部的灯光操作室和可燃物储藏室与其他部位的分隔墙	≥ 2.00 h		
电影放映室、卷片室与其他的部位分隔墙	≥ 1.50 h	观察孔和放映孔应采取防火分隔措施	

专业思考

1.【单选题】某 6 层建筑，建筑高度 23 m，每层建筑面积 1100 m²，一、二层为商业店面，三层至五层为老年人照料设施，其中三层设有与疏散楼梯间直接连接的开敞式外廊，六层为办公区，对该建筑的避难间进行防火检查，下列检查结果中，不符合现行国家标准要求的是（　　　）。

A. 避难间仅设于四、五层每座疏散楼梯间的相邻部位

B. 避难间内可供避难的净面积为 12 m²

C. 避难间采用耐火极限为 2 h 的防火隔墙和甲级防火门与其他部位分隔

D. 避难间内共设有消防应急广播和灭火器 2 种消防设施和器材

【答案】D

【解析】依据《建筑设计防火规范》GB 50016—2014（2018 年版），5.5.24A 可知，D 选项不正确，应设置消防专线电话和应急广播，供失能老年人使用且层数大于 2 层的老年人照料设施应按核定使用人数配备简易防毒面具。

2.【单选题】某独立建造的老年人照料设施，建筑高度 28 m，共 9 层，每层建筑面积 2000 m²，设置了 2 部

防烟楼梯。下列关于该建筑中设置的避难间的做法中，错误的是（   ）。

A.在二层及以上每层均设置了一间可供避难净面积为 15 m² 的避难间

B.避难间内未设置机械防烟设施，仅在外墙上设置了直接对外的可开启的乙级防火窗

C.避难间与其他部分之间采用耐火极限为 2.5 h 的防火隔墙和甲级防火门分隔

D.在避难间内设置了消防专线电话和消防应急广播，未设置室内消火栓

【答案】A

【解析】A选项不正确：题干中"设置了2部防烟楼梯"，而《建筑设计防火规范》GB 50016—2014（2018年版）第5.5.24A条中明确说明老年人照料设施部分的每座疏散楼梯间的相邻部位设置1间避难间，所以每层设1间避难间数量不足；B、C选项符合上述相关规范，均正确；D选项：条文中并未对室内消火栓做相关要求，但设置消防专线电话和消防应急广播是符合规范条文要求，所以D正确。

3.【多选题】某体育馆，耐火等级二级，可容纳 10000 人，内为阶梯地面。若疏散门净宽为 2.2 m，则下列设计参数中，适用于该体育馆疏散门设计的有（   ）。

A.允许疏散时间不大于 3.5 min   B.允许疏散时间不大于 4 min

C.疏散门的设置数量为 22 个   D.每百人所需最小疏散净宽度为 0.43 m

E.向疏散门的通行人流股数为 5 股

【答案】A、C、D

【解析】本题考查的知识点是体育馆的人员安全疏散设计分析。根据《建筑设计防火规范》GB 50016—2014（2018年版）第5.5.20条及其条文说明，对于体育馆观众厅的人数容量，疏散宽度指标按照观众厅容量的大小分为三档：（3000～5000）人、（5001～10000）人和（10001～20000）人。每个档次中所规定的百人疏散宽度指标（m/百人），是根据人员出观众厅的疏散时间分别控制在 3 min、3.5 min、4 min 来确定，故选 A，不选 B。题干中每个疏散门的宽度为 2.2 m，根据该规范第5.5.20条的条文说明，疏散 1 股人流需要 0.55 m 考虑，2.2÷0.55=4，则 2.2 m 为 4 股人流所需宽度，故不选 E。C 选项观众厅设计 22 个疏散门，则每个疏散门的平均疏散人数为 10000÷22 ≈ 455 人，又根据该规范第5.5.16条的条文说明，池座平坡地面按43人/min，楼座阶梯地面按37人/min，本题为阶梯地面，取每股人流通过能力为 37 人/min，疏散门宽设计为 2.2 m，可通过 4 股人流，则通过每个疏散门需要的疏散时间为 455/（4×37）=3.1min，疏散时间控制在 3.5 min 以内，则疏散门的设计数量符合要求，故选 C。根据该规范，观众厅座位数为 5001～10000 座，阶梯地面的百人疏散净宽度为 0.43 m/百人，故选 D。

4.【判断题】一个高层建筑裙房中，其地面第 2 层最大商业面积不应大于 4000 m²。（   ）

【答案】错。高层建筑裙房有防火墙与防火门分隔时，当商店设置自动灭火系统和火灾自动报警系统，并采用不燃或难燃装修材料，其最大商业面积不应大于 5000 m²。

6.3 特殊交通类型（汽车库、修车库、停车场）

停车场指用于停放由内燃机驱动且无轨道的客车、货车、工程车等汽车的露天场地或构筑物，包含屋顶停车场。

机械式汽车库指采用机械设备进行垂直或水平移动等形式停放汽车的汽车库。

敞开式汽车库指任一层车库外墙敞开面积大于该层四周外墙体总面积的 25%，敞开区域均匀布置在外墙上且其长度不小于车库周长的 50% 的汽车库（如图 6-6 所示）。

图 6-6　敞开式汽车库

6.3.1　分类与耐火等级

汽车库、修车库、停车场的分类如表 6-41 所示，汽车库、修车库的耐火等级如表 6-42 所示。

参考规范：《汽车库、修车库、停车场设计防火规范》GB 50067—2014，3.0.1；《建筑防火通用规范》GB 55037—2022，5.1.5 ～ 5.1.6。

表 6-41　汽车库、修车库、停车场的分类

名称		I	II	III	IV
汽车库	停车数量 / 辆	> 300	151 ～ 300	51 ～ 150	≤ 50
	总建筑面积 S/m^2	$S > 10000$	$5000 < S \leq 10000$	$2000 < S \leq 5000$	$S \leq 2000$
修车库	车位数 / 个	> 15	6 ～ 15	3 ～ 5	≤ 2
	总建筑面积 S/m^2	$S > 3000$	$1000 < S \leq 3000$	$500 < S \leq 1000$	$S \leq 500$
停车场	停车数量 / 辆	> 400	251 ～ 400	101 ～ 250	≤ 100

注：（1）汽车库的屋面亦停放车辆时，其停车数量应计算在汽车库的总车辆数内。

（2）室外坡道、屋面露天停车场的建筑面积可不计入汽车库的建筑面积之内。

（3）公交汽车库的建筑面积可按本表的规定值增加 2.0 倍。

表 6-42　汽车库、修车库的耐火等级

汽车库或修车库的耐火等级	设置在建筑内的部位	汽车库、修车库内车辆性质	汽车库或修车库的规模	备注
一级	高层汽车库	甲、乙类物品运输车的汽车库或修车库	Ⅰ类	《建筑防火通用规范》GB 55037—2022，5.1.5～5.1.6；电动汽车充电站建筑的耐火等级不应低于二级
不应低于二级			不低于Ⅱ类	
不应低于三级			Ⅳ类	

6.3.2　总平面布局与防火间距

参考规范:《汽车库、修车库、停车场设计防火规范》GB 50067—2014，4.1.1，4.1.2，4.1.4～4.1.12；《建筑防火通用规范》GB 55037—2022，4.1.9。

汽车库、修车库、停车场之间及汽车库、修车库、停车场与除甲类物品仓库外的其他建筑物的防火间距如表 6-43 所示。

表 6-43　汽车库、修车库、停车场之间及汽车库、修车库、停车场与除甲类物品仓库外的其他建筑物的防火间距　（单位：m）

名称	汽车库、修车库		厂房、库房、民用建筑		
	一、二级	三级	一、二级	三级	四级
一、二级汽车库、修车库	10	12	10	12	14
三级汽车库、修车库	12	14	12	14	16
停车场	6	8	6	8	10

注:（1）高层汽车库与其他建筑物，汽车库、修车库与高层建筑的防火间距应按规范的规定值增加 3 m；汽车库、修车库与甲类厂房的防火间距应按规范的规定值增加 2 m。

（2）表中汽车库、修车库、停车场之间及汽车库、修车库、停车场与除甲类物品仓库外的其他建筑物的防火间距，虽然在《汽车库、修车库、停车场设计防火规范》GB 50067—2014 中，4.2.1 条例已被废除，但本书成书时，并未有新的规范对此进行约束，故沿用部分原规范。

汽车库、修车库、停车场不应布置在易燃、可燃液体或可燃气体的生产装置区和贮存区内，或汽车库不应与甲、乙类生产场所或库房贴邻或组合建造。

甲类、乙类物品运输车的汽车库、修车库、停车场与人员密集场所的防火间距不应小于 50 m，与其他民用建筑的防火间距不应小于 25 m。甲类物品运输车的汽车库、修车库、停车场与明火或散发火花地点的防火间距不应小于 30 m（详见《建筑防火通用规范》GB 55037—2022，3.1.3）。

防火间距减少的应变措施：详见《汽车库、修车库、停车场设计防火规范》GB 50067—2014，4.2.2，4.2.3，4.2.6～4.2.11。

消防车道：详见《汽车库、修车库、停车场设计防火规范》GB 50067—2014，4.3。

6.3.3　防火分区与安全疏散

1. 防火分区

汽车库、修车库、停车场的防火分区面积及影响防火分区面积的因素如表6-44、表6-45所示。

表6-44　汽车库、修车库、停车场的防火分区面积　　　　　　　　　　　　　　　（单位：m^2）

耐火等级	单层汽车库	多层汽车库、半地下汽车库	地下汽车库、高层汽车库
一、二级	3000	2500	2000
三级	1000	不允许	不允许

表6-45　影响防火分区面积的因素

影响防火分区面积的因素	防火分区的最大允许建筑面积	备注
敞开式、错层式、斜楼板式汽车库的上下连通层面积应叠加计算	不应大于规定的2.0倍	详见《汽车库、修车库、停车场设计防火规范》GB 50067—2014，5.1.1，5.1.2
设有自动灭火系统		
室内有车道且有人员停留的机械式汽车库	按规范减少35%	

注：上述汽车库、修车库、停车场之间的防火分区，虽然在《汽车库、修车库、停车场设计防火规范》GB 50067—2014中，5.1.1条例已被废除，但本书成书时，并未有新的规范对此进行约束，故沿用部分原规范。

2. 安全疏散设计

汽车库、修车库、停车场内的安全疏散设计，可分为人员安全与车辆疏散设计（见表6-46、表6-47）。

表6-46　人员安全疏散设计

车库各场所	车库内人员或合建建筑内的人员安全疏散要求	备注
汽车库内防火分区	除室内无车道且无人员停留的机械式汽车库外，汽车库、修车库内每个防火分区的人员安全出口不应少于2个，Ⅳ类汽车库和Ⅲ、Ⅳ类的修车库可设置1个	《汽车库、修车库、停车场设计防火规范》GB 50067—2014，6.0.2
	汽车库内任一点至最近人员安全出口的疏散距离要求： ①单层汽车库、位于建筑首层的汽车库，无论汽车库是否设置自动灭火系统，均不应大于60 m； ②其他汽车库，未设置自动灭火系统时，不应大于45 m；设置自动灭火系统时，不应大于60 m	《建筑防火通用规范》GB 55037—2022，7.1.17，7.1.18
	室内疏散楼梯应符合下列规定。 ①建筑高度大于32 m的高层汽车库，应为防烟楼梯间。 ②建筑高度不大于32 m的汽车库，应为封闭楼梯间。 ③地上修车库，应为封闭楼梯。 ④地下、半地下汽车库，应符合规范的规定	

续表

车库各场所	车库内人员或合建建筑内的人员安全疏散要求	备注
汽车库内防火分区	室外疏散楼梯可采用金属楼梯，并符合下列规定。 ①倾斜角度不应大于45°，栏杆扶手的高度不应小于1.1 m。 ②每层楼梯平台应采用耐火极限不低于1.00 h的不燃材料制作。 ③在室外楼梯周围2 m范围内的墙面上，不应开设除疏散门外的其他门、窗、洞口。 ④通向室外楼梯的门应采用乙级防火门	《汽车库、修车库、停车场设计防火规范》GB 50067—2014，6.0.5
	除室内无车道且无人员停留的机械式汽车库外，建筑高度大于32 m的封闭或半封闭汽车库均应设置消防电梯，且每个防火分区可供使用的消防电梯不应少于1部	《汽车库、修车库、停车场设计防火规范》GB 50067—2014，6.0.4；《建筑防火通用规范》GB 55037—2022，2.2.6
	电梯间、疏散楼梯间与汽车库连通的门应为甲级防火门	《建筑防火通用规范》GB 55037—2022，6.4.2
与住宅地下室相连通的地下汽车库	人员疏散可借用住宅部分的疏散楼梯；当不能直接进入住宅部分的疏散楼梯间时，应在地下汽车库与住宅部分的疏散楼梯之间设置连通走道，走道应采用防火隔墙分隔，汽车库开向该走道的门均应采用甲级防火门	《汽车库、修车库、停车场设计防火规范》GB 50067—2014，6.0.7
室内无车道且无人员停留的机械式汽车库	可不设置人员安全出口，但应按下列规定设置供灭火救援用的楼梯间。 ①每个停车区域当停车数量大于100辆时，应至少设置1个楼梯间。 ②楼梯间与停车区域之间应采用防火隔墙进行分隔，楼梯间的门应采用乙级防火门。 ③楼梯的净宽不应小于0.9 m	《汽车库、修车库、停车场设计防火规范》GB 50067—2014，6.0.8

注：车库内人流；合建时，其他场所的人流；汽车库、修车库内车流都应分开设置。

表6-47 车辆疏散设计

汽车疏散方式	场所的要求	备注	《汽车库、修车库、停车场设计防火规范》GB 50067—2014条款
设置1个汽车疏散坡道	Ⅳ类汽车库；设置双车道汽车疏散出口的Ⅲ类地上汽车库；设置双车道汽车疏散出口、停车数量小于或等于100辆且建筑面积小于4000 m²的地下或半地下汽车库；Ⅱ、Ⅲ、Ⅳ类修车库	汽车疏散坡道的净宽度，单车道不应小于3.0 m，双车道不应小于5.5 m	6.0.10，6.0.13
设置不少于2个汽车疏散坡道	Ⅰ、Ⅱ类地上汽车库和停车数量大于100辆的地下、半地下汽车库，当采用错层或斜楼板式，坡道为双车道且设置自动喷水灭火系统时，其首层或地下一层至室外的汽车疏散出口不应少于2个，汽车库内其他楼层的汽车疏散坡道可设置1个	汽车疏散出口应分散布置；除室内无车道且无人员停留的机械式汽车库外，相邻两个汽车疏散出口之间的水平距离不应小于10 m；毗邻设置的两个汽车坡道应采用防火隔墙分隔	6.0.11，6.0.14

续表

汽车疏散方式	场所的要求	备注	《汽车库、修车库、停车场设计防火规范》GB 50067—2014 条款
采用汽车专用升降机作汽车疏散出口	Ⅳ类汽车库设置汽车坡道有困难时，可采用汽车专用升降机作汽车疏散出口，升降机的数量不应少于 2 台，停车数量少于 25 辆时，可设置 1 台		6.0.12

注：（1）机动车与机动车道设计要求：详见本书附录 D。

（2）车库坡道式出入口，坡道最小净宽，坡道的最大纵向坡度：详见《车库建筑设计规范》JGJ 100—2015，4.2.10。

停车场内车辆疏散要求：详见《汽车库、修车库、停车场设计防火规范》GB 50067—2014，4.2.10，6.0.15。

停车场的汽车疏散出口不应少于 2 个；停车数量不大于 50 辆时，可设置 1 个；停车场的汽车宜分组停放，每组的停车数量不宜超过 50 辆，各组之间的防火间距不应小于 6 m。

6.3.4 防火分隔与防火构造

Ⅰ类修车库应单独建造；Ⅱ、Ⅲ、Ⅳ类修车库可设置在一、二级耐火等级的建筑的首层或与其贴邻，但不得与甲、乙类厂房、仓库，明火作业的车间，托儿所、幼儿园、中小学校的教学楼，老年人建筑，病房楼及人员密集场所组合建造或贴邻。

参考规范：《汽车库、修车库、停车场设计防火规范》GB 50067—2014，4.1.6。

车库的防火分隔与防火构造如表 6-48 所示。

表 6-48 车库的防火分隔与防火构造

部位	防火分隔与防火构造	备注
防火墙、防火隔墙和防火卷帘	①当汽车库、修车库的屋面板为不燃材料且耐火极限不低于 0.50 h 时，防火墙、防火隔墙可砌至屋面基层的底部。 ②三级耐火等级汽车库、修车库的防火墙、防火隔墙应截断其屋顶结构，并应高出其不燃性屋面且不应小于 0.4 m；高出可燃性或难燃性屋面不应小于 0.5 m。 ③设置在车道上的防火卷帘的耐火极限，应符合现行国家标准《门和卷帘耐火试验方法》GB/T 7633 有关耐火完整性的判定标准；设置在停车区域上的防火卷帘的耐火极限，应符合现行国家标准《门和卷帘耐火试验方法》GB/T 7633 有关耐火完整性和耐火隔热性的判定标准	《汽车库、修车库、停车场设计防火规范》GB 50067—2014，5.2；本书第 5 章，5.2.2 节
坡道处	除敞开式汽车库、斜楼板式汽车库外，其他汽车库内的汽车坡道两侧应用防火墙与停车区隔开，坡道的出入口应采用水幕、防火卷帘或甲级防火门等与停车区隔开；但当汽车库和汽车坡道上均设置自动灭火系统时，坡道的出入口可不设置水幕、防火卷帘或甲级防火门	《汽车库、修车库、停车场设计防火规范》GB 50067—2014，5.3.3

续表

部位	防火分隔与防火构造	备注
与建筑贴邻或合建处	应采用防火墙隔开	《汽车库、修车库、停车场设计防火规范》GB 50067—2014，5.1.6
楼板	采用耐火极限不小于2.00 h的不燃性楼板	
外墙门、洞口的上方	①合建时，应设置耐火极限不低于1.00 h、宽度不小于1.0 m、长度不小于开口宽度的不燃性防火挑檐。②汽车库、修车库的外墙上、下层开口之间墙的高度不应小于1.2 m或设置防火挑檐	
汽车库内设置修理车位时，停车部位与修车部位之间	应采用防火墙和耐火极限不小于2.00 h的不燃性楼板分隔	《汽车库、修车库、停车场设计防火规范》GB 50067—2014，5.1.7
与托儿所、幼儿园，老年人建筑，中小学校的教学楼，病房楼等建筑合建处	汽车库不应与此类建筑组合建造；当确需合建时，应设置于地下，且应采用耐火极限不小于2.00 h的楼板完全分隔；汽车库与此类建筑的安全出口和疏散楼梯应分别独立设置	《汽车库、修车库、停车场设计防火规范》GB 50067—2014，4.1.4
住宅建筑中的汽车库	应采用防火门、防火窗、耐火极限不低于2.00 h的防火隔墙和耐火极限不低于1.00 h的楼板与其他区域分隔	《建筑防火通用规范》GB 55037—2022，4.1.3
修车库内使用有机溶剂清洗和喷漆的工段	当超过3个车位时，均应采用防火隔墙等分隔措施	《汽车库、修车库、停车场设计防火规范》GB 50067—2014，5.1.8
附设在汽车库、修车库内的消防控制室、自动灭火系统的设备室、消防水泵房和排烟、通风空气调节机房等	应采用防火隔墙和耐火极限不低于1.50 h的不燃性楼板相互隔开或与相邻部位分隔	《汽车库、修车库、停车场设计防火规范》GB 50067—2014，5.1.9
直通建筑内附设汽车库的电梯	应在汽车库部分设置电梯候梯厅，并应采用耐火极限不低于2.00 h的防火隔墙和乙级防火门与汽车库分隔	《建筑设计防火规范》GB 50016—2014（2018年版），5.5.6

6.3.5 消防设施

1. 灭火系统

可不设消防给水系统的场所如表6-49所示。

表6-49 可不设消防给水系统的场所

场所	耐火等级	可不设消防给水系统	《汽车库、修车库、停车场设计防火规范》GB 50067—2014 条款
汽车库	一、二级	停车数不超过5的汽车库	7.1.2
修车库	一、二级	IV类修车库	
停车场		停车数不超过5的停车场	

（1）消防栓系统。

参考规范：《建筑防火通用规范》GB 55037—2022，8.1.7，8.1.12；《汽车库、修车库、停车场设计防火规范》GB 50067—2014，7.1.1～7.1.3，7.1.6，7.1.7，7.1.9～7.1.14，7.1.16，7.1.17。

建筑面积大于 300 m² 的汽车库和修车库应设置室内消火栓系统，同层相邻室内消火栓的间距不大于 50 m，高层汽车库和地下汽车库、半地下汽车库室内消火栓的间距不大于 30 m。

地下、半地下汽车库和 5 层及以上的汽车库应设置与室内消火栓等水灭火系统供水管网直接连接的消防水泵接合器。

室外应设置消火栓系统的情况：详见《汽车库、修车库、停车场设计防火规范》GB 50067—2014，7.1.12；本书第 2 章，2.4.3 节。

水泵接合器应设置明显的标志，并应设置在便于消防车停靠和安全使用的地点，其周围 15～40 m 范围内应设室外消火栓或消防水池。

（2）自动灭火系统。

参考规范：《建筑防火通用规范》GB 55037—2022，8.1.10；《汽车库、修车库、停车场设计防火规范》GB 50067—2014，7.2.2～7.2.7。

除敞开式汽车库可不设置自动灭火系统外，Ⅰ、Ⅱ、Ⅲ类地上汽车库，停车数大于 10 的地下或半地下汽车库，机械式汽车库，采用汽车专用升降机作汽车疏散出口的汽车库，Ⅰ类的机动车修车库均应设置自动灭火系统。

汽车库、修车库使用的自动灭火系统分为泡沫－水喷淋系统、高倍数泡沫灭火系统、自动喷水灭火系统。

2. 供暖和通风

参考规范：《汽车库、修车库、停车场设计防火规范》GB 50067—2014，8.1.1～8.1.6。

3. 排烟

参考规范：《建筑防火通用规范》GB 55037—2022，8.2.3；《汽车库、修车库、停车场设计防火规范》GB 50067—2014，8.2.2～8.2.10。

除敞开式汽车库、地下一层中建筑面积小于 1000 m² 的汽车库、地下一层中建筑面积小于 1000 m² 的修车库可不设置排烟设施外，其他汽车库、修车库应设置排烟设施。

防烟分区的建筑面积不宜超过 2000 m²，且防烟分区不应跨越防火分区。防烟分区可采用挡烟垂壁、隔墙或从顶棚下突出不小于 0.5 m 的梁划分。

4. 电气

参考规范：《建筑防火通用规范》GB 55037—2022，10.1.2，10.1.3，10.1.8；《汽车库、修车库、停车场设计防火规范》GB 50067—2014，9.0.1～9.0.6，9.0.8，9.0.9。

Ⅰ类汽车库的消防用电负荷等级不应低于一级；Ⅱ类、Ⅲ类汽车库和Ⅰ类修车库的消防用电负荷等级不应低于二级。

除室内无车道且无人员停留的汽车库外，其他汽车库和修车库应设置灯光疏散指示标志，疏散指示标志及其设置间距、照度应保证疏散路线指示明确、方向指示正确清晰、视觉连续。

专业思考

1.【单选题】修车库车位数大于2不大于5或总建筑面积大于500 m²不大于1000 m²的修车库为（   ）。

A.Ⅰ类修车库　　　　B.Ⅱ类修车库　　　　C.Ⅲ类修车库　　　　D.Ⅳ类修车库

【答案】C

2.地下车库出入口是否可作人员出口？如何设计？

【答案】从疏散角度来看，地下车库出入口是汽车的疏散出口，应与人员出口分别设置。

3.汽车库与修车库是属于民用建筑还是工业建筑呢？

【答案】倪照鹏在《建筑防火设计常见问题释疑》中回复：汽车库与修车库属于一种特殊功能的建筑，既不属于民用建筑，也不属于工业建筑，而是一种服务于周围建筑或所在建筑本身的功能性配套建筑或场所。不过，汽车库与修车库的防火设计标准是根据其实际火灾危险性，参照丁类厂房的相应要求（甲、乙类物品运输车的汽车库、修车库参照甲类厂房的相应要求）确定的。

第7章

作业与案例分析

7.1 建筑防火设计基本概念

作业：基本单元防火概念——一个"盒子"的演变。

1. 作业目的

作业目的是对防火设计有一个初浅的认知（见图7-1～图7-4）。任何一个建筑，都是由一个个基本空间单元组合而成，一般是六面体，因此在此称其为"盒子"建筑。

从防火角度来看，对一个最基本单元的探讨，有助于从最简单空间单元的防火设计，推导到一层、一个区域，直到多层、一个完整的建筑。遵循建筑设计初学者的习惯，从局部到整体，从细微到全面，帮助学习者更容易理解与记忆。

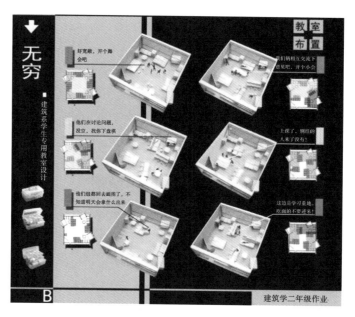

图7-1 一个"盒子"的演变

图7-2 加拿大蒙特利尔栖息地67

图 7-3　游牧博物馆

图 7-4　美国纽约哈德逊庭院

2. 表达方式

学生通过最简单的图示与尽量少的文字来表达每个章节的内容，加强对防火概念的解读，同时对外进行专业宣传。

3. 作业内容

以下作业内容由作者提供，学生也可添加或重新编排作业内容（见表 7-1 ~ 表 7-7）。

表7-1 一个简单完美的"盒子"

进化阶段	要求	各部位	要求
一个简单完美的"盒子"	最基本的被动防护方式：自身材料的选择，如从原始木竹、砖石，到现代钢材、玻璃门窗、混凝土等	墙体	从空间三维解析，分解成水平楼板、垂直墙体。 （1）材质：现代建筑中由钢筋、混凝土、砖石建造的不燃材料墙体，本身就有防火特性。 （2）墙体与楼板在房屋中的基本作用如下。 ①支撑荷载。 ②基本物理性能：温度、声学、光学等。 ③安全保护性能：抵御外敌，如动植物、生物、病毒等的侵入。保护性能可分为常备性安全保护功能和突发性、被动式安全保护性能（如防火、防风、防水、防震、防爆等性能）。同时保护性能从最原始时期就已经逐渐开始分等级，如古代的军事要塞或城墙等，防止被突破。在防火的同时，也可起防烟热的作用，即材料隔断，防止灾害，可防从外到内的危害，也防从内到外的蔓延。 （3）最简单的防火工法：材料厚度的增加，即防御能力的增加
		梁、柱	从空间三维解析，分解成水平梁、垂直柱。 （1）材质。一般现行常用材质，钢筋混凝土或钢（金属），都是不燃材料，本身就有防火特性。 （2）结构耐火性能。 ①钢结构。其耐火设计详见《建筑钢结构防火技术规范》GB 51249—2017。 ②钢筋混凝土结构。把钢筋与混凝土组织起来，克服钢筋耐火性能较低的弊端，在民用建筑中费效比最佳
防火小结			（1）自身材料的选择与提高。 ①没有材料能在持续的火灾中无法被烧毁或塌陷。建筑自身材料，多是不燃材料或难燃材料，保证其在火灾中能达到"大灾结构不倒，中灾能修，小灾损失不大，能防"的要求。 ②提高建筑防火要求，以提高自身材料的耐火性能或保护厚度最有效，如把普通砖变为防火砖、采用钢结构的防火构造。 ③建筑装修材料尽量不用低于建筑耐火等级相配套的装修标准材料，如非要采用，应提高此处建筑空间本身的材料要求和增加消防设施。 （2）建筑单元自身为六面体，无开口，无传播途径。 ①火源如在建筑内，根据火灾产生条件，一般缺少助燃物的情况下，达不到持续燃烧的条件，即会发生熄灭（特殊情况下，助燃物未完，会产生阴燃，如吊顶中电线短路）。墙体为不燃材料或难燃材料，其具有阻燃性，不会发生从内到外的蔓延、热传导、热对流、热辐射。 ②火源如在建筑外，建筑无开口，主要考虑建筑自身材料的耐火性能，防止持续性的火灾灼烧，导致建筑材料被火灾蔓延，最终崩溃或失去隔热性

表7-2 进化的"盒子"

进化阶段	要求	各部位	要求
进化的"盒子"	为了不断满足人类对室内空间的各种建筑行为、生理需求与安全需求，人类在建筑六面体上"钻出"不同作用的孔洞，向内添加不同的适用功能与设备，如最常见的门窗、烟囱	人为设计的预留孔洞	①门窗材料，根据不同情况进行选择，如防火墙上必须安装甲级防火门窗； ②门窗布置，如救援窗口； ③门窗大小，如防排烟，人的使用要求； ④开启方向、门斗、相邻门窗的关系（相对，交错，距离5 m，相邻建筑等）
		改善环境舒适度的孔洞	常与管井、管道配合。管道包含水管、线管、气管、空调管道、烟道等，多在装修中"藏"起来
防火小结			这些孔洞，把一个简单盒子搞得"千疮百孔"，使建筑防火发展成为一门实践性科学

表 7-3　加防火"武装"的"盒子"

进化阶段	要求	各部位	要求
加防火"武装"的"盒子"	从火灾角度说，在建筑构件（耐火性能）自身完整性没有崩溃的时候，主要防止火灾通过孔洞蔓延、热传导、热对流、热辐射。因此要求"武装"建筑孔洞薄弱点，提出针对性的防火措施	对外	①自身加防火隔墙、防火门窗、水幕与防火卷帘。②外面墙体上下之间加防火挑檐，左右之间加防火隔断，即防火墙，屋顶加防火墙（即中国古代封火山墙）
		对内	①孔洞构造加防火材料填缝，加防火阀等，且通过孔洞的管道等设施增加保护措施，如采用绝热材料。②加监控，加灭火设施。③加疏散辅助设施，如加疏散标志与应急照明，防烟设计
防火小结	（1）一个空间是需要人去使用的，人在"盒子"内的疏散流线需要经过考虑与设计，满足最低的疏散时间要求。规划疏散行为，即安全疏散设计，成为防火设计的重要内容。①在内应设置不同的疏散方向与人流疏散通道，如果一个建筑规模较大，无法逃出，应增加避难区域，如避难间、避难走道。②空间存在火灾荷载与障碍物的影响。因此，加监控与消防设备，能够有效地监督、预警、指挥，减低损失。（2）加强孔洞防火设计，就是查遗补漏		

表 7-4　不同作用的"盒子"

进化阶段		要求
不同作用的"盒子"	具体防火要求不同	不同的建筑与功能：①耐火等级、人员性质（如老弱病残）、重要性（银行金库）、区域地点等；场所规模（面积，高度，大小）；从疏散人员数量分类，如一般30人以下，疏散门可向内开。②危险等级：场所性质；在建筑内的位置相邻场所的影响；地上与地下。③建筑功能分类：普通教室与化学实验室；功能与交通空间。④空间形状：烟囱状；平坡与阶梯；跃层与错层等。⑤是否开敞空间：走廊或楼梯间防烟设计，如连接外墙的楼梯间与无窗防烟楼梯间。⑥特殊场所：中庭，观众厅，地下，避难层等
	以为是一样的"盒子"	①外表看不出来的防火要求：相同性质的场所，防火设计不一样。在建筑内的不同位置，建筑耐火构件不同，如处在防火分区边缘，其墙体要求是防火墙；如为设备房，楼板的耐火极限应增加；位置不同的地下医院，老弱病残等人群集中场所、住宅等，面积与消防设施不同。②面积一样，但功能并不一样，如设备房与教室，教室有2个疏散口，设备房可只有1个（人少）。③安全出口是否共用，如合建的老弱病残等人群集中场所；外墙门窗是否正对（易串火），如防火间距等。④消防设施、墙体材料等不同，如高度不同的住宅
防火小结		具体问题具体分析

表 7-5 "盒子"之间的联系交通空间：一个特殊的"盒子"

进化阶段	一般要求	维度划分	设置要求
"盒子"之间的联系交通空间：一个特殊的"盒子"	不同的功能空间"盒子"以交通空间这个特殊的"盒子"为联系，形成以交通空间为疏散口的套房。这个特殊的"盒子"成为一个安全疏散设计的关键点。因其在疏散流线中的共用性，其防火安全等级高于场所，于是成为整个建筑重点防火设计处	水平交通空间要求	"盒子"间组织方式不同，建筑的平面布置形式不同。交通空间的不同带来安全疏散方向不同，要求疏散方向应可供选择。不同交通空间的疏散方向要求如下： ①交通空间一字形、拐角形、凹字形、口字形、三角形、环形一般应有 1～2 个疏散方向； ②交通空间丁字形、工字形、山字形、星字形一般有 1～3 个疏散方向； ③交通空间十字形、王字形、土字形等一般有 1～4 个疏散方向
			水平向除材料与防火构造的影响，更受其安全疏散距离，楼梯定位在建筑中间还是一边，是尽端式还是两端疏散，空间是否开敞、是否通风与防排烟，是否安装灭火设施，安全出口的布置定位等因素的影响
		竖向交通空间要求	①建筑竖向疏散方向可分为向上疏散与向下疏散。 ②影响建筑竖向交通空间要求的因素：耐火等级，建筑材料与防火构造；在建筑内部，楼梯间的疏散空间是否开敞，楼梯间的防火防烟形式；烟囱效应；电梯的活塞效应；建筑中避难层（间）的高度定位等
防火小结	关键之处，重点对待		

表 7-6 "盒子"与"盒子"间的矛盾

进化阶段	各部位		要求
"盒子"与"盒子"间的矛盾	对外	防火间距	根据建筑的类型、规模、风向、耐火等级等因素，控制彼此的防火间距，如工业与民用建筑的防火间距、高层与多层建筑的防火间距
		可拉近距离的条件	①降低相邻场所危险等级与规模。 ②提高相关部位的材料或构件耐火性能。 ③增加防火工法，如增加灭火设施。 ④具体建筑防火设计方式，如无窗
	对内	彼此在建筑内部的位置（包含上下左右相邻功能）	原则上建筑内的燃油锅炉间不应设置于建筑内的上风向，且安全出口不应设置于其下风向或附近，应尽量不设置于人员密集的场所的上下一层或贴邻建造
防火小结	防火间距可以为零，即使用防火墙，如防火分区间的防火墙		

表 7-7 "盒子"与周边场地的关系

进化阶段	关系
"盒子"与周边场地的关系	①布局与风向。 ②最简单的方式：距离，即远离可能的火源隐患。 ③在外增加防火隔断：市区加油站的围墙为防火墙或水幕。 ④障碍物阻止了消防救援：人员安全疏散的障碍物，消防车通行与操作的障碍物。 ⑤地形与建筑高度：消防车的救援能力。 ⑥消防水源：消防水池、室外消防栓、水泵接合器等的布局
防火小结	建筑外围，最好为平整且无障碍物的地面，远离周边建筑；消防车道外再加一个防火墙

4. 防火总结

主动进行防火设计要做到"一个基础，一个要素，一个消防"，即建筑用材的耐火能力与防火构造是防火设计的前提基础，在此基础条件下，以人生命权为第一要素，优先保证人员安全疏散与避难，在疏散流线上配套相应辅助逃生设施，在建筑内外设置灭火与救援设施。

建筑防火设计主要以初期、旺盛期火灾的内部情况为依据，防止烟、火、热在建筑内的扩大蔓延。针对三种火灾蔓延路径，探讨基本安全疏散措施与扑救措施。

5. 学生作业举例

作业实例如表 7-8 ～表 7-15 所示。

表 7-8 一个简单完美的"盒子"

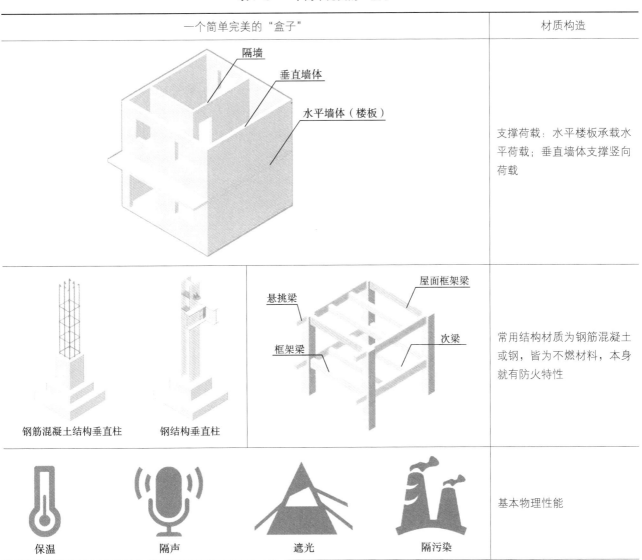

一个简单完美的"盒子"	材质构造
隔墙；垂直墙体；水平墙体（楼板）	支撑荷载：水平楼板承载水平荷载；垂直墙体支撑竖向荷载
钢筋混凝土结构垂直柱；钢结构垂直柱；悬挑梁；框架梁；屋面框架梁；次梁	常用结构材质为钢筋混凝土或钢，皆为不燃材料，本身就有防火特性
保温；隔声；遮光；隔污染	基本物理性能

续表

一个简单完美的"盒子"	材质构造
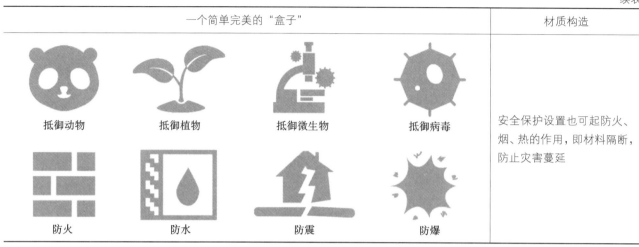	安全保护设置也可起防火、烟、热的作用，即材料隔断，防止灾害蔓延

表7-9 进化的"盒子"

进化的"盒子"	备注
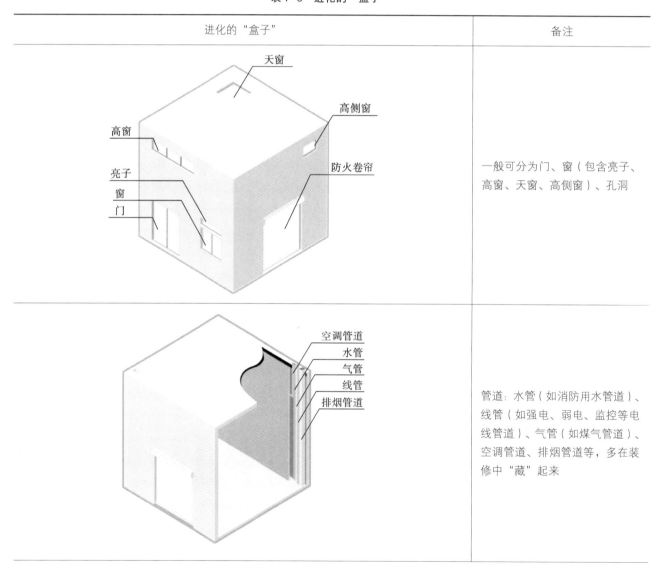	一般可分为门、窗（包含亮子、高窗、天窗、高侧窗）、孔洞
	管道：水管（如消防用水管道）、线管（如强电、弱电、监控等电线管道）、气管（如煤气管道）、空调管道、排烟管道等，多在装修中"藏"起来

续表

进化的"盒子"	备注
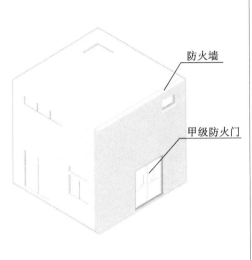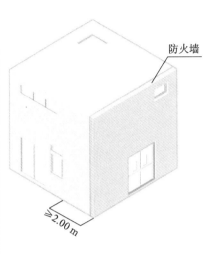	①防火墙不宜设在 U 形、L 形高层建筑的内转角处；当设在转角附近时，内转角两侧墙上的门、窗、洞口之间最近边缘的水平距离不应小于 4.00 m；当相邻一侧装有固定乙级防火窗时，距离可不限。 ②紧靠防火墙两侧的门、窗、洞口之间最近边缘的水平距离不应小于 2.00 m；当水平间距小于 2.00 m 时，应设置固定乙级防火门、窗。 ③防火墙上不应开设门、窗、洞口；当必须开设时，应设置能自行关闭的甲级防火门、窗
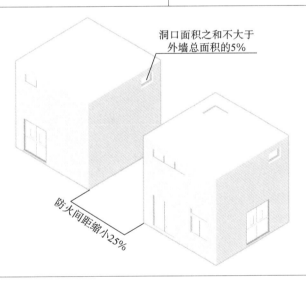	《建筑设计防火规范》GB 50016—2014（2018 年版），表 5.2.2 注 1：主要考虑了有的建筑物防火间距不足，而全部不开设门窗洞口又有困难的情况。因此，每一面外墙开设门窗洞口面积之和不大于该外墙全部面积的 5% 时，防火间距可缩小 25%。考虑到门窗洞口的面积仍然较大，故要求门窗洞口应错开、不应正对，以防止火灾通过开口蔓延至对面建筑
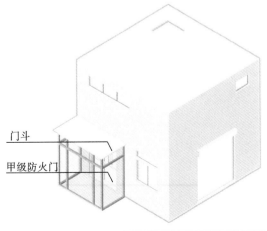	门开启方向：疏散门应开向疏散方向，若房间人数不超过 60 人且每樘门的平均疏散人数不超过 30 人，其门开启方向不限

表 7-10 加防火"武装"的"盒子"（对外）

加防火"武装"的"盒子"	对外
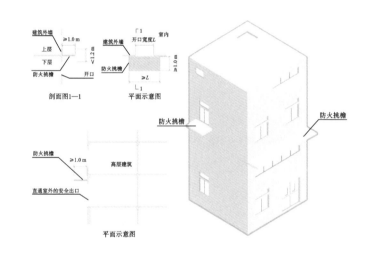	自身加防火墙、防火门窗、水幕与防火卷帘
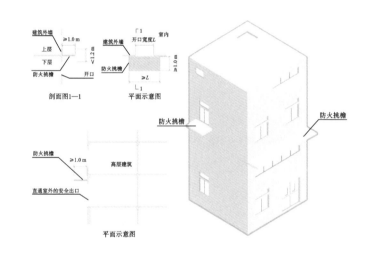	①外面上下之间加防火挑檐，左右之间加防火隔断，即防火墙，屋顶加防火墙（即中国古代防火山墙）。 ②《建筑设计防火规范》GB 50016—2014（2018年版）第6.2.5条规定如下：除本规范另有规定外，建筑外墙上、下层开口之间应设置高度不小于1.2 m的实体墙或挑出宽度不小于1.0 m、长度不小于开口宽度的防火挑檐；当室内设置自动喷水灭火系统时，上、下层开口之间实体墙高度不应小于0.8 m；当上、下层之间设置实体墙确有困难时，可设置防火玻璃墙，但高层建筑防火玻璃墙的耐火完整性不应低于1.00 h，单、多层建筑防火玻璃墙的耐火完整性不应低于0.50 h，外窗的耐火完整性不应低于防火玻璃墙的耐火完整性要求
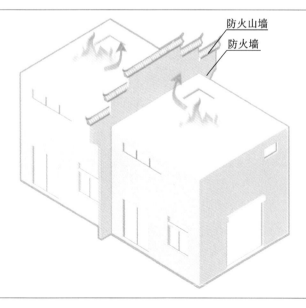	"盒子"之间加防火墙

续表

加防火"武装"的"盒子"	对外
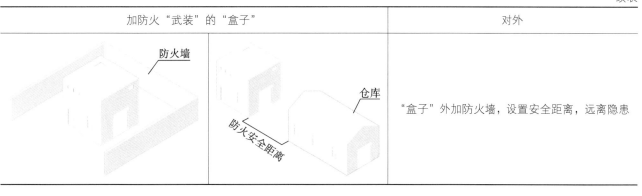	"盒子"外加防火墙，设置安全距离，远离隐患

表 7-11　加防火"武装"的"盒子"（对内）

加防火"武装"的"盒子"	对内
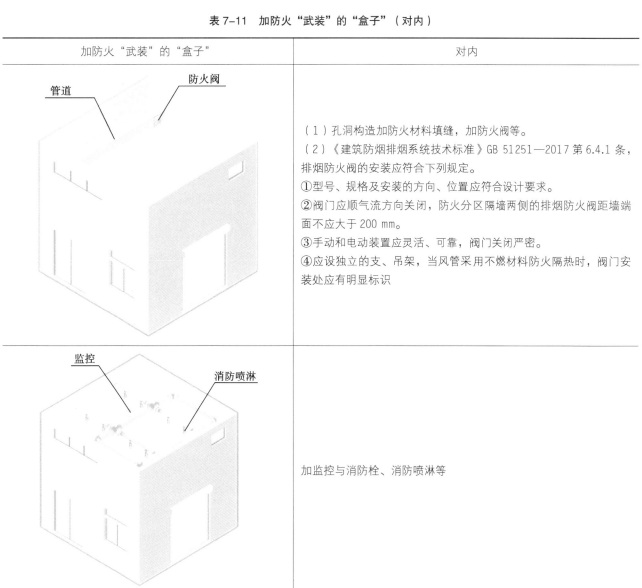	（1）孔洞构造加防火材料填缝，加防火阀等。 （2）《建筑防烟排烟系统技术标准》GB 51251—2017 第 6.4.1 条，排烟防火阀的安装应符合下列规定。 ①型号、规格及安装的方向、位置应符合设计要求。 ②阀门应顺气流方向关闭，防火分区隔墙两侧的排烟防火阀距墙端面不应大于 200 mm。 ③手动和电动装置应灵活、可靠，阀门关闭严密。 ④应设独立的支、吊架，当风管采用不燃材料防火隔热时，阀门安装处应有明显标识
	加监控与消防栓、消防喷淋等

续表

加防火"武装"的"盒子"	对内
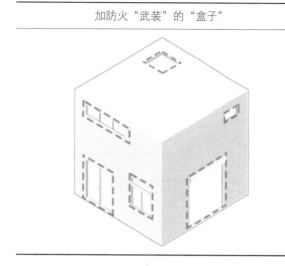	防火小结：加强孔洞防火设计，就是查遗补漏

表 7-12   不同作用的"盒子"

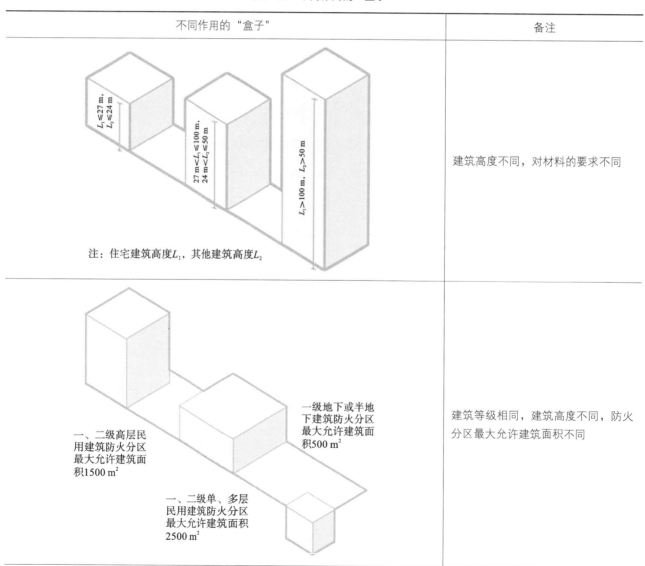

不同作用的"盒子"	备注
注：住宅建筑高度L_1，其他建筑高度L_2	建筑高度不同，对材料的要求不同
	建筑等级相同，建筑高度不同，防火分区最大允许建筑面积不同

续表

不同作用的"盒子"	备注
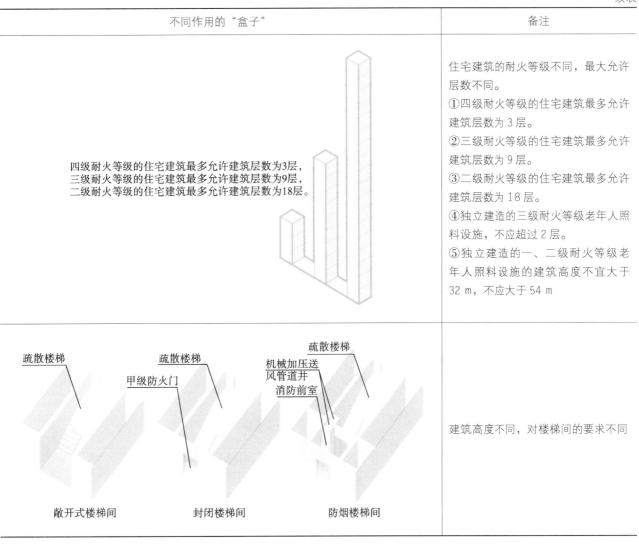 四级耐火等级的住宅建筑最多允许建筑层数为3层，三级耐火等级的住宅建筑最多允许建筑层数为9层，二级耐火等级的住宅建筑最多允许建筑层数为18层。	住宅建筑的耐火等级不同，最大允许层数不同。 ①四级耐火等级的住宅建筑最多允许建筑层数为3层。 ②三级耐火等级的住宅建筑最多允许建筑层数为9层。 ③二级耐火等级的住宅建筑最多允许建筑层数为18层。 ④独立建造的三级耐火等级老年人照料设施，不应超过2层。 ⑤独立建造的一、二级耐火等级老年人照料设施的建筑高度不宜大于32 m，不应大于54 m
疏散楼梯　疏散楼梯　疏散楼梯 甲级防火门　机械加压送风管道井 消防前室 敞开式楼梯间　封闭楼梯间　防烟楼梯间	建筑高度不同，对楼梯间的要求不同

表 7-13　以为是一样的"盒子"

以为是一样的"盒子"	备注
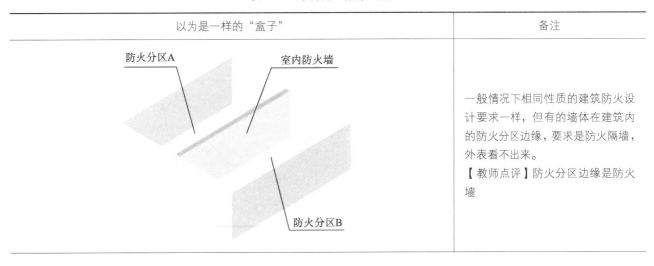 防火分区A　室内防火墙　防火分区B	一般情况下相同性质的建筑防火设计要求一样，但有的墙体在建筑内的防火分区边缘，要求是防火隔墙，外表看不出来。 【教师点评】防火分区边缘是防火墙

以为是一样的"盒子"	备注
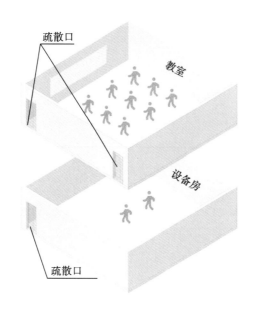	建筑面积一样，但功能并不一样，防火要求不一样。如设备房与教室，教室需要 2 个疏散口，设备房可以只有 1 个（人少）
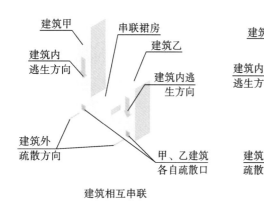 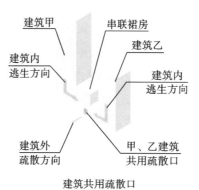	场所是否相互串联、疏散口是否共用、疏散门窗是否正对（易串火）、安全疏散流线是否冲突都将影响防火要求及其设计。 【教师点评】安全出口数量不足，应在楼梯附近就近疏散

表 7-14 "盒子"之间的联系空间：一个特殊的"盒子"

"盒子"间组织方式不同，建筑的平面布置形式不同	备注
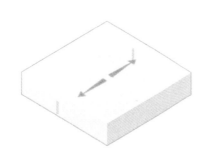 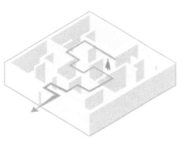	安全疏散流线的隐患。 一个空间是需要人去使用的，人在"盒子"内的疏散流线需要经过考虑与设计，满足最低的疏散时间。规范疏散行为，即安全疏散设计，成为防火设计的重要内容。 一个空间如果足够大，在内就存在不同的疏散方向与人流疏散通道；甚至太大，无法逃出

续表

"盒子"间组织方式不同，建筑的平面布置形式不同	备注
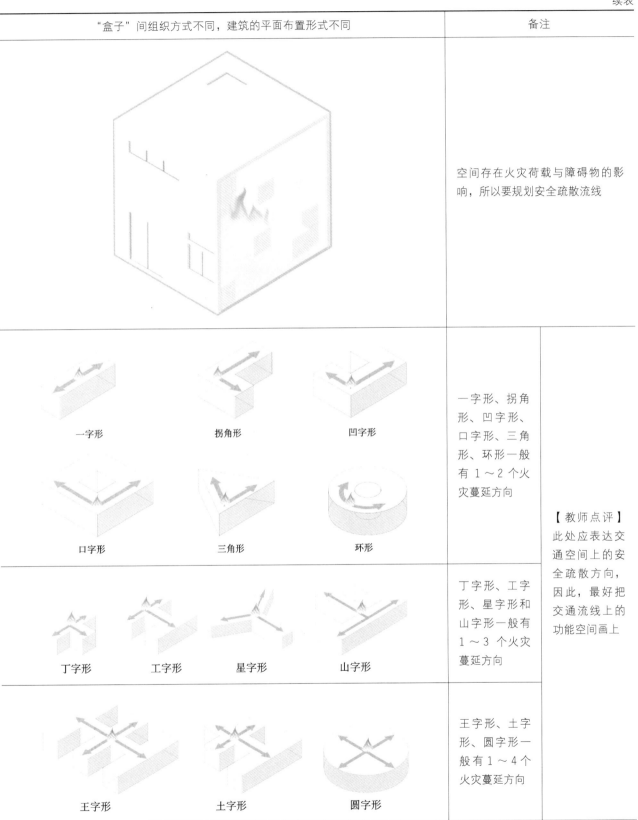	空间存在火灾荷载与障碍物的影响，所以要规划安全疏散流线
一字形　　拐角形　　凹字形 口字形　　三角形　　环形	一字形、拐角形、凹字形、口字形、三角形、环形一般有 1～2 个火灾蔓延方向
丁字形　　工字形　　星字形　　山字形	丁字形、工字形、星字形和山字形一般有 1～3 个火灾蔓延方向
王字形　　土字形　　圆字形	王字形、土字形、圆字形一般有 1～4 个火灾蔓延方向

【教师点评】此处应表达交通空间上的安全疏散方向，因此，最好把交通流线上的功能空间画上

续表

"盒子"间组织方式不同，建筑的平面布置形式不同	备注
水平交通空间要求	水平向防火除受材料与构造的影响外，还受以下因素影响：长度；是否通风与烟；空间是否开敞；是尽端式还是两端疏散；楼梯在建筑中的位置；是否处于地下等

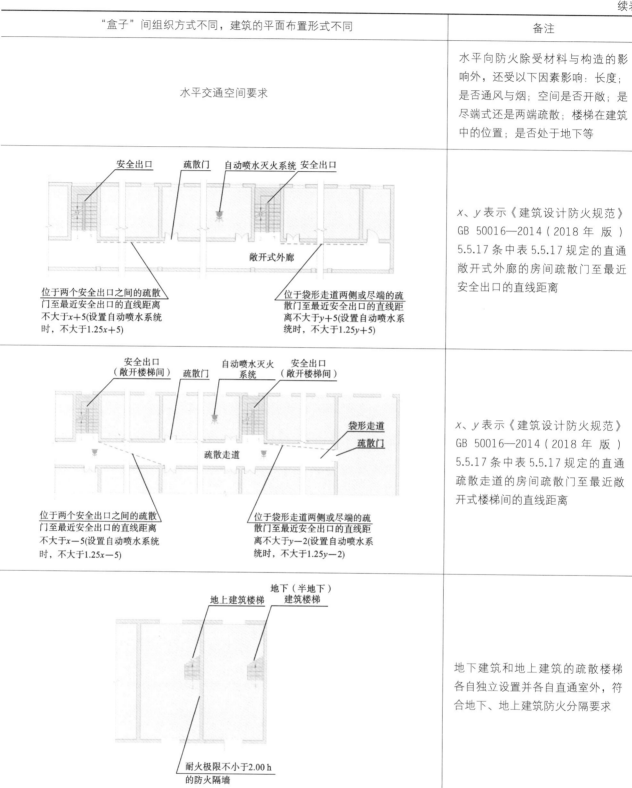

	x、y 表示《建筑设计防火规范》GB 50016—2014（2018 年版）5.5.17 条中表 5.5.17 规定的直通敞开式外廊的房间疏散门至最近安全出口的直线距离
	x、y 表示《建筑设计防火规范》GB 50016—2014（2018 年版）5.5.17 条中表 5.5.17 规定的直通疏散走道的房间疏散门至最近敞开式楼梯间的直线距离
	地下建筑和地上建筑的疏散楼梯各自独立设置并各自直通室外，符合地下、地上建筑防火分隔要求

续表

"盒子"间组织方式不同，建筑的平面布置形式不同	备注
竖向交通空间要求	除受材料与构造的影响外，竖向交通空间要求还受以下因素影响：通风与烟；烟囱效应与活塞效应；在建筑中的布置点；空间是否开敞；建筑高度（避难层）等
 注：箭头代表气流流动方向	烟囱效应与活塞效应
	【教师点评】避难层楼梯间不是如此设计

表 7-15 "盒子"与周边场地的关系

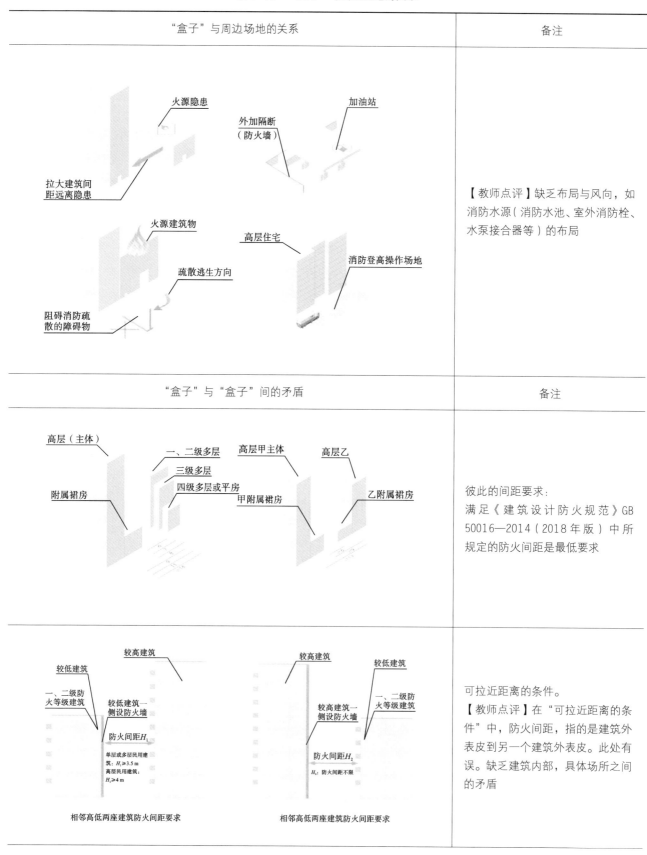

"盒子"与周边场地的关系	备注
火源隐患 外加隔断（防火墙） 加油站 拉大建筑间距远离隐患 火源建筑物 高层住宅 疏散逃生方向 消防登高操作场地 阻碍消防疏散的障碍物	【教师点评】缺乏布局与风向，如消防水源（消防水池、室外消防栓、水泵接合器等）的布局
"盒子"与"盒子"间的矛盾	**备注**
高层（主体） 一、二级多层 高层甲主体 高层乙 三级多层 附属裙房 四级多层或平房 甲附属裙房 乙附属裙房	彼此的间距要求：满足《建筑设计防火规范》GB 50016—2014（2018 年版）中所规定的防火间距是最低要求
较高建筑 较高建筑 较低建筑 较低建筑 较低建筑 一、二级防火等级建筑 较低建筑一侧设防火墙 较高建筑一侧设防火墙 一、二级防火等级建筑 防火间距 H_1 单层或多层民用建筑： $H_1 \geq 3.5$ m 高层民用建筑： $H_1 \geq 4$ m 防火间距 H_2 H_2：防火间距不限 相邻高低两座建筑防火间距要求 相邻高低两座建筑防火间距要求	可拉近距离的条件。【教师点评】在"可拉近距离的条件"中，防火间距，指的是建筑外表皮到另一个建筑外表皮。此处有误。缺乏建筑内部，具体场所之间的矛盾

续表

"盒子"与"盒子"间的矛盾	备注
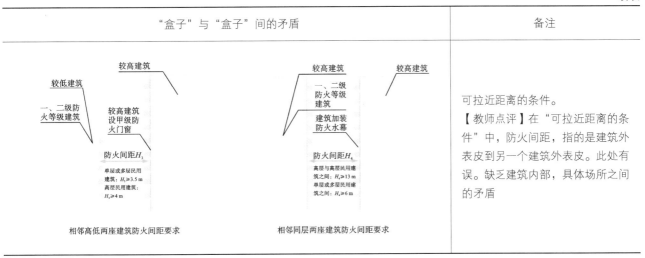 相邻高低两座建筑防火间距要求　　相邻同层两座建筑防火间距要求	可拉近距离的条件。 【教师点评】在"可拉近距离的条件"中，防火间距，指的是建筑外表皮到另一个建筑外表皮。此处有误。缺乏建筑内部，具体场所之间的矛盾

7.2　分析现有建筑的防火设计

本小节以华中科技大学西 12 教学楼（以下简称西 12 教学楼）为例，讲解对学生有利的案例。

（1）学生长期在此上课，易帮助学生回想，体验与分析，且案例功能不能太复杂，初学者不易掌握；也不能太简单，有些建筑防火设计在现状中体现不出。如华中科技大学南 2 楼为 20 世纪 70 年代的建筑，规模小，不加消防设施前，学生看不出其内的防火设计要求。

（2）使学生找到建筑防火设计与建筑功能、造型设计的交叉点。对于如此体量的教学楼，应在设计开始的阶段就有意进行某些防火设计，如敞开式走廊。

西 12 教学楼对比华中科技大学国家级光电实验室大楼，将极大减少建筑设计的复杂程度与投资力度、管理与维护成本。从这方面看，防火设计的熟练掌握，是一个优秀的设计师必须具备的能力。

（3）通过图解案例法，从简单基本单元到复杂的整体建筑的最佳学习方式，帮助学生在案例中学习与理解，最终达到记忆、掌握与运用。

7.2.1　简介

西 12 教学楼（见图 7-5），属于二类公共建筑（176.8 m×63.8 m），内有庭院（70.2 m×21.9 m），耐火等级应为二级。由地上五层及地下一层建筑构成，建筑高度小于 24 m。室外地形呈现东南高，西北低。

教学楼有东南西北 4 个主入口，其中南北向主入口设有消防坡道直通内部庭院。地下与半地下一层在建筑地形较低的西北与西南向各有 1 个地下直接对外安全出口。

教学楼地上拥有 32 个常规教室，80 个阶梯教室，分为北侧 N 区和南侧 S 区，能同时容纳 18000 人（人流密集建筑）。空间分类（见图 7-6、图 7-7）如下。

（1）功能空间：普通教室，阶梯教室。

（2）辅助功能空间：教师休息室，厕所，消防控制中心，设备房（地下），办公室，后勤休息处与杂物间。

（a）　　　　　　　　　　　　　　　　　（b）

图 7-5　西 12 教学楼

（a）外立面；（b）内院

（3）交通空间：走廊，楼梯间，疏散大厅。

（4）地下与半地下，人防工程。

注：设备房、人防工程都处于地下与半地下空间，在本章中不进行分析研究。

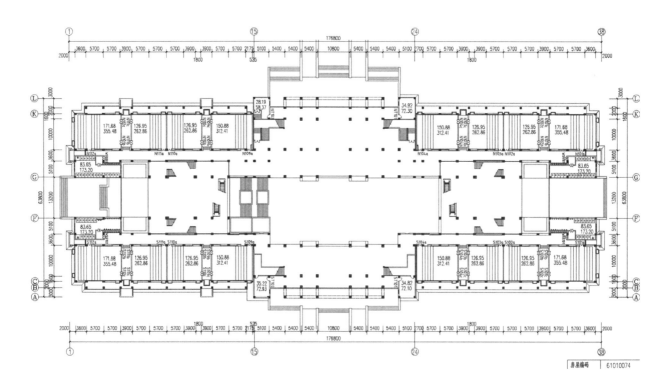

图 7-6　西 12 教学楼首层平面示意图

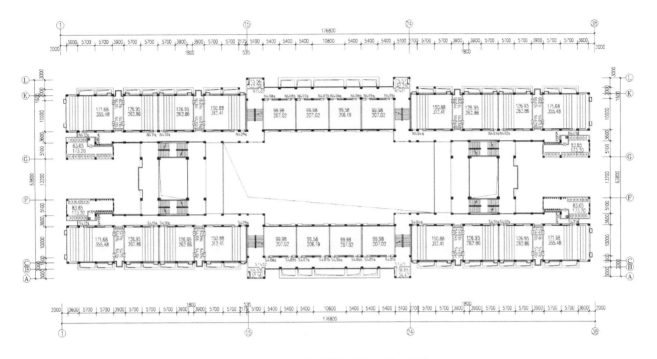

图 7-7   西 12 教学楼标准层平面示意图

7.2.2   防火设计要求

在满足建筑防火要求下，采用最合适的疏散设计与消防设施，可以节约在防火上的投入。

（1）该教学楼属于公共建筑、人员密集场所、公众聚集场所，耐火等级为二级，建筑 5 层，建筑高度小于 24 m，不是高层设计。场所火灾危险等级划为轻危险级，即建筑是简单的教学功能，不包含其他功能（如实验室）。没有特别需要重点保护的房间。

（2）室外消防设施应满足防火设计要求。消防车道与登高操作场地，城市消防供水设施满足相应要求。根据建筑总长度与内院大小，设立进内院的消防通道，并在内院设立消防水池。

（3）配置相应的建筑构件耐火材料与防火构造（包含外墙）、装修材料与防火构造。

（4）建筑规模要求划分防火分区、安全疏散设计、扑救流线。

（5）室内消防设施应满足防火设计要求。

（6）教室的上下窗槛墙的设计方式（凹陷式窗）、玻璃幕墙防火构造对建筑造型设计的影响。进内院的消防通道对建筑平面与造型设计的影响；敞开式安全出口与入口大厅、廊道、敞开楼梯间、内院、自然通风中庭等对建筑设计，疏散设计，灭火、排烟设施的影响。

西 12 教学楼的最大特点是在建筑防火设计时，根据武汉地区的气候条件，在建筑设计初期有意识的进行敞开式交通设计解决防火疏散问题，减少防排烟的投资。同时敞廊面向内庭院，对建筑立面造型产生重大影响。

7.2.3   作业 1：基本单元"阶梯教室"防火设计

（1）作业目的：通过最基本单元，即阶梯教室，来理解空间的防火要素，并列出规范要求。对教室防火要求有一个全面的认知。掌握方法，从而推广到所有的功能空间中的防火设计，如普通教室、厕所等。

（2）表达方式：列出规范条例、文字分析与图例表达说明。

7.2.3.1 前期分析

初步确定教学楼方案设计后，分析建筑等级与性质、规模、面积大小、危险等级、空间形状（如烟囱）、立面造型（如是否有窗）、投资等因素，确定阶梯教室设计方案的影响因素如下。

（1）建筑材料与防火构造，主要是场所墙体、楼板、门窗的防火构造，装修用材。

（2）教室平面布置形式。

室内地形，是否平坡或阶梯地形设计，影响疏散速度；升起设计后与室外走廊的连接（即高差）；座位家具数量与布置等；教室设计可容纳学生人数，教室疏散人员身体素质、心理与行为等；教室朝向，教室黑板与学生观看距离，规划安全疏散流线与疏散宽度；门的定位与宽度。

教室外的走廊布置与数量；走道疏散长度与宽度要求；尽端式教室的疏散距离等。

场所空间形状（如烟囱），开口（如侧窗、玻璃幕墙），防火挑檐，屋顶采光与防排烟。

（3）预警设施、灭火设施与辅助疏散设施、防排烟设施。

7.2.3.2 防火设计

阶梯教室防火设计包含内容如表7-16所示。

表7-16　阶梯教室防火设计包含内容

防火设计内容	平面防火设计	立面防火设计	顶棚防火设计	备注
1 总平面设计	——			此处不必考虑
2 建筑物的耐火等级	√	√	√	必须设计
3 防火分隔和建筑构造	√	√	√	必须设计
4 安全疏散设计	√	——	——	必须设计（在平面设计）
5 消防电梯设计	——			此处不必考虑
6 室外消防给水	——			此处不必考虑
7 室内消防给水	√	√		需要考虑（定点在平面，安装在立面），但不需要室内消防
8 自动喷水灭火系统设计	——			不必考虑（危险等级）
9 卤代烷或其他气体灭火系统设计	——			不必考虑（危险等级）
10 通风与空调系统设计	——		√	需要考虑（在顶棚或外墙设计）
11 防烟与排烟设计	——	√	√	需要考虑（在顶棚或外墙设计排烟）
12 室内装修防火设计	√	√	√	必须设计
13 火灾自动报警装置	——			需要考虑（在顶棚设计）

注："√"表示必须考虑或设计；"——"表示此处不必考虑。

1. 材料耐火性能

西 12 教学楼为二级耐火建筑，教室墙体与楼板为不燃材料，满足防火设计要求。教室门是普通门，窗是铝合金与玻璃建造，是不燃材料。此教室不需设防火门窗，装修满足防火设计要求。如教室改变其功能性质，如改为数据机房，则根据其特殊要求，要提高装修防火性能与加装消防设施，各种管井预留孔，需做好防火构造，配置相应的防火门，外墙窗洞之间的防火构造与通风排烟，顶棚吊顶防火构造、监控探头，空调设置出风口与管道，家具尺寸适宜（可燃材料 B_2）。

2. 安全疏散设计

（1）根据阶梯教室疏散时间、人员疏散速度、通过人员总数量计算出安全出口的数量与宽度。考虑安全出口的布置，同时考虑阶梯教室的家具布置（包含桌椅靠边式或走道靠边式），计算每片学生桌椅数，分析教室内前后、左右、中间的疏散走道布局，与疏散流线的长度与宽度，确定教室疏散口与教室周边走道的联系方式（阶梯教室外，2 条疏散走廊与阶梯教室 2 边相连），最终确定每扇门定位、材料、宽度、开启方向，同时确定门的其他内容（如疏散标志）。

注意疏散宽度应同时满足计算与规范的最低要求，不应靠经验安装教室桌椅或设计疏散宽度。

（2）阶梯教室前后至少有一端与主要疏散走廊有高差，应该保证疏散门外的高差变化对周边走道影响最小，如设置 2 个疏散口在侧走廊。

注意侧走廊台阶下启始端与教室疏散门的距离，且开向疏散楼梯（间）或疏散走道的门在完全开启时，不应减少楼梯平台或疏散走道的有效净宽度。

（3）教室门的开启方向将影响主走廊疏散人员的疏散速度，因此应在疏散主走廊的疏散门上设有门斗，并不应设门槛。

3. 室内消防设施

配置监控与报警器如红外、感烟、感温报警设备，火灾报警器与喇叭；配置应急照明与疏散标志。灭火设施以灭火器与（走廊）消防栓系统为主，配置室内消防给水设施。采用空调或自然通风，自然防排烟。

总结评述：建筑现状满足防火设计要求。

7.2.4 作业 2：建筑外的消防设施

作业目的：通过作业来理解建筑外的消防设施。

表达方式：列出规范条例，文字分析与图示表达说明。

7.2.4.1 前期分析

初步确定教学楼方案设计后，确定如下内容。

（1）建筑耐火等级，造型（如立面突出物、屋顶形式、内院、中庭等），建筑高度（建筑高度与地形的关系），层高。

（2）地形与首层安全出口布置，环境绿化、停车、广场布置。

（3）城市空间与场地防灾，周边建筑的防火间距，周边地下管道、消防车道与登高操作场地、消防车道与建筑内院布置。

（4）室外消防栓布置，室外水泵接合器，消防水池等布置。

针对西 12 教学楼，重点关注以下 2 点。

（1）分析地形，确定建筑在东南西北各个方向上，室外地坪与建筑的高度（层数），即影响室内外扑灭设施的选择和室内疏散楼梯间的选择。

（2）首层安全出口的布置，消防车道入内院的路线。

7.2.4.2 防火设计

教学楼周边防火设计内容如表 7-17 所示。

表 7-17 教学楼周边防火设计内容

防火设计内容	防火设计	备注
1 总平面设计	√	必须设计
2 建筑物的耐火等级	√	必须考虑
3 防火分隔和建筑构造	√	考虑
4 安全疏散设计	√	必须设计（安全出口与室外救援场地）
5 消防电梯设计	——	不必考虑
6 室外消防给水	√	必须设计（室外消防栓、水泵接合器等）
7 室内消防给水	√	考虑水泵接合器
8 自动喷水灭火系统设计	——	不必考虑（危险等级）
9 卤代烷或其他气体灭火系统设计	——	不必考虑（危险等级）
10 通风与空调系统设计	——	不必考虑（在外墙设计）
11 防烟与排烟设计	——	不必考虑（在外墙设计）
12 室内装修防火设计	——	不必考虑
13 火灾自动报警装置	——	不必考虑

注：""√""表示必须考虑或设计； "——"表示此处不必考虑。

（1）整个地形，东南高西北低。建筑与消防车道，在东向、南向安全出口广场与地形基本无较大高差，建筑北向室外广场与消防车道有高差，用陡坎砌筑了一个疏散广场。建筑西向安全出口用一个大台阶消除了高差，连接消防车道。无论何方向，消防车道地坪至其屋面面层的高度都小于 24 m。

（2）建筑的自身无特别突出物，安全出口为凹陷式入口，无出挑式雨篷，对消防扑救无影响。建筑周边绿化中的大树有些临近建筑，处于室外消防车道与建筑之间，对防火不利。

（3）周边建筑的防火间距、消防车道（四面环绕建筑）与登高操作场地、消防车道与建筑内院、首层安全出口、室外消防栓、室外水泵接合器、消防水池（内院配有消防水池）等都基本满足防火设计要求。

（4）建筑南向出口大厅靠外墙处，设置了消防控制室。

总结评述：建筑现状有一些值得改进地位置，但基本满足防火设计要求。改进如下。

（1）建筑周边绿化靠近建筑，处于室外消防喷射与建筑之间，对防火不利。因绿化范围使消防车道与建筑外墙距离大于10 m，不满足防火设计要求。

（2）设计南向穿过建筑物进入内院的消防车道，现状下，消防车道坡度大于8%。教学楼为管理方便，在此入口加装了玻璃门，消防车无法进入。

7.2.5　作业3：防火分区与交通空间防火设计——多个基本单元组合体

（1）作业目的：通过作业，理解现代建筑都是由建筑基本空间单元与交通空间单元按照一定的组织方式拼接在一起的。同时按照建筑规模，在建筑内划分防火分区，满足人员安全疏散。

（2）表达方式：列出规范条例，文字分析与图示表达说明。

7.2.5.1　前期准备

初步确定教学楼方案设计后，确定教学楼建筑长度与建筑高度，地面总建筑面积，结构变形缝，立面造型（局部玻璃幕墙），内部空间（中庭），内部庭院形式。根据建筑等级与性质、规模、疏散时间、投资等因素，防火要求如下。

（1）确定建筑材料与防火构造。

（2）注意划分防火分区的大小与安全疏散距离，安全出口的布局与数量，1个安全出口或拥有不少于2个安全出口防火分区的2种情况。按照规范划分防火分区，保证每个防火分区都有独立的安全疏散设计。防火分区要求如下。

①确定每个防火分区人员数量、人员身体素质、心理与行为等。

②疏散走廊是否采用阶梯或坡道设计，是否采用内廊或单边廊设计，疏散走廊是否采用无窗开敞设计，走道的长度（有无灭火设施）、宽度、高度（排烟设计）与布置是否符合要求。

③楼梯间的形式、宽度与定位，是否采用无窗开敞设计，是否相邻防火分区共用楼梯间疏散。对于功能复杂的综合楼，疏散楼梯到达地面，可就近直接向外开门疏散，不需要把疏散人员通过综合楼主入口集中再疏散。如华中科技大学国家级光电实验室大楼就是如此。

④首层集散空间，即入口大厅面积，安全出口的布局与防火要求符合相关要求。

⑤结构变形缝对于划分防火分区的影响符合相关要求。

（3）火灾自动报警与联动控制系统、灭火设施与疏散辅助设施的防火要求，针对西12教学楼，重点关注以下3点。

①灭火设施对防火分区面积的影响、对疏散长度的影响。

②开敞走道（开敞走道的设置，起到防火挑檐的作用）和开敞楼梯间，对疏散长度与疏散楼梯间形式的影响，以及对立面造型的影响。教室的上下窗槛墙的设计方式（凹陷式窗）和玻璃幕墙防火构造对建筑造型设计的影响。

③结构变形缝对防火分区划分的影响。一般宜在变形缝处，划分防火分区。

7.2.5.2 防火设计

防火分区与交通空间防火设计包含内容如表 7-18 所示。

表 7-18 防火分区与交通空间防火设计包含内容

防火设计内容	防火分区	水平防火分区	竖向防火分区	备注
1 总平面设计	√	√	√	必须考虑（如救援场地与出口、救援窗口）
2 建筑物的耐火等级	√	√	√	必须设计
3 防火分隔和建筑构造	√	√	√	必须设计
4 安全疏散设计	√	√	√	必须设计
5 消防电梯设计	√	——	√	需要考虑（在竖向防火分区设计）
6 室外消防给水	——	——	——	不必考虑
7 室内消防给水	√	√		必须设计（在水平防火分区定位）
8 自动喷水灭火系统设计	——			不必考虑（危险等级）
9 卤代烷或其他气体灭火系统设计	——			不必考虑（危险等级）
10 通风与空调系统设计	√	√	√	需要考虑（在顶棚设计）
11 防烟与排烟设计	√	√	√	需要考虑（在立面、顶棚设计）
12 室内装修防火设计	√	√	√	必须设计
13 火灾自动报警装置	√	√	√	需要考虑（在顶棚设计）

注："√"表示必须考虑或设计；"——"表示此处不必考虑。

1. 材料耐火性能与防火构造

（1）西 12 教学楼的二级耐火建筑，教室的平面楼板为钢筋混凝土，为不燃材料，耐火极限 1.0 h。教室如在设备层或车库上，防火分区楼板的耐火极限为 2.0 h。装修采用不燃化方式，吊顶采用格栅形式。

（2）平面各处采用了防火门、防火卷帘、玻璃幕墙、竖井等防火构造。消防控制中心设置于建筑入口大厅内接近出口处。

2. 划分防火分区

对于功能简单的西 12 教学楼，把地面建筑标准层划分为 6 个防火分区。

（1）相邻两个防火分区之间共用疏散楼梯。疏散楼梯的宽度要满足相邻防火分区的共同疏散要求。教学楼建成现状：疏散走道的净宽度不小于 1.8 m。

东西 4 个防火分区，开敞单边廊与开敞楼梯间是自然防排烟设计，尽端教室与中间教室都满足疏散设计要求。南北 2 个防火分区，单边廊设计。走廊一边采用玻璃幕墙（其上设有自然通风窗）设计，开敞楼梯间是自然防排烟设计。中间教室都满足疏散设计要求。

防火分区上下不变，都设有2个安全出口，疏散楼梯的位置设置于防火分区的两端，便于疏散。

（2）首层东西南北形成4个门厅，其内包含首层疏散楼梯间。自然通风，不进行防排烟设计。疏散楼梯间距离首层室外安全出口不超过15 m，且设置2个疏散方向，其中门厅向内院敞开，无门。

首层大厅内任一点到疏散门的距离，一般不大于30 m。门厅向外安全出口宽度满足防火设计要求。

（3）东西安全出口处，2个剪刀梯围绕的中庭形成的疏散楼梯间设计（也可认为是竖向防火分区），楼梯间的叠加面积满足防火规范要求。门厅中的中庭，采用自然通风排烟设计。首层大厅采用自然通风排烟设计，因此不必设置扩大封闭楼梯间。

3. 消防设施

灭火设施采用消火栓系统。教室中以教学为主，无实验室等特别需重点防护的房间，不考虑加装自动喷水灭火系统。

设置应急照明与疏散标志。采用自然防排烟设计，有利减少投资。

总结评述：建筑现状有一些值得改进的位置，但满足防火设计要求。改进如下。

楼梯间在防火设计时，楼梯间与走道的连接处都设有防火卷帘。发生火灾时，卷帘放下会影响人员疏散，且疏散楼梯是相邻防火分区共用的疏散楼梯间，因此可将防火卷帘改为防火门，保证疏散楼梯间的共用性。

专业思考

1. 以上课教室（含周边走道）为例，简述其中的安全疏散设计及原理。

2. 从防火角度，简述建筑内任一使用空间（如教室）的设计要点。

3. 从防火角度，简述建筑内交通空间（如走廊，楼梯）的设计要点。

【答案】建筑耐火等级、材料等级、建筑防火构造、疏散人数、人员性质、地面形状、疏散时间、是否加装消防装置等。

4. 西12教学楼地面上是否有排烟设计？为什么？

【答案】有。都采用自然通风防排烟，举例如下。

①楼梯是开放式的，无内廊；走廊是单边式，大部分是无窗的，有玻璃幕墙处安装可开启式窗。

②无消防电梯井，无特殊房间，教室与中庭自然通风。

7.3　功能变更后的防火设计

建筑在使用过程中，应根据最新防火规范要求，不断更新与添加现代消防设施，如应急照明设施。同时在建筑的漫长使用期限内，建筑的功能不可能一成不变。当建筑内部功能发生改变时，场所的防火要求也应发生相应改变。

如果场所内新功能的防火要求低于或等同于原场所防火要求，此时建筑内可不用重新进行防火设计（如锅炉房变更为戊类库房），但对于场所内新功能的防火要求高于原防火要求的情况，必须重新进行防火设计，如普通教室变更为重点实验室。

7.3.1 功能变更后的防火设计要点

1. 建筑构件材料、防火构造与装修材料

因建筑的构件材料不易变更，因此一般只可能变更建筑装修材料或增加消防设施，达到提高特定场所耐火性能的目的。如果装修或添加部分消防设施无法达到防火要求，则拆除部分建筑，再重新进行建筑设计（包含建筑防火设计）。

2. 安全疏散设计

重新进行安全疏散设计，如小学教学楼改造为老年人照料设施建筑，其安全出口的大小与数量、廊道宽度、楼梯数量、电梯、避难间等需重新设计。

3. 消防设施

添加或提高消防设施，如加装自动喷淋与排烟等。

以下以未来我国社会急需的老年人照料设施建筑为例，探索旧建筑的改造方法。

7.3.2 功能变更后的防火设计案例

作业：改造为老年人照料设施建筑，绘图说明。

现状如下。

（1）北京一栋4层教学楼被甲方买下，框架体系，标准层平面相同，南向单边走廊（长度60 m，宽度1.5 m），北部为教室（进深6 m），尽端是2个楼梯间（宽度3 m）。

甲方现在邀请设计师，将其改造为老年人照料设施建筑的客房，希望设计师从专业角度提出防火与无障碍改造意见。

（2）海口一栋4层办公楼被甲方买下，框架体系，标准层平面相同，中间为内廊（长度60 m，宽度1.5 m），南北两边为办公室（进深6 m），尽端是2个楼梯间（宽度3 m）。

甲方现在邀请设计师，将其改造为老年人照料设施建筑的客房，希望设计师从专业角度提出防火与无障碍改造意见。

注：下列各类型建筑的防火间距、安全疏散距离与装修标准等，虽然在《建筑设计防火规范》GB 50016—2014（2018年版）中已被废除，但本书成书时，并未有新的规范对此进行约束，故沿用部分原规范。

1. 规范要求

（1）客房日照要求：详见《老年人照料设施建筑设计标准》JGJ 450—2018，5.2.1，5.7.4。

第5.2.1条，居室应具有天然采光和自然通风条件，日照标准不应低于冬至日日照时数2 h。当居室日照标准低于冬至日日照时数2 h时，老年人居住空间日照标准应按下列规定之一确定。

①同一照料单元内的单元起居厅日照标准不应低于冬至日日照时数2 h。

②同一生活单元内至少1个居住空间日照标准不应低于冬至日日照时数2 h。

第5.7.4条，老年人用房的阳台、上人平台应符合下列规定。

7

作业与案例分析

①相邻居室的阳台宜相连通。

②严寒及寒冷地区、多风沙地区的老年人用房阳台宜封闭，其有效通风换气面积不应小于窗面积的30％。

（2）供暖、通风与空气调节要求：详见《老年人照料设施建筑设计标准》JGJ 450—2018，7.2。

第7.2.1条，老年人照料设施在严寒和寒冷地区应设集中供暖系统，在夏热冬冷地区应设安全可靠的供暖设施。采用电加热供暖应符合国家现行标准的规定。

第7.2.8条，严寒、寒冷及夏热冬冷地区的老年人照料设施建筑，宜设置满足室内卫生要求且运行稳定的通风换气设施。

第7.2.10条，当设置集中空调系统时，应设置新风系统。

（3）老年人照料设施的防火设计：详见本书第6章，6.2.1.1节。

（4）老年人照料设施的无障碍设计：详见《老年人照料设施建筑设计标准》JGJ 450—2018，6.1。

第6.1.1条，老年人照料设施内供老年人使用的场地及用房均应进行无障碍设计，并应符合国家现行有关标准的规定。无障碍设计具体部位应符合《老年人照料设施建筑设计标准》JGJ 450—2018表6.1.1的规定。

第6.1.2条，经过无障碍设计的场地和建筑空间均应满足轮椅进入的要求，通行净宽不应小于0.80 m，且应留有轮椅回转空间。

第6.1.3条，老年人使用的室内外交通空间，当地面有高差时，应设轮椅坡道连接，且坡度不应大于1/12。当轮椅坡道的高度大于0.10 m时，应同时设无障碍台阶。

第6.1.4条，交通空间的主要位置两侧应设连续扶手。

第6.1.5条，卫生间、盥洗室、浴室，以及其他用房中供老年人使用的盥洗设施，应选用方便无障碍使用的洁具。

第6.1.6条，无障碍设施的地面防滑等级及防滑安全程度应符合《老年人照料设施建筑设计标准》JGJ 450—2018表6.1.6-1和表6.1.6-2的规定。

2. 现状分析

建筑改造将是未来建筑设计的主要方向之一。从体型看，差别不大，但从防火设计的角度有很大的区别。

（1）改造为老年人照料设施建筑的客房，客房要求在南向。北京建筑不满足此要求，要求重新设计北向廊道，现廊道改为通廊式阳台；海口建筑北向的场所不能用作客房。

（2）从建筑地点来看，可发现北京为采暖区，海口是热带。假设不考虑空调，采暖的情况下，北京建筑设计为封闭设计，海口为尽可能开放式设计。假设安装空调与采暖，即建筑都为封闭式设计，包含建筑交通空间都是封闭设计。

（3）耐火等级，建筑防火构造与装修按规范要求设计。

确定建筑构件材料的耐火极限不满足要求时的解决方式，如装修材料选择与装修方式。注意如厨房、设备房等的防火分隔，防火门窗、吊顶、防排烟等防火构造。

（4）安全疏散设计。

安全疏散距离：走廊与楼梯间不满足新的疏散要求；老年人照料设施建筑的安全疏散要求重新设计，包含房

221

间室内（包含房间面积，疏散距离，出口大小与数量），疏散走道（距离与宽度，是否敞开，防排烟，自动喷淋系统），外墙部位的连廊。增加疏散楼梯、疏散电梯、消防电梯、避难间等设计。

防火分区与防火分隔：略。

（5）配套消防设施：消防栓等的设置。

（6）老年人照料设施建筑无障碍设计。

3. 改造设计

1）北京老年人照料设施建筑的改进设计，重点如下。

教育建筑为多层民用建筑（建筑高度不大于 24 m），建筑耐火等级定为二级，建筑内部安装空调或采暖。

（1）日照功能：原房屋南向廊道改为通廊式阳台，满足日照。北向增加一条走廊（宽度 1.8 m，满足轮椅的回转与交错），走廊为单边廊，加窗（气候因素）。

（2）无障碍设计：主入口进行无障碍设计，走道与室内设置轮椅的回转，竖向交通电梯、门与厕所满足无障碍设计要求等。

（3）安全疏散设计：原楼梯间与南向阳台不变，作为疏散使用。北向增加走廊的长度超过老年人照料设施建筑要求，考虑在北向走廊增加两部封闭式楼梯（楼梯间距离东或西两端不大于 20 m）与一部疏散电梯（防火、烟、热且满足消防电梯设置要求），配置避难间（包含定位，宜在电梯附近），并配置自动喷淋。封闭式走廊与封闭式楼梯间的疏散距离：①房门位于两楼梯间之间，即（60 m–20 m×2）< 25 m×（1+25%）×2；②疏散门位于袋形走道两侧或尽端，即 20 m < 20 m×（1+25%），满足安全疏散距离要求。

避难间设计要求：略。

（4）装修防火设计：略。

（5）消防设施：设置自动喷淋系统，同时增加消防栓系统；设置疏散标志与应急照明；防排烟设计，首选房间、走廊、楼梯间开窗自然防排烟；消防控制中心、监控与声控报警、消防电源满足相应要求。

2）海口老年人照料设施建筑改造设计，重点如下。

办公建筑为多层民用建筑（建筑高度不大于 24 m），建筑耐火等级定为二级，走廊为内廊式，建筑内部安装空调。

（1）日照功能：房屋南向房间改为老年人照料设施建筑居住用房，房间开窗平台的高度设计满足日照要求，北向房间改为其他服务用房。

（2）无障碍设计：主入口进行无障碍设计，走道与室内设置轮椅的回转，门、厕所、竖向交通电梯等满足无障碍设计要求。

内走廊结构无法增加宽度，走廊改为通行净宽不小于 1.80 m 的轮椅错车空间，错车空间的间距不宜大于 15.00 m。结合走廊两边房间入口，设计局部扩大式廊道。尽端加通风排烟设施。

（3）安全疏散设计：走廊的长度超过老年人照料设施建筑要求，考虑加装楼梯与电梯，并设置自动喷淋系统等。

（4）水平疏散距离有如下 3 个方案。

方案 1：内走廊中部北向房间改为候梯厅（自然采光，通风排烟），靠外墙增加一部楼梯与一部疏散电梯（防火、烟、热且满足消防电梯设置要求），配置避难间（改候梯厅为避难区），所有走廊与楼梯都设计为封闭式，并设置自动喷淋系统。疏散距离即为 60 m÷2＋6 m＜25 m×（1+25％）×2。

方案 2：内走廊尽端北向房间改为候梯厅（自然采光，通风排烟），靠外墙增加一部电梯与避难间，所有楼梯与走廊都设计为封闭式，并设置自动喷淋系统。疏散距离即为 60 m＜25 m×（1+25％）×2。

方案 3：在海口，当所有楼梯间都设计为开敞式楼梯间时，疏散距离即为 60 m≮［25 m×（1+25％）－5 m］×2，该方案不可行。

（5）装修设计：略。

（6）消防设施：略。

7.4　防火设计与建筑造型设计的相互影响

建筑设计中，建筑防火设计中有许多因素会对建筑立面造型设计产生影响。

7.4.1　建筑外消防设施对建筑造型设计的影响

（1）消防扑救高度对建筑高度的控制。地面高度线有：24 m（或 27 m）线、32 m 线、50 m（或 54 m）线、100 m 线、250 m 线。地形对建筑高度有影响，如图 7-8 所示。

图 7-8　重庆洪崖洞

坡屋面的建筑高度应为建筑室外设计地面至檐口与屋脊的中间位置，即坡屋顶的形式与坡度对建筑高度有所影响（见图 7-9），如不计入建筑高度的设施（见图 7-10），可不计入建筑层数的部位。

（2）防火间距。如工厂、仓库、教学建筑中的庭院，中庭，"王"字形建筑的前后楼的距离（见图 7-11、图 7-12）。

图 7-9　西双版纳纳纳稷万达文华度假酒店

图 7-10　美国亚利桑那州凤凰生物医学园区保健科学教研大楼

图 7-11　广东深圳富强小学

图 7-12　海南北京大学附属中学海口学校

（3）消防车道穿过建筑或进入内院的消防通道（见图 7-13）。当建筑物沿街道部分是 U 形或 L 形的建筑，长度大于 150 m 或总长度大于 220 m 时，应设置穿过建筑物的消防车道（不小于 4 m×4 m）。当该建筑物沿街时，应设置连通街道和内院的人行通道（可利用楼梯间），其间距不大于 80 m。穿过的通道应有可识别的永久性明显标志。

图 7-13　俄罗斯莫斯科 skolkovo 城市社区

（4）登高操作场地与安全出口、疏散楼梯间应匹配。室外扑救流线与所配置的救援窗口（包含大小、设置部位与距离）应合理设置。安全出口与救援窗口应设置于登高操作场地一侧。室外救援窗口应有可识别的永久性明显标志，其将对建筑沿消防车道的一侧的立面有影响。

（5）立面上的消防障碍物。如构筑物、垂直绿化（见图 7-14）、雨篷、广告等，对建筑立面造型设计有影响。

图 7-14　巴西乌鲁佩大厦

7.4.2　安全疏散设计对建筑造型设计的影响

（1）高层的避难层（见图 7-15）与避难间的设置部位，开窗排烟方式对建筑造型设计有影响；屋顶的平台或屋顶直升飞机停机坪（如上海的金贸大厦应设置直升飞机停机坪）对建筑造型设计有影响。

阳台应急疏散梯或爬梯对建筑造型设计有影响。宜在窗口、阳台等部位设置逃生辅助装备，如救生缓降器、逃生绳、逃生软梯、柔性逃生滑道。此时不宜在窗口、阳台等设封闭的金属栅栏，同时室内外应有可识别的永久性明显标志。安全出口的防护挑檐对建筑造型设计有影响。

（2）安全出口的设计会对建筑造型设计产生影响，特别是主入口处内外的疏散设计，如酒店雨篷；凹陷式入口设计（见图 7-16）；入口平台，坡道；地下或半地下式建筑中下沉式室外开敞空间；位于高层建筑内的儿童活动场所，安全出口和疏散楼梯应独立设置。

图 7-15　上海中心大厦

图 7-16　摩洛哥某博物馆的帐篷结构

（3）室外疏散楼梯或楼层坡道设计，与室外疏散平台相结合的造型（见图7-17、图7-18），常用于中小学设计。

图7-17　广东深圳东部湾区实验学校

图7-18　土耳其伊斯坦布尔礼拜堂和文化中心竞赛决赛方案

（4）开敞式楼梯间、走廊、连廊、阳台等，因建筑内的使用功能，对某些建筑的立面造型有特殊的要求（见图 7-19、图 7-20）。

图 7-19　法国巴黎廊街公寓

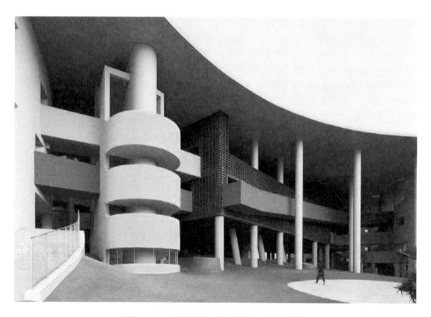

图 7-20　海南海口江东寰岛实验学校

如《建筑设计防火规范》GB 50016—2014（2018 年版），5.5.13A 规定，建筑高度大于 32 m 的老年人照料设施，除室内疏散走道外，宜在 32 m 以上部分在外墙部位再增设能连通老年人居室和公共活动场所的连廊，各层连廊应直接与疏散楼梯、安全出口或室外避难场地连通。如此设计的还有医院病房，大空间如餐厅、体育馆等。

7.4.3 建筑内消防设施对建筑造型设计的影响

（1）防排烟设施在外墙或屋顶处设置的窗洞或应急排烟窗（包含定位、布置、距离）、管道与竖井（如实验室的专用通风，绿色建筑中的通风井）、地下建筑的通风排烟井（见图 7-21）等会对建筑造型设计产生影响。

图 7-21　克罗地亚 Villa NAI 3.3 别墅

（2）高层中的防烟楼梯间的前室防烟，如阳台或凹廊做开敞前室等会对建筑造型设计产生影响；不大于 50 m 公共建筑或不大于 100 m 住宅建筑的防烟楼梯间设置可开启的外窗（自然防烟外窗面积要求）会对建筑造型设计产生影响。

敞开式汽车库的防火设计会对建筑造型设计产生影响。中庭或大厅（见图 7-22、图 7-23）的自然排烟设计会对建筑造型设计产生影响，如自然排烟的形式会与中庭造型（包含玻璃或楼板顶棚）相结合。

图 7-22　中国台湾某高铁车站 1

图 7-23　中国台湾某高铁车站 2

（3）门窗洞的大小要求（如自然通风、防排烟的窗口的大小）会对建筑造型设计产生影响。

7.4.4　建筑用材的耐火性能与防火构造对建筑造型设计的影响

（1）防火隔墙（如防火墙的封火山墙、竖向防火分隔墙、水平防火挑檐）对建筑造型设计的影响（见图 7-24）。

图 7-24　北京四合住宅

（2）起防火挑檐作用的开敞走道、水平遮阳板与阳台的设置对建筑造型设计的影响（见图 7-25）。凹窗的防火构造设计对建筑造型设计的影响（见图 7-26）。

图 7-25　广东汕头大学新医学院楼

图 7-26　印度拉贾斯坦邦 studio18

（3）窗与窗间墙、窗槛墙、玻璃幕墙等的防火构造对建筑造型设计的影响（见图7-27）。

图 7-27　广东省博物馆

（4）无外窗的造型或无开启外窗造型（见图7-28），如博物馆建筑（其展览场所要求避免阳光直射，其外墙开窗受极大影响）。类似建筑如电影院、商店营业厅、展览厅、会议厅、宴会厅、娱乐场所、地下建筑、芯片工厂、交通建筑的大厅、四级生物安全实验室等，都是重点防护建筑或人员密集场所的大空间，应设置排烟与场所无燃化设计。

图 7-28　立陶宛现代艺术中心

7.4.5 特殊造型对防火设计的影响

（1）特高的建筑（如电视塔）、特殊空间（如中庭的烟囱）对防火设计的影响（见图7-29、图7-30）。

图7-29 2020年世博会奥地利馆1

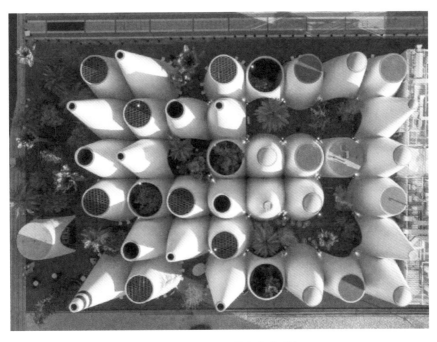

图7-30 2020年世博会奥地利馆2

（2）未来防火设施对防火设计的影响。[1]

---

1 推荐网络视频：第58集/科普 消防 高层建筑防火黑科技，新发明专利，让火灾自救变成现实（抖音）。

附录 A 民用建筑防火间距计算起止点

参考图例：《〈建筑设计防火规范〉图示》18J811—1，附录 B。

（1）与建筑（构筑物），储罐，堆场（堆垛），变压器，生产装置与设备，作业场地，停车场位置，道路路边或地下建筑（构筑物）的地面出入口、通气口、采光窗等的防火间距：以其凸出部外缘作为起止点。

参考规范：《建筑设计防火规范》GB 50016—2014（2018 年版），附录 B；《人民防空工程设计防火规范》GB 50098—2009。

（2）与加油加气站内相关设施的防火间距。

①管道，储气井，加油（气）机：以其中心线作为起止点。

②卸车点：以接卸油罐车的固定接头作为起止点。

参考规范：《汽车加油加气加氢站技术标准》GB 50156—2021。

（3）与铁路的防火间距：以其中心线作为起止点。

参考规范：《建筑设计防火规范》GB 50016—2014（2018 年版），3.4.3，4.5.3。

（4）与架空电力线、架空通讯线等的防火间距：按杆（塔）高度的 1.5 倍计算。

参考规范：《建筑防火通用规范》GB 55037—2022，10.2.5。

（5）其他，如汽车库、石油库站址选择、站内平面布置的安全间距和防火间距起止点。

参考规范：《汽车加油加气加氢站技术标准》GB 50156—2021，附录 A；《石油库设计规范》GB 50074—2014，附录 A。

附录 B　消防安全标志

消防安全标志是没有国界，不为文字、语言所限制的一种世界性标志。消防安全标志的普及和使用，有利于提高消防管理规范程度，减少消防违章行为的发生，广泛宣传消防文化，最终预防火灾事故的发生。

消防安全标志是 1992 年由国家技术监督局公告执行的一种国家强制性标志，它是一种指示性标志，由带有一定象征意义的图形符号或文字，并配有一定的颜色所组成。

1. 安全色的含义

组成消防安全标志的颜色称为安全色，它是表达传递安全信息的颜色，表示禁止、警告、指令、提示等意义。

1952 年，国际标准化组织成立了安全色标准技术委员会，专门研究制定了国际统一安全色彩，规定红、蓝、黄、绿为国际通用的安全色。我国现行国家标准是《安全色》GB/T 2893—2008。

在安全色中，红色表示禁止、停止或危险的意思；黄色表示警告、注意的意思；蓝色表示指令、严肃和必须遵守的规定；绿色则表示提示、安全状态、通行的意思。

2. 消防安全标志的含义

消防安全标志的含义详见《消防安全标志　第 1 部分：标志》GB 13495.1—2015。

消防安全标志是由安全色、边框、以图像为主要特征的图形符号或文字构成的标志，用以表达与消防有关的安全信息。我国现行国家标准《消防安全标志》GB 13495—2015，规定了与消防有关的安全标志及其标志牌的制作、设置。

国家公布的消防安全标志有 28 种，分为火灾报警和手动控制装置标志、火灾疏散途径标志、灭火设备标志、具有火灾和爆炸危险的地方或物质标志（禁止和警告标志）、方向辅助标志、文字辅助标志六个方面。

3. 消防安全标志的设置

设置原则：详见《消防安全标志设置要求》GB 15630—1995，5.1 ～ 5.15。

设置要求：详见《消防安全标志设置要求》GB 15630—1995，6.1 ～ 6.13。

附录 C　阻燃技术与防火涂料

阻燃技术是指对材料进行处理，特别是装饰装修中的可燃材料，使其成为难燃材料，具有明显的防止、推迟或终止燃烧的防火能力。常用的阻燃构造方法有两种：①在材料的表面喷涂阻燃剂，如木质建筑；②在产品的生产过程中加入阻燃剂，如防火塑料。

采用阻燃技术处理后的材料，遇到火焰后，阻燃方式可分为：覆盖层法、气体稀释法、吸热法、熔滴法、抑制法。

防火涂料是指本身具有难燃性或不燃性的阻燃剂，同时还具有较低的导热系数，可以延迟火焰温度向被保护基材的传递。基材可是任何材料，如钢材、木材与塑料制品等。

防火涂料是涂装在建筑构件的表面，从而推迟或消除可燃性基材的引燃过程，或推迟结构失稳或力学强度降低的功能涂料。防火涂料按不同方式分类如下。

（1）按饰面分类：电缆防火涂料、饰面防火涂料、钢结构防火涂料、木材防火涂料、室外防火涂料、金属防火涂料、建筑防火涂料、木板防火涂料、混凝土结构防火涂料、隧道防火涂料等。

（2）按性能分类：防火涂料、防腐防火涂料、防水防火涂料、隔热防火涂料等。

（3）按基料的组成分类：无机涂料和有机涂料。

（4）按防火涂料分散介质的不同可分为两类。采用有机溶剂为分散介质的称为溶剂型防火涂料；用水作溶剂或分散介质的称为水性防火涂料。

（5）按防火机理的不同可将防火涂料分为非膨胀型防火涂料和膨胀型防火涂料。

附录 D　机动车与机动车道设计要求

机动车设计车型的外轮廓尺寸（见附图 D-1）：详见《车库建筑设计规范》JGJ 100—2015，4.1.1；《城市道路交通工程项目规范》GB 55011—2021，3.1.3。

附图 D-1　非标准消防车辆

非机动车设计车型及其外轮廓尺寸：详见《城市道路交通工程项目规范》GB 55011—2021，3.1.3。

各类汽车最小转弯半径（见附表 D-1）：详见《车库建筑设计规范》JGJ 100—2015，3.2.6，4.1.3，4.1.4。

附表 D-1　各类汽车最小转弯半径

机动车车型	最小转弯半径 /m
微型车	4.50
小型车	6.00
轻型车	6.00～7.20
中型车	7.20～9.00
大型车	9.00～10.50
消防车：一般分为轻、中和重三种系列	分别为 7、8.5 和 12

除室内无车道且无人员停留的机械式汽车库外，汽车之间和汽车与墙、柱之间的水平距离：详见《汽车库、修车库、停车场设计防火规范》GB 50067—2014，6.0.16。

机动车之间以及机动车与墙、柱、护栏之间的最小净距：详见《车库建筑设计规范》JGJ 100—2015，4.1.5。

道路最小净高：详见《城市道路交通工程项目规范》GB 55011—2021，3.1.4。

机动车道宽度：详见《民用建筑设计统一标准》GB 50352-2019，5.2.2；《城市道路路线设计规范》CJJ 193—2012，5.3.1。

道路转弯半径：详见《民用建筑设计统一标准》GB 50352—2019，5.2；《车库建筑设计规范》JGJ 100—2015，3.2.6。

参 考 文 献

[1] 张树平，李钰．建筑防火设计[M]．3版．北京：中国建筑工业出版社，2020.

[2] 李风．建筑安全与防灾减灾[M]．北京：中国建筑工业出版社，2012.

[3] 张格梁．建筑防火设计指南[M]．2版．北京：中国建筑工业出版社，2023.

[4] 吴庆洲．建筑安全[M]．2版．北京：中国建筑工业出版社，2021.

[5] 殷乾亮，李明，周早弘．建筑防火与逃生[M]．上海：复旦大学出版社，2020.

[6] 倪照鹏．建筑防火设计常见问题释疑[M]．北京：中国计划出版社，2022.

后　记

　　作为一个建筑设计从业者，更是一个防火设计教学者，作者深感建筑防火设计在建筑整个设计过程中的重要性，是建筑设计的基础之一，也是建筑设计无限创造力的自我约束。

　　从古到今，建筑的安全能力在适应自然与社会发展变化中不断地进步。特别是现代消防设施的进步，更是为新空间与新形式的产生创造了条件，但相伴着也带来了许多新的问题与隐患，从而促使建筑防火设计与规范永远在不断自我发展、自我完善与自我提高。同样我们设计者也应跟上规范的变化，而不断提升自我防火设计修养。

　　希望各位建筑设计同仁提出宝贵的意见，最后与诸君共勉之！